わかりやすいPLC活用技術

シーケンス制御を活用した システムづくり入門

日野 満司　熊谷 英樹　共著

森北出版株式会社

● 本書のサポート情報をホームページに掲載する場合があります．下記のアドレスにアクセスし，ご確認ください．

http://www.morikita.co.jp/support/

● 本書の内容に関するご質問は，森北出版 出版部「（書名を明記）」係宛に書面にて，もしくは下記のe-mailアドレスまでお願いします．なお，電話でのご質問には応じかねますので，あらかじめご了承ください．

editor@morikita.co.jp

● 本書により得られた情報の使用から生じるいかなる損害についても，当社および本書の著者は責任を負わないものとします．

■ 本書に記載している製品名，商標および登録商標は，各権利者に帰属します．

■ 本書を無断で複写複製（電子化を含む）することは，著作権法上での例外を除き，禁じられています．複写される場合は，そのつど事前に(社)出版者著作権管理機構（電話 03-3513-6969，FAX 03-3513-6979，e-mail：info@jcopy.or.jp）の許諾を得てください．また本書を代行業者等の第三者に依頼してスキャンやデジタル化することは，たとえ個人や家庭内での利用であっても一切認められておりません．

まえがき

　工場などの自動生産設備の制御系を選定するときに，真っ先に検討されるのがPLCである．PLC（Programmable Logic Controller）はシーケンス制御（Sequential control）の専用演算装置であり，プログラマブルコントローラ（PC）やシーケンサなどともよばれている．

　実際の工場などでは，非常に多くの自動生産設備内の機械がPLCによって制御されている．そのためか，「なぜシーケンス制御のコントローラはPLCでなくてはならないのか」という質問をときどき受けることがある．確かにパーソナルコンピュータ（パソコン）やマイクロコンピュータなどといった汎用の演算装置が私たちの身の回りに深く入り込んできていて使い勝手もよい．しかし，それらを差し置いてPLCが機械制御の主役になっているのには，それなりの理由がある．

　PLCがまだ世の中に無かった頃には，機械を動かすのに，電磁リレーや電磁タイマなどを使ったリレーシーケンス制御に頼っていた．ところが，ある欧米の電気メーカが大手自動車工場の生産設備にリレーが山のように入っている巨大な制御盤を付けて持って行ったところ，「コンピュータがあるのになぜ小さくできないのか」といわれて開発したのがPLCの始まりだそうである．

　このようにして開発されたPLCは，リレーシーケンス制御回路をソフトウェアで置き換えた画期的なコントローラであり，リレー回路の技術者であれば容易にPLCでの制御プログラムを作れるように標準化されてきた．PLCは当然，リレー回路と同等にマルチタスクすなわち並列制御も可能で，複数の機械の同時制御をこなすことができる．

　さらに，PLCはコンピュータ応用機器であるから，その処理能力を活かして論理演算や数値演算，文字列操作などもでき，さらにはネットワーク，通信，アナログ入出力や数値制御などといった様々な高度な機能を増設できるようになっている．

　PLCを使ってシーケンス制御系を構築するためには，PLCの特徴やプログラミングについての技術を習得する必要がある．また，PLCに接続する入力機器や出力機器などの外部機器についてもある程度の知識が要求される．

　本書では初心者である工科高校生，高専生，短大生，大学生あるいは実務経験の浅い制御技術者を対象として，このような知識を無理なく習得できるように，シーケンス制御システムを構築するための技術をハードウェアとソフトウェアの両面からわかりやすく解説した．さらに，PLCを使ったシステム構築の考え方や現在の

まえがき

PLC の先端的な応用技術とその活用方法についても概観できるようにした．

本書は第 1 編から第 3 編まで目的別に分かれた構成になっている．各編の内容と特徴は次の通りである．

- **第 1 編**は，PLC とは何か，なぜ生産システムに PLC を用いたシーケンス制御を使用するのかという疑問に答えるために，その概要と特徴を述べるとともに，さらに他の制御機器などとの比較を行うことで PLC を導入するための指針を示している．
- **第 2 編**は，シーケンス制御系を構築するときに必要となる基礎的な事柄を，電気回路の基礎知識さえあれば十分に理解できるように平易に解説している．本書で対象とするシーケンス制御は，リレーシーケンス制御と PLC によるシーケンス制御であるが，とくに，PLC を用いて制御系を構築するときに必要となるハードウェアおよびソフトウェアについては具体的な手順を示しながら解説している．さらに，例題により理解を深めることで実践的な勘どころを養うことができる．
- **第 3 編**は，PLC の応用方法あるいは高度な機能の活用方法として，シーケンス制御を利用して様々なシステム構築を行うに際しての考え方について具体例を交えながら平易に解説している．とくにシステムが大規模になった場合の構築方法やネットワーク，周辺機器との通信方法，PLC のスロットに直接装着できる高度な機能をもったユニットの利用方法など，PLC の応用的な使途についての解説も行っている．

ある程度の知識と経験のある読者は第 1 編から第 2 編の第 4 章までは読み飛ばしていただいてもよいと考えている．

本書の第 1 編と第 3 編を熊谷，第 2 編を日野が担当した．本書が PLC に関心をもつ読者諸賢の参考になり，入門書として活用していただければ幸いである．

2006 年　10 月

　　　　　　　　　　　　　　　　　　　　　　　　　　　　　著者　記す

目　　　次

第1編　シーケンス制御と PLC

第1章　自動制御とシーケンス制御系の構成手段　2
1.1　自動制御とは　2
　1.1.1　フィードバック制御　3
　1.1.2　シーケンス制御　4
1.2　シーケンス制御系の構成手段　5
　1.2.1　リレー制御　5
　1.2.2　PLC 制御　6

第2章　生産システムとシーケンス制御　8
2.1　シーケンス制御と機械装置　8
2.2　リレー制御回路のコンピュータ化と PLC　8
2.3　PLC の特徴　11
　2.3.1　リレー制御技術者のための PLC プログラム　11
　2.3.2　PLC の並列処理　12
　2.3.3　PLC の配線　14
　2.3.4　PLC の安定性　15
　2.3.5　PLC の小型化　16
　2.3.6　PLC の入出力接続点数　17

第3章　シーケンス制御装置　18
3.1　さまざまなシーケンス制御の方式　18
　3.1.1　リレー制御　18
　3.1.2　PLC 制御　19
　3.1.3　コンピュータ制御　19
　3.1.4　マイクロコンピュータ制御　20
　3.1.5　ワンチップマイコン制御　21
3.2　シーケンス制御における PLC の優位性　22
3.3　制御機器の選定　26

第2編　PLCを利用した制御システムの作り方

第4章　リレーを使ったシーケンス制御　31
4.1　基本的な入力機器とリレー　31
4.2　リレーシーケンス図　37
4.3　リレーを使った電気回路　38
　4.3.1　リレーを使った電気回路の特徴　38
　4.3.2　自己保持回路　39
4.4　空気圧機器を用いたリレーシーケンス制御　43
　4.4.1　空気圧機器　43
　4.4.2　シリンダ2本のリレーシーケンス制御　49
4.5　電気モータを用いたリレーシーケンス制御　53
　4.5.1　モータの種類と用途　53
　4.5.2　送りねじのシーケンス制御　57

第5章　PLCを使ったシーケンス制御　65
5.1　PLCの内部構成　65
5.2　PLCを使ったシーケンス制御系の概要　67
5.3　PLCの入力ユニットと入力機器の接続法　69
　5.3.1　PLCの入力リレーとプログラムとの関連　70
　5.3.2　入力ユニットのタイプ　70
　5.3.3　入力ユニットの構造と入力機器の接続法　71
5.4　PLCの出力ユニットと出力機器の接続法　78
　5.4.1　PLCの出力リレーとプログラムの関連　78
　5.4.2　出力ユニットのタイプ　79
　5.4.3　出力ユニットの構造と出力機器の接続法　80
5.5　使用上の問題と対策　87
　5.5.1　入力部　87
　5.5.2　出力部　90
5.6　PLCのプログラムとプログラミングの基本　97
　5.6.1　プログラミング用周辺機器とプログラムの転送　97
　5.6.2　PLCで使用される命令の種類　98
　5.6.3　ラダー図で使用される基本命令　99
　5.6.4　ラダー図の表記と実行形態　99
　5.6.5　基本的なシーケンス命令（ニーモニックとラダー図）　101

5.6.6 プログラムの演算順序とスキャン処理　105
5.6.7 ラダー図の基本回路　107
5.6.8 プログラミングの制限　113
5.6.9 フローチャートによる順序制御回路　116
5.7 PLCを用いた自動化の例　123
5.7.1 プレス装置のシーケンス制御　123
5.7.2 ピック＆プレイス自動機のシーケンス制御　130

第3編　PLCの高機能化と応用技術

第6章　システム制御のためのPLC応用手法　138
6.1 システム制御のためのI/O割付　138
6.2 プログラム用メモリの割付　138
6.3 分散化されたシステムの制御　140
6.3.1 すべてのI/Oを1台のPLCに集中配線する方法　140
6.3.2 リモートI/Oを使った配線の分散化　141
6.3.3 複数のPLCによる分散化　142
6.4 シーケンス制御のネットワーク化　143
6.4.1 PLCデータリンク　143
6.4.2 ネットワークの構成例　144
6.4.3 PLCによるデータの共有　144
6.5 操作パネルとタッチパネル　146
6.5.1 操作パネル　146
6.5.2 タッチパネル　146
6.6 シーケンス制御とデータ管理　149
6.6.1 データ管理　150
6.6.2 生産管理の例　151
6.7 データ管理パソコンの利用方法　154
6.7.1 シリアル通信　154
6.7.2 PLCのネットワーク化　155
6.7.3 生産システムの構築　156

第7章　シーケンス制御のためのプログラム構造　158
7.1 機械システムのシーケンス制御　158
7.1.1 簡単な反射反応型シーケンス制御　158

7.1.2　状態を使ったシーケンス制御　161

7.1.3　連続したシーケンス回路の記述　163

7.1.4　シーケンス制御の周期性・活性・可達性　165

7.1.5　並列動作回路　167

第8章　PLC の高機能を利用する　170

8.1　アナログ制御ユニット　170

 8.1.1　A/D 変換ユニット・D/A 変換ユニット　170

 8.1.2　温度変換ユニット　176

 8.1.3　温度調節ユニット　176

 8.1.4　PID 制御ユニット　177

8.2　位置制御ユニット　178

8.3　通信ユニット　182

 8.3.1　パソコンとのシリアル通信　182

 8.3.2　計測器とのシリアル通信　184

 8.3.3　パソコンとの通信ソフトウェア　186

 8.3.4　Excel を使った PLC のデータ転送例　186

8.4　ネットワークユニット　188

 8.4.1　PLC リンクユニット　189

 8.4.2　オープンフィールドネットワーク　190

 8.4.3　リモート I/O　195

8.5　WEB サーバ　195

8.6　イーサネット通信　198

 8.6.1　PLC によるイーサネット通信方法　198

 8.6.2　MelsecQ シリーズのイーサネットの簡易設定　200

 8.6.3　MelsecQ シリーズ PLC イーサネット通信コマンド　203

 8.6.4　Sysmac CS1 イーサネットユニットの設定　206

参考文献　215

さくいん　216

シーケンス制御と PLC

　シーケンス制御は機械装置などの動作をコントロールするための制御方法の一つで，大量生産ラインなどにみられるような同じ動作を繰り返し実行させる場合によく利用される．同じ動作を繰り返すといってもまったく同じ動きしかできないのではなく，センサやスイッチなどの入力条件が変われば条件によって異なる動作をさせることもできる．シーケンス制御においては，同じ動作を繰り返すということは動作順序が決まっているということを意味している．たとえば，モータやシリンダといったアクチュエータによって動作している機械のシーケンス制御では，入力の信号によって，複数のアクチュエータの駆動源を入り切りしたり，アクチュエータに起動・停止の信号を送ったりして機械を思い通りに動作させている．つまり出力を切り替える順序が入力の条件によってあらかじめ決められているのである．

　産業界ではメカトロニクス機器や生産システムなどの動作順序の制御などにシーケンス制御が多く用いられている．現在ではシーケンス制御を実現する手段として電磁リレーを使うか PLC (Programmable Logic Controller, 別名：プログラマブルコントローラ (PC), シーケンサまたはシーケンスコントローラ) とよばれるシーケンス制御専用のコントローラを使った制御方法が主流になっている．特に PLC はメカトロニクス機器単体から大規模な生産システムの制御に至るまで，幅広く用いられていて，必要不可欠な道具として産業界に広く普及している．

　本編では，なぜ PLC を用いたシーケンス制御を使用するのかという疑問に答えるために，その概要と特徴を述べるとともに，さらに，他の制御機器などとの比較を行うことで PLC を導入するための指針を示す．

第1章 自動制御とシーケンス制御系の構成手段

本章では機械を"制御"するという意味について述べ，制御系を構成する方法であるフィードバック制御とシーケンス制御の違いに関して簡単に説明する．さらに，シーケンス制御系の構成に関してリレー制御とPLC制御の違いも含めて概観する．

1.1 自動制御とは

私たちの身近なところでは，いたる所でいろいろな制御（コントロール）が行われている．たとえば，人間が直接働きかける制御としては，テレビや電灯などのスイッチの入り切り（オンオフ），あるいはCDプレーヤーやラジオなどの音量の調整，自動車の運転などがある．また，人間が介在しないで自動的に制御されるものとしては，電気コタツの温度調整，オーブントースターや炊飯器の温度と時間調整，全自動洗濯機の洗いやすすぎおよび脱水などの動作順序と時間の調整，エアコンによる室温の調整，自動販売機の決められた動作順序の実行，自動扉の開閉，街灯の自動点滅，交通信号機のランプ点滅の時間調整，さらには生産工場内での自動加工装置や自動生産システムなど枚挙にいとまがない．

制御（コントロール）とは，これらの例からもわかるように，「機械や装置などに対して，ある目的に適合するように所要の操作を加えること」である．身近にありながら意外となじみが薄く漠然としているのは，制御が物すなわちハードウェアではなく，それに働きかけて適切に作動させるという方法や考え方という抽象的な部分の存在と，ソフトウェアのような目に見えない要素が多いためであろう．

さて，上の例からもわかるように，制御されるのは目的とする物の動きであったり温度などの値であったりする．制御によって得られる最終的な変化量を**制御量**または**出力**といい，制御の対象となる制御量を出力する機械やヒータなどを**制御対象**，さらに制御対象に働きかける入力を**操作量**または**入力**と呼称する．**図1.1**にこれらの関係を表すブロック線図を示す．制御対象を制御するのは，人間である場合とコンピュータを応用したような制御装置である場合がある．前者を**手動制御**，後者を**自動制御**という．以下，自動制御について若干説明をしておく．

図 1.1　ブロック線図

　自動制御にはフィードバック制御と，本書で取り扱うシーケンス制御との 2 種類がある．

1.1.1　フィードバック制御

　フィードバック制御とは，制御対象の出力（制御量）を目標値に一致させるように常に修正動作を行う制御方法のことである．たとえば，制御装置が行う自動制御としてはハードディスク，CD-ROM の読み取り装置，自動風呂釜による風呂の水位調整，あるいはエアコンによる室温の調整などがある．また，人間が行うフィードバック制御では，人が音を聞きながら最適に調節するときのテレビやラジオの音量ツマミの回転角度調整，運転者が目で障害物を確認しながら速度と位置を調節する自動車の運転などがよい例であろう．

　フィードバック制御の具体例として，図 1.2 に示した風呂の水位の調整を考えてみる．風呂には水が入っていない状態からバルブを開けると水が貯まってきて水位が上昇してくる．制御の目的は，目標水位を前もって決めておき，水位がちょうど目標水位となるようにバルブを操作して水の流出流量を制御することである．バルブを開けてバルブから水を出すと，次第に水位が上昇してくる．目標水位に近づいてきたら，今の水位を目標値と比較しながら，適当にバルブ操作をして，最終的には目標水位のところでバルブを閉めなくてはならない．バルブは何回か回さなければバルブを完全に閉めることができないので，水位が目標水位に近づいてきたとき徐々にバルブを閉めて行き，ちょうど目標値に達したときに全閉となるように，時々刻々とバルブを調整しなければならない．

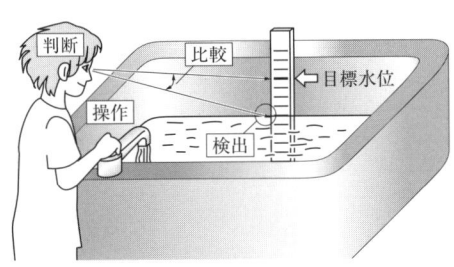

図 1.2　風呂の水位調整

つまり，常に今の制御量(水位)の状態を(目で)検出して目標値(目標水位)との比較を行い蛇口の閉め加減を判断(計算)してアクチュエータ(手)で蛇口を回転させるという操作を行っている．その結果，水位の上昇に変化が生じる．

このことからもわかるように，検出—比較—判断—操作を繰り返す**閉ループ系**が構成されていることがわかる．この制御法ではバルブの操作が原因で水位の高さが結果であるが，結果を原因に戻すループをもっているのでフィードバック制御とよばれている．この例では，人間がフィードバック制御を行っているが，これを機械である制御装置に行わせて自動制御を実行させることもできる．自動制御によりフィードバック制御を実施すると，精密な制御を行うことができるため制御の質の向上が期待できる．

1.1.2 シーケンス制御

シーケンス制御とは，制御対象の一連の動作の順序(シーケンス)を決めてその動作を実行する制御方法であり**順序制御**ともよばれている．たとえば，トースター，洗濯機，自動販売機，街灯の自動点滅，交通信号，自動扉，エレベータ，通信の制御，自動プレス機械などの加工装置，自動車のワイパー，ガシャンガシャンと毎回同じ動作を繰り返している工場の製造装置などがある．

シーケンス制御の具体例として，**図 1.3** に示したジュースの自動販売機の制御を考えてみる．まず，客が缶ジュースの自動販売機にお金を入れる．ジュースは110円であるが，小銭が無かったので，100円玉と50円玉を投入している．すると，

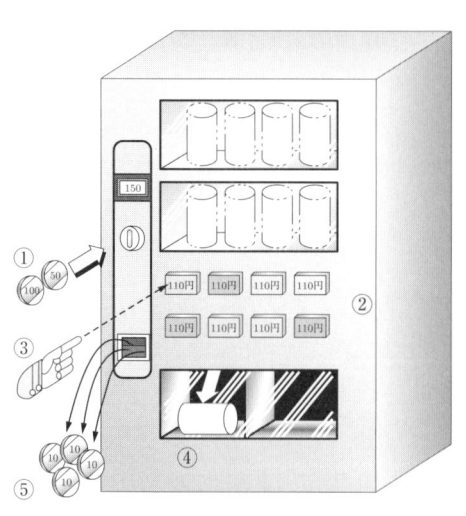 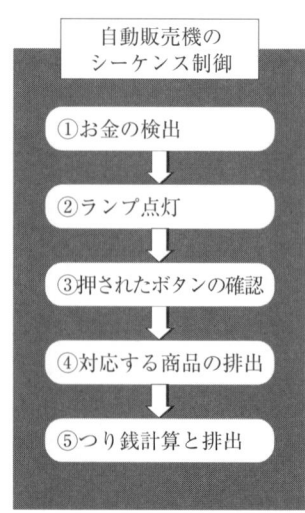

図 1.3　シーケンス制御の例(自動販売機)

自動販売機は投入されたお金の種類と枚数を検出して足算を行い，ジュースを買える金額以上であれば，品切れでない商品に対応するランプを点灯させる．点灯しているランプのボタンが押されると，自動販売機は最初に押されたボタンに対応した商品を排出する．最後に，排出した商品の価格との引き算を行い40円のつり銭を返却する．以上が自動販売機の順序であるが，①お金の検出—②ランプの点灯—③押されたボタンの確認—④対応する商品の排出—⑤つり銭の計算と排出 という具合に順番に動作が実行されていることがわかる．この場合，フィードバック制御とは異なり，缶ジュースが出てきたという結果を使って入力量を調節するという機能はなく，缶ジュースが出てしまえばおしまいといったように，結果が原因にフィードバックされない開いた系となっている．このようなシステムを**開ループ系**という．

シーケンス制御の場合，上の例からもわかるように，お金を入れる・入れない，ランプを点灯する・消灯する，商品を排出する・排出しない というように，オンかオフの状態で制御が実行されて行く場合が多い．一方，機械の動作を制御している動力（アクチュエータ）には主としてモータやシリンダが利用されるが，これらのアクチュエータもオンオフ制御形のものが圧倒的に多い．このように機械装置の大部分は，モータやシリンダなどの駆動源を入り切り（オンオフ）したり，起動・停止の信号を送ったりすることで，機械を作動させることができるようになっている．このようなオンかオフかの制御を**オンオフ制御**（あるいは**二位置制御**）という．

シーケンス制御の場合，ほとんどがこのオンオフ制御方式によって「あらかじめ定められた順序制御」が構成される．つまり，オンオフ制御はシーケンス制御の基本なのである．シーケンス制御を実施すると，人がつり銭を間違えるような操作誤りがなくなったり，自動化によって人の手間を省くことができるため正確性と省力化が達成できるとともに，人間を単純作業や重労働から開放することも期待できる．

1.2 シーケンス制御系の構成手段

産業界における現在のシーケンス制御は，リレーを使うか，またはシーケンス制御専用のコントローラ（PLC）を使った制御方法が主流になっている．**図1.4**にランプやモータを押しボタンスイッチやリミットスイッチで作動させるシーケンス制御のイメージを，リレー制御とPLC制御の場合について示した．PLCは基本的にはリレー制御を模擬的にコンピュータで構成した制御機器であるので，その意味ではリレー制御の方式が主流であるといってもよい．

1.2.1 リレー制御

リレー制御の場合，シーケンス図という制御回路を記述した"電気回路図"を使って表現し，その電気回路図に従って必要な電磁リレーを実際に配線することで機器

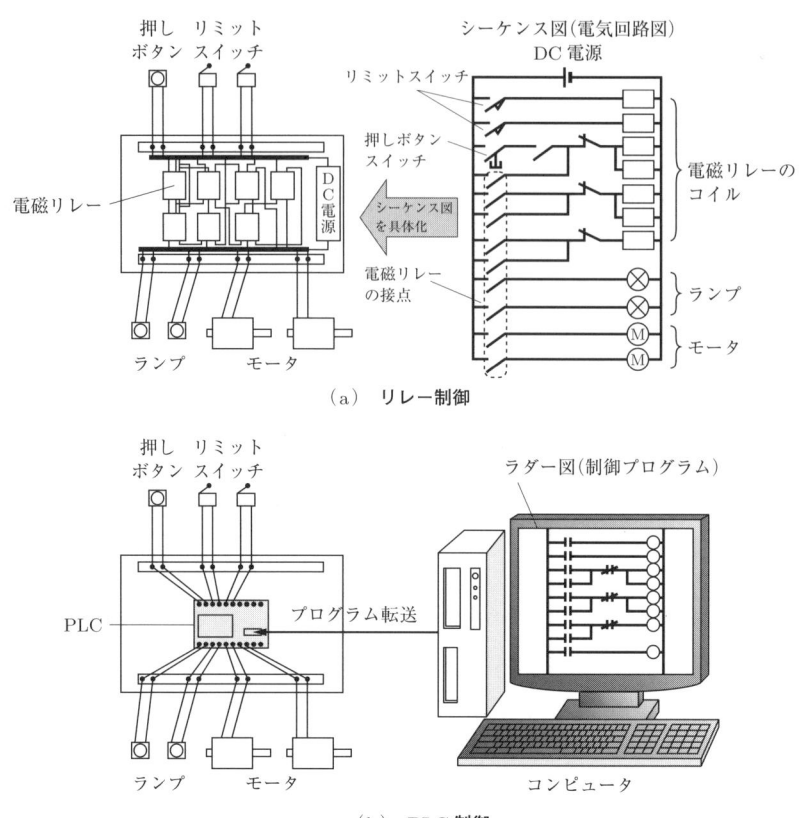

(a) リレー制御

(b) PLC制御

図1.4 シーケンス制御装置のイメージ図

を制御することができるようになる．シーケンス制御にリレーの概念が使われている一つの理由として歴史的な背景があげられる．コンピュータが未発達な時代から産業界では機械を制御するのにシーケンス制御が利用されていて，機械制御といえば電磁リレーで制御する方法が一般的であった．このため，機械制御の技術者はリレー制御の技術者であることが多く，現在でも多くの制御技術者がリレー制御に精通している．したがって，コンピュータを応用した制御装置であるPLCもリレー制御技術者が利用できるように最大限の便宜が図られており，PLCの制御はリレー制御回路を書くようにして制御プログラムで作ることができるようになっているのである．

1.2.2 PLC制御

一方，PLCの場合にはシーケンス図とほぼ同じ形式をしたラダー図とよばれる"制御プログラム"をPLCのメモリに転送して，これをPLCに演算をさせること

でPLCの入出力端子に接続された実際の機器を制御するといった方式になる．ラダー図にはリレーシーケンス図の基礎となる電磁リレーの概念がそのまま取り込まれているので，PLCのプログラムの作成には，リレーシーケンス図を作るのと同じ技術が利用できるようになっている．

　それでは，コンピュータが発達した現在でもリレーやPLCを使ったシーケンス制御が主流になっているのはなぜであろうか．その詳細は先に譲るが，ここで簡単に述べておく．

　まず，前述したように産業界にリレー制御をマスターしている制御技術者が圧倒的に多いことがあげられる．これは，リレー制御の考え方が機械制御の主流になっているということである．もう一つの理由は，リレーやPLCを使った制御は並列処理ができるため，複数の機械を簡単に同時に制御するのに適していることがあげられる．PLCはコンピュータ応用機器でありながら，コンピュータが比較的不得意とする並列処理機能を最初から備えているのである．

　その他にも機械制御に適したPLC独自のネットワーク機能や周辺機器との接続性の良さなどもPLCが広く利用されている理由でもある．

　1章のポイント

- 制御とは「機械や装置などに対して，ある目的に適合するように所要の操作を加えること」である．
- 自動制御には，閉ループ系を構成し出力を常に目標値に一致させるようとする「フィードバック制御」と，事前に決定されている一連の動作の順序を実行していく「シーケンス制御」がある．
- シーケンス制御を実行する方法として，リレーを使って動作の順序を電気回路で実現するリレーによるシーケンス制御法と，プログラムで動作の順序を決定するPLCよるシーケンス制御法がある．

第2章 生産システムとシーケンス制御

本章では，PLC が開発された背景と PLC の特徴を解説し，生産システムのコントローラとして PLC が使われる理由を探る．

2.1 シーケンス制御と機械装置

シーケンス制御は Sequential Control のことで，順序制御ともよばれている．この制御方法はオフかオンの二つの状態を使って，機械装置を決められた順番に動作させてゆくもので，自動ドアのような比較的単純で小規模なものから自動化ラインの制御のような複雑で大規模のものまで，その応用範囲は広い．

シーケンス制御の目指すところは，繰り返し作業の自動化である．すなわち工場やオフィスなどで同じことを繰り返し行うような作業を自動的に実行されるように制御することである．毎日必ず朝の 8:00 にスイッチを押さなくてはならない機械があれば，これを自動化して，自動的に 8:00 にスイッチの接点を閉じるようにシーケンス制御を行えばよい．また，決められた順番にスイッチを入れて起動しなければならないような操作を毎回作業者が行っている装置があるとすれば，その作業をシーケンス制御で自動化すれば人手が省けるし，操作順序を間違うこともなくなる．このようにシーケンス制御を使うことで，作業者の負担を減らすことや人的な誤操作を防止することもできるようになる．

産業界においては，シーケンス制御は生産設備の制御装置として導入されることが多い．たとえば，自動組立て装置などのように同じ単純な動作を繰り返して一日に何百個という製品を製造しているような機械装置ではシーケンス制御が使われる．このようにシーケンス制御は，複雑な機械を決められた順番に動作させ，周期的にその動作を連続して繰り返し行うような制御に向いているのである．

2.2 リレー制御回路のコンピュータ化と PLC

まだコンピュータの技術が進歩していなかった時代には，電磁リレーを使ってシーケンス制御系を構築していた．複雑な機械では，順序回路を構成するのに何十個，何百個という電磁リレーを配線によって組み合わせる必要があった．電磁リレー

は電気で動作するコイルと，コイルの動作によって導通・絶縁の切替えができる接点で構成されている単純な構造であるが，これを組み合わせることで機械のシーケンス制御を実現することができる．**図 2.1** は電磁リレーの例で，このリレーは a 接点(通常は開いている)を 2 個，b 接点(通常は閉じている)を 2 個もっている電磁リレーを記号で表したものである(リレーの構造と接点の動作に関しては 4.1 節参照)．この図のコイルの両端に電圧をかけると接点が切り換わり，a 接点は閉じて，b 接点は開くようになる．その接点のオンオフを使って別のリレーや電気機器のスイッチングをするのである．

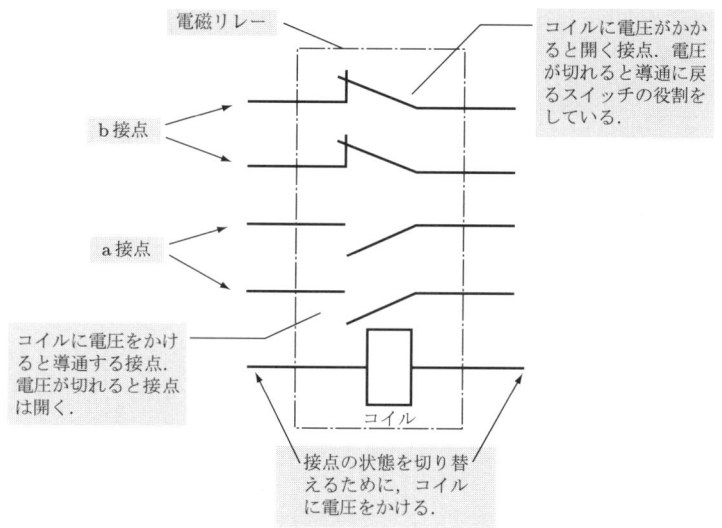

図 2.1　電磁リレーのしくみ

電磁リレーは順序制御回路を構成することができるだけでなく，電磁リレーの接点を使って直接大きな電流や電圧を入り切りできるようになっている．リレーのコイルと接点は絶縁されているので電圧の異なる回路でも簡単に制御できる．

電磁リレーの外観を**写真 2.1** に示す．写真のリレーは一つのコイルで切換わる a 接点と b 接点の組合せ(c 接点と呼ぶ)が複数組み込まれている．リレーを使った回路は制御に使用するすべてのコイルと接点を一つずつ電気配線してゆかなければならない．回路を修正するには配線そのものをやり直さなくてはならなくなり，手間と時間がかかる．また，制御が複雑になると使用するリレーや接点の数もそれだけ増えてくるので配線量も増大し，制御盤も大型になって作業時間や配置スペース的にも効率の悪いシステムになってしまうことがある．

電磁リレー(リレー)はコイル(ソレノイド)とコイルによって動作する複数の接点

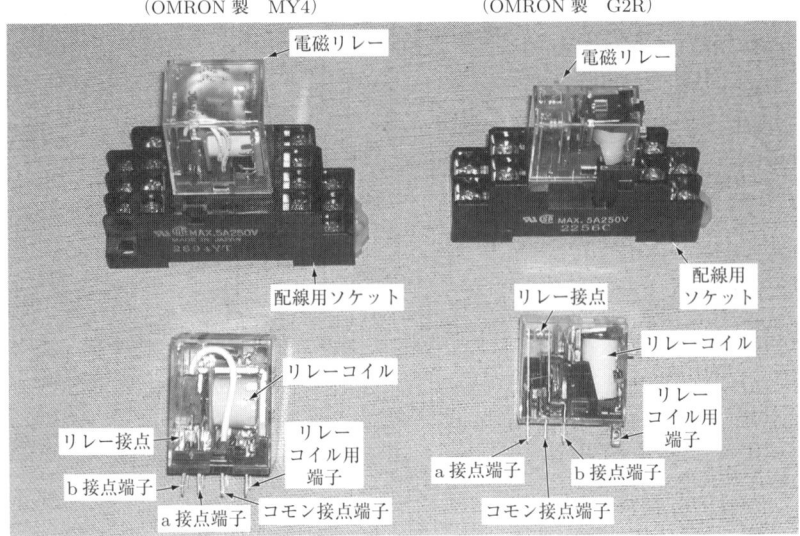

写真 2.1 電磁リレー

からなっている．一つの接点について，接点が閉じている状態がオン，開いている状態がオフとすると，リレーの接点の状態はオンとオフの二つの状態を表す1ビットの信号とみなせる．また，リレーのコイルに関しては通電しているときをオン，通電していないときをオフとすると，やはり二つの状態だけであるので，1ビットの信号とみなせる．リレー回路では，その1ビットの演算を行うために，わざわざリレーコイルと接点の配線を行うとともに，一つのコイルに対してリレー一個分のスペースを確保しなければならない．したがって，演算の回数が増えてくると大きな設置スペースと大変な配線作業が必要になってしまうのである．

そこで，シーケンス制御の演算部に電子論理回路やコンピュータを導入して，そのような1ビットの演算を電子的に処理させることで小型化するということが考えられてきた．リレーの ON/OFF の動作は，コンピュータでいう 1，0 または論理演算で扱われる True, False あるいはトランジスタ回路などで使われている Low, High のような1ビットの情報をもった信号と同じように考えることができるので，これをコンピュータの信号として処理すればよい．つまり，1，0 の信号を使った論理回路を構成する部分に関しては電子的な演算で行い，その演算結果を使って，モータやランプのオンオフのように大きな電流を実際に入り切りしたりする部分は機械的なリレーやパワートランジスタなどを使って行うというように，分担することで全体を小型化するという試みである．これは情報とパワーとの分離で

ある．すなわち，情報（演算）とパワー（動力の入り切り）を分離することで小型化しようとするものである．情報の処理には情報を維持するための最小限のエネルギーがあればよいが，出力段においてモータなどの実際の機器を動かすには大きな電圧や電流などのパワーを直接制御するだけのエネルギーが必要である．コンピュータでいうと，情報の処理はCPUとメモリで行い，外部機器を実際に動作させる部分にインタフェースをつけて機械装置の入出力を制御できるようにするということである．

情報とパワーの分離が進んでゆくと，もともとのリレー制御には存在しなかった情報処理技術，すなわち，ソフトウェアという新しい分野の壁にぶつかることになる．言い換えると，情報を電気回路から分離した結果，情報の部分の演算をするための言語（ソフトウェア）が必要になるということである．情報処理を行うには論理演算と制御入出力機能をもつ何らかの言語をマスターして，そのプログラミングをしなくてはならない．ところが歴史的にみて，シーケンス制御の現場ではリレーシーケンス（電磁リレーを使ったシーケンス制御）に精通している技術者の数が圧倒的に多く，新しい言語を導入するのではなく，リレーシーケンスそのものをソフトウェアに置き換えられるようなプログラミング手法が求められた．

そこで登場したのがPLCとよばれる，リレーシーケンスの形式のプログラム言語を装備した専用の演算入出力装置である．

2.3 PLCの特徴

次に，シーケンス制御に特化した制御機器であるPLCの特徴をみてゆくことにしよう．

2.3.1 リレー制御技術者のためのPLCプログラム

PLCプログラムやリレーがもっとも多く利用されているところは，工場などで生産をしている機械装置の中である．

PLCプログラムには図式的な表現（ラダー図）と命令言語（ニーモニック）による表現方法がある．ラダー図の場合，図2.2(a)のように図式的に表現したリレーのコイルと接点をコンピュータの画面上に配置してそれらを自由に結線することで，あた

(a) ラダー図表現　　　　　　　　　　　　(b) ニーモニック表現

図2.2　ラダー図とニーモニック

かもリレーシーケンス図(リレー回路)のように表現できるようにしたものである．

一方，命令言語による表現は，図 2.2(b) のようにラダー図をニーモニックという命令言語で置き換えたもので，母線にプログラム上のリレー接点を接続するにはLD という命令を使い，接点を直列に接続するには AND，並列に接続するにはOR，リレーコイルに出力するには OUT というニーモニック命令を使う．図 2.2 のようにラダー図で表現されたプログラムはいったんニーモニックに変換してからPLC で実行することになる．(詳しくは第 2 編の第 5 章，第 5.6 節参照)

この言語の開発によってコンピュータ上でリレー回路を記述できるようになった．そして PLC は，このニーモニック命令を実行するコンピュータ応用機器としてパッケージ化され，リレー回路をソフトウェアで構成することができる専用制御機器として広く利用されるようになった．

PLC がコンピュータの知識を必要とせずに利用できることは PLC の普及を広げる結果になった．コンピュータの知識がないリレー制御技術者であっても，リレー回路をニーモニック言語に変換する手順を学習するだけで，リレー回路の知識でもって制御回路をプログラミングすることができる．このように，PLC は機械装置の制御技術者がもっているリレー制御の知識を使ってシーケンスプログラムを組めるようにしてあるので，リレー制御技術者に受け入れられやすい制御装置であるといえる．

一方，PLC の出現によって電磁リレーがなくなったのかというとそうではない．小規模な制御では電磁リレーを使ったシーケンス制御は今でも盛んに行われている．機械装置に PLC が使われていても，たとえば，電源部や安全回路，起動表示ランプやモータの制御回路などには電磁リレーが数多く使われている．また，演算による制御に限界があることも，PLC と並行してリレーが使われる理由の一つである．たとえば実際の機械装置で起こりうる断線や停電，あるいはノイズなどによる誤作動や PLC そのものの異常などの対策をすべて PLC の演算で行うには限界がある．このように，場所によっては，電磁リレーを駆使して制御系を構成しなくてはならないのである．

2.3.2 PLC の並列処理

PLC の特徴として，並列処理が得意であるということがあげられる．

リレー回路はもともと並列処理構造になっている．たとえば，図 2.3(a) に示す R1 と R2 の二つのリレーを使った制御部の回路をみてみると，母線から始まる回路 1 と回路 2 の二つの回路は独立した並列動作をする．この例のように，母線から始まってリレーコイルで終わっているひとかたまりの部分を一つのリレー回路としてみると，それぞれのリレー回路は並列に処理されることになる．この例の場合

2.3 PLCの特徴

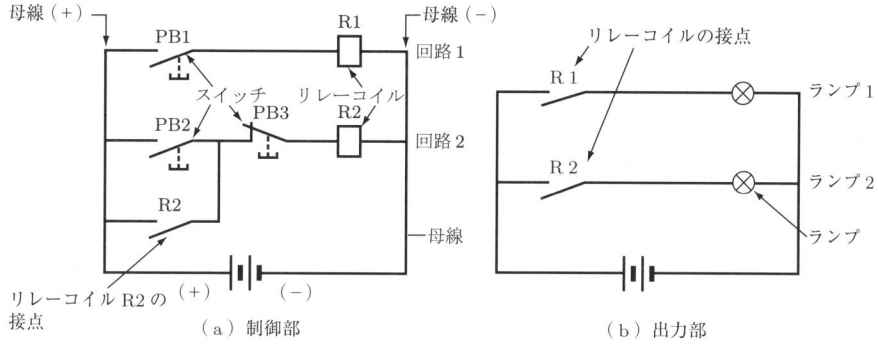

図 2.3　電磁リレーを使った二つの並列処理回路

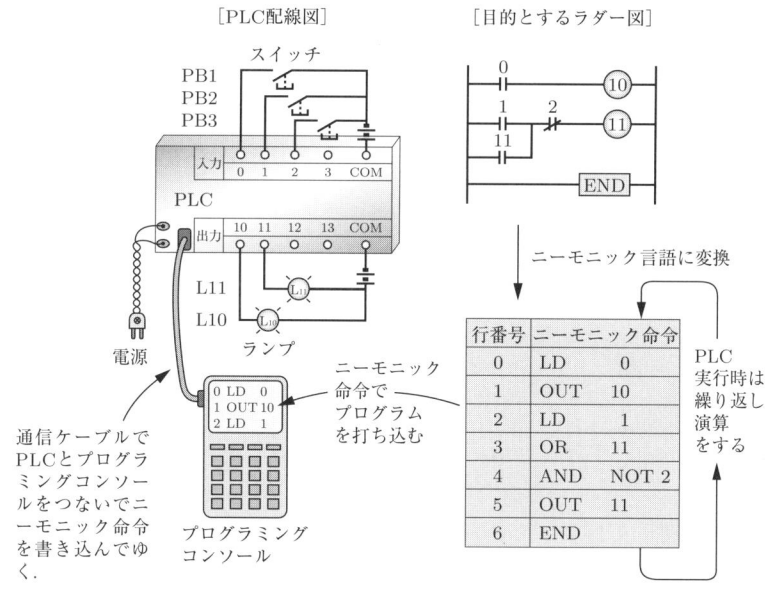

図 2.4　PLCによる二つの並列回路の構成例

図 2.3(b)の出力部も独立した並列動作をする．

　前にも述べたように，PLCはリレー回路をプログラムで構成できるようにした専用制御装置であるから，図 2.3 のような回路は PLC のプログラムで作ることができる．また，そのプログラムを実行すれば，並列処理がなされ，リレー回路の動作と同等の結果が得られるようになっている．

　図 2.4 は PLC を使って図 2.3 の並列回路をプログラミングするイメージを表現したものである．

　まず，図 2.3 にある入力スイッチ PB1，PB2，PB3 を PLC の入力端子 0，1，2

にそれぞれ接続する．次に，リレーコイル R1，R2 の代わりに出力リレー 10，11 を利用することにして，その出力端子にランプ L10，L11 を接続する．この結線で図 2.2 の並列回路を構成するには図 2.4 に記載されている，"目的とするラダー図"をプログラムで作らなくてはならない．このプログラムをニーモニック言語に変換したものをプログラミングコンソールを使って PLC のメモリにプログラムとして書き込む．PLC にプログラムを書き込むにはラダー図を作成するソフトウェアをインストールしたパソコンを利用することもできる．この場合でも，パソコン上に描画したプログラムはニーモニック言語に変換されて PLC に書き込まれる．このようにして配線とプログラムができれば，あとは PLC の動作モードを運転（RUN）モードにして書き込んだプログラムの演算を実行すればよい．PLC が演算を開始するとニーモニックのプログラムを行番号 0 から順に演算して行き，END まで演算するとまた行番号 0 に戻るという演算を無限に繰り返す．

PLC ではプログラムを高速で周期的な繰り返し演算をすることによって見かけ上の並列処理を実現している．つまり，通常のコンピュータによるデータ処理とは異なり，専用の並列処理機能をもったソフトウェアによってリレー回路の並列動作を実現しているのである．このため，電気回路のように完全な並列処理回路になっているわけではないので，応答特性や応用性などに若干の相違があることは認識しておく必要がある．

2.3.3　PLC の配線

PLC で機械装置を制御するには，その装置についている電気的な入出力信号を PLC の入出力端子に配線する必要がある．このため，使用する機器を選定するときに，なるべく PLC と直接接続できる機種を選んでおくようにするとよい．たとえば PLC の入力端子で使用している電圧が DC24V であれば，センサやスイッチ類も DC24V 対応のものに統一してできるだけ直接接続できるようにしておく．また，ソレノイドバルブなども同じ電圧に揃えておくようにすると電流容量が満足されれば直接 PLC の出力端子に接続できて便利である．電圧や電流が PLC に直接入力できるようになっていないときには，何らかのインタフェースを作るか，リレーなどを介して接続することになる．**写真 2.2** には PLC の外観を示す．外部入出力機器を配線する入出力ユニットが中央にある．

制御しようとしている装置のすべての入出力信号を PLC の入出力端子に接続してしまえば，あとは，その装置の入力と出力の関係を PLC のプログラムで記述して制御することができる．

多少極端にいうと，配線の段階ではプログラムは考えずに制御に必要な入出力信号を PLC の入出力端子に接続すればよく，シーケンス制御するための演算の部分

2.3 PLC の特徴

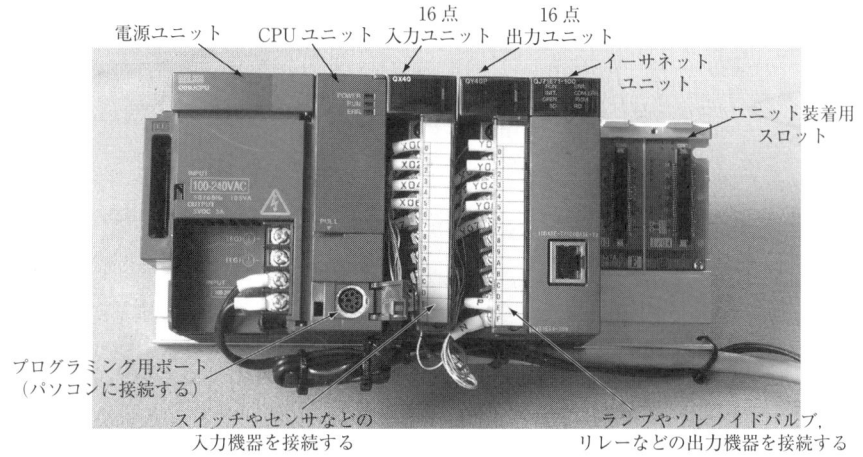

写真 2.2　PLC の外観
（ベーススロット装着タイプ（Q00JCPU））

はあとでプログラミングを行えばよいということになるので，配線作業と順序制御プログラムを切り離して考えることができるのである．制御する機械装置の入出力の配線作業を行うときは装置の入出力信号を PLC の何番目の端子にどのようにして接続するかということがわかっていればよく，動作を記述した実際のシーケンスプログラムは，その時点ではでき上がっていなくてもよいことになる．

2.3.4　PLC の安定性

　一般的な PLC は汎用のコンピュータなどと異なり，突然の停電などに対しても堅牢である．PLC は，パソコン（パーソナルコンピュータ）のハードディスクのような機械的な記憶装置のようなものがないので，機械的な故障が起こりにくいという特徴がある．また PLC を動かしている基本ソフトウェアやシステムメモリ，プログラム格納エリアなどは不揮発性のメモリか電池でバックアップされているので，電源を切ってもプログラムはそのまま保持されるようになっている．もちろんバックアップ電池の寿命や老朽化による接点の劣化などの対策はきちんと行わなくてはならないが，不意に PLC の電源を落としても，再度電源を投入して起動すればプログラムの先頭から演算を再開してくれる．

　注意しなくてはならないのは，動作途中のプログラムのリレーの状態やデータは基本的に電源が落ちると初期化されて消えてしまうので，電源を切ったときのリレーの状態やデータを保持しておきたい場合は，プログラム中で停電保持リレーや保護されたデータメモリなどを利用することが必要である．

　PLC 内部で行われているニーモニックプログラムの基本的な演算には，AND，

OR，NOT，OUT などといった基本的な論理演算と，入出力の命令などで構成される単純な演算方式が使われている．このような基本的なリレーシーケンスを PLC で演算するには，1 ビットの演算の繰り返しで実現できるので，CPU に負担をかけないような演算構造になっている．

このように，PLC は比較的単純な演算機能で実現できるので CPU の負荷も小さくなり，安定した動作を得られることになる．この単純性が PLC の応答性や安全性を高める一つの要素になっている．

2.3.5　PLC の小型化

PLC のような機械装置の制御機器は装置に組み込んで利用するのが一般的で，小型でスペースをとらないように設計されていることが好ましい．

PLC は通常のコンピュータのような汎用性を排除して，シーケンス制御のための専用機として余分な機能をもたせないようにした結果，小型化が進んでいる．

たくさんの入出力用端子の増設をコンパクトに行うために，コンピュータのような汎用の拡張バスを使わずに，小型で簡単に増設できるようにした PLC 特有のバスの形式が採用されている．ただし，あまり小型化にこだわって外部配線のためのターミナル部分まで小さいコネクタなどにしてしまうと，配線の作業性や確実性に支障をきたすことも考えられる．作業性を考えると，入出力のインタフェース部についてはある程度の大きさが確保されていることが好ましいことが多い．

また，動作時にはモニタもキーボードも必要ないので，PLC をそのまま制御盤の中にしまってしまえば，埃などの環境にも強い．プログラミングのときにはパソコンやプログラミングコンソールをケーブルを使って通信させるが，プログラムを実行して装置を運転するときには，それらを接続しておく必要はない．

写真 2.3 に小型 PLC の外観を示す．

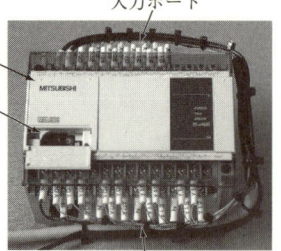
(a) パッケージタイプ (三菱 FX1N-40MT)

(b) ビルディングブロックタイプ

写真 2.3　小型 PLC の外観

2.3.6 PLC の入出力接続点数

　PLC では小さなものでも増設を含めると 128 点程度の入出力を取れるものが普通で，中型で 1024 点，大型では 4096 点といったように多くの入出力点数を扱うことができるようになっている．

　これをパソコンと比較してみると，パソコンの拡張スロットにディジタル入出力ボード(DIO ボード)を装着して入出力信号を制御するとしても，パソコンでは拡張スロットの数は通常は 1 個から多くても 5 スロットの程度で，一つのスロットに 32 点の DIO ボードを装着しても 5 スロットで 160 点の入出力信号しか制御できない．また，パソコンの DIO ボードの信号線はコネクタになっているのが普通でコネクタの処理が必要になる．PLC ではコネクタか端子台のものが選択でき，端子台のものは直接装置からの入出力信号を接続できるので便利である．

　写真 2.4 にはパソコンの PCI スロットに装着する入力 16 点，出力 16 点の DIO ボードの例を示す．

入出力用
コネクタ

パソコンのPUIスロットに装着する

写真 2.4　DIO ボード
（コンテック製　DIO-16/16L（PCI）H）

　2 章のポイント

- リレー制御は 1 ビットの ON/OFF を基本にした演算で行う制御であると考えることができる．
- 1 ビットの演算を元にしたプログラムで，リレー制御と同じ動作をするように開発された制御装置が PLC である．
- PLC はニーモニック言語を使ったプログラムで制御できる．
- ラダー図で書いた PLC プログラムはニーモニック言語に変換できる．
- PLC が生産システムの制御装置として導入されている理由として，プログラムの並列処理機能，配線の容易さ，操作性，安定性，収納性，拡張性などがあげられる．

第3章 シーケンス制御装置

本章では，PLC制御をリレー制御，パソコン制御およびマイクロコンピュータ制御などの制御方法と比較して，シーケンス制御にPLCが選ばれている理由を考えてみる．そのためには，比較する制御方法の特徴を知ることが必要となる．

一つの例として，スタートSWでモータを回転して，ストップSWでモータを停止するような簡単な制御をリレー制御，PLC制御，パソコン制御，マイコン制御で構成することを通して，それぞれの制御の特徴をみてゆこう．

3.1 さまざまなシーケンス制御の方式

3.1.1 リレー制御

図3.1はリレーでモータの制御を行うときの構成例である．リレー制御では図3.1(a)の実態配線図にあるような配線作業が必要になる．リレー制御で複雑な動作を実現しようとすると配線量が多くなり，誤配線が生じやすくなる．また，配線した回路の検査や修正などに時間がかかることが多い．図3.1(b)は(a)の回路をリレーシーケンス図で表したものである．

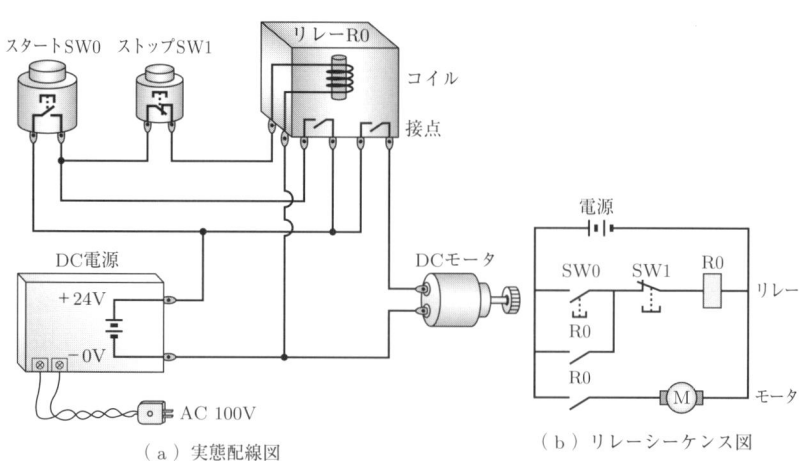

図3.1 リレー制御の場合の構成例

3.1.2 PLC制御

図3.2はPLCでモータの制御を行うときの構成である．この例でわかるように，配線は入出力を行う機器をPLCの入出力端子に接続するだけでよい．モータの動作のオンオフのタイミングはラダー図とよばれるプログラムで処理する．プログラムで制御回路を構成できるので，回路変更やデバッグも楽に行なえる．プログラムはリレーのシンボルを使った回路のイメージで作成できるので，複数の機械を同時に制御するような並列処理回路も簡単に構成することができる．

接続できる入出力点数は機種によって異なるが，数点から数千点くらいまで様々なものが選択できる．

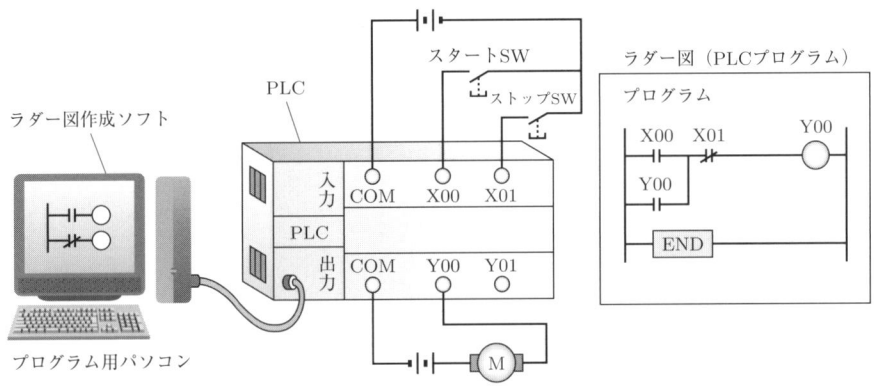

図3.2 PLC制御の場合の構成例

3.1.3 コンピュータ制御

図3.3はパソコンでモータの制御を行うときの構成例である．

制御対象を接続するために，ディジタルI/Oボード(DIOボード(写真2.4))をパソコンの拡張スロットに挿入する．DIOボードはC言語やBasicなどの高級言語のプログラムの入出力命令を使って制御する．

したがって，制御プログラムを作成するには何らかの高級言語の修得が必要となる．たとえば，パソコンのOSであるWindowsはイベント制御型であり，連続した制御を行うシーケンス制御とは形式が異なっている．このため，Windows環境でシーケンス制御を実現するには，言語の習得だけでなく，制御のためのプログラミングのテクニックも必要になる．

接続できる入出力の点数は，DIOボード1枚につき16点から64点程度が主流で，普及型のパソコン1台でDIOボードを数枚挿入できるとすると，数百点程度までの制御ができる．パソコンで制御する場合，パソコン自体のフリーズや突然の停電などに備えた対策を講じておく必要がある．

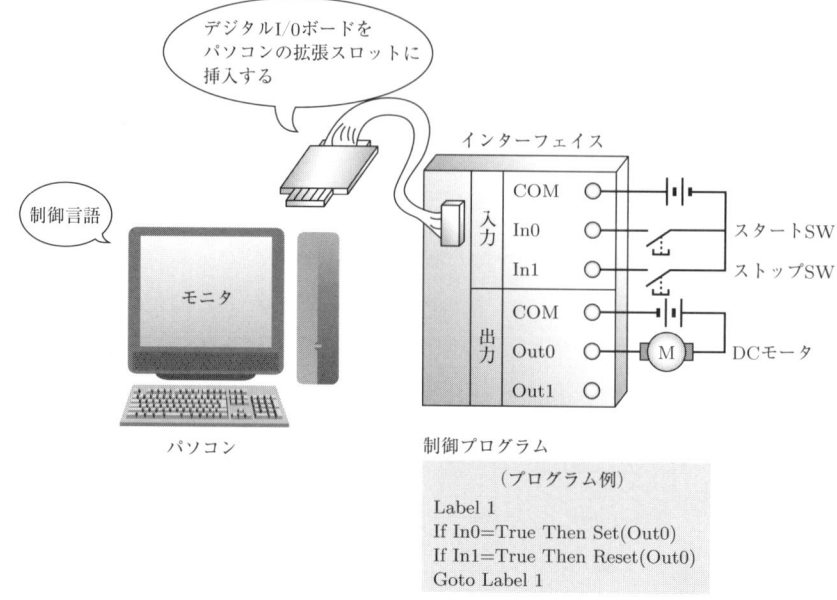

図 3.3 パソコン制御の場合の構成例

3.1.4 マイクロコンピュータ制御

図 3.4 はマイクロコンピュータでモータの制御を行うときの構成例である．

Z80 などの 8 ビットのマイクロコンピュータでは 00〜FF までの 256 個の基本となる命令語(マシン語)でプログラムが構成されている．このため，キーボードなどをつけておくと簡単にマシン語でプログラムを作成して制御することができる．

一方，マイクロコンピュータのプログラムをアセンブラや C 言語などの高級言語を利用して作成する場合にはパソコンを利用することが多い．この場合，高級言語のソフトウェアの他に，マシン語に翻訳するコンパイラ，マイクロコンピュータとの通信ケーブルと通信用のドライバソフトウェアなどが必要になる．

マイクロコンピュータに接続できる入出力は，入出力 1 ポートあたり 8 点として，8 ポート程度までのものが普及している．マイクロコンピュータのバスラインにインタフェース用の IC などで製作した増設ボードを接続すれば入出力ポートを増設することも可能であるが，増設ボードを自作するにはかなり手間がかかる．

一方，マイクロコンピュータの入出力ポートは通常 TTL や CMOS などの DC1.5V〜DC5V 程度の弱電系になっているので，機械制御に使われる一般的なスイッチやランプ，リレーなどの DC12V〜DC24V，AC100〜AC240V などの強電系に接続するには，トランジスタやトライアックを利用したり，リレーを使っ

3.1 さまざまなシーケンス制御の方式

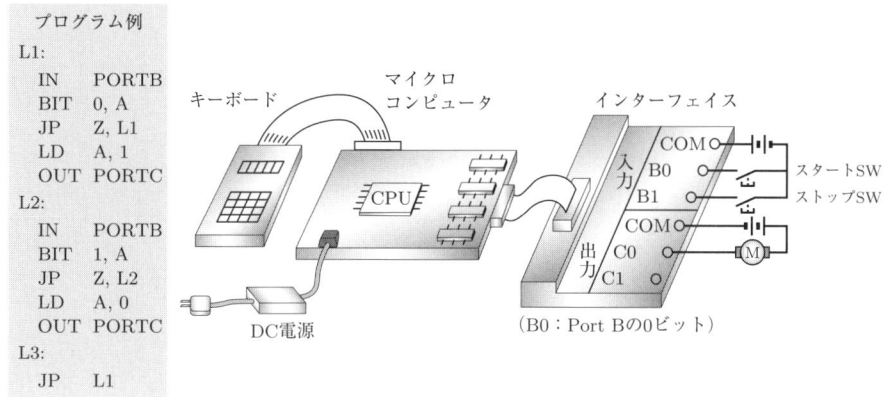

図 3.4 マイコン制御の場合の構成例

たインタフェースなどが必要になる．

3.1.5 ワンチップマイコン制御

ワンチップマイコンは一つの LSI の中に CPU，メモリおよび入出力のためのポートをもっていて，これ一つでマイクロコンピュータとして機能するようになっている．

図 3.5 は PIC(ピック)とよばれる代表的なワンチップマイコンを使った構成例である．PIC はローエンドの 8 ピンの IC 型のものからハイエンドでは 80 ピン程度のものまでそろっているワンチップマイコンである．制御できる入出力点数はローエンドでは数点で，ハイエンドのものでは 68 点程度まで装備されている．PIC はバスラインが外に出ていないので入出力点数を増やすことは難しい．PIC は制御のために特化した専用の集約型命令語である RISC 言語を搭載しているので，比較的簡単に機械制御を実現できるのが特徴的である．PIC を動作させるのに最低限必要な外部回路は，DC 電源と周波数発信回路(簡単な RLC 回路か水晶振動子の回路)である．

PIC へのプログラミングはパソコンのソフトウェアを使う．PIC 本体のメモリにプログラムを書込むときには PIC ライタとよばれる専用の書き込み装置を使うので，プログラムの書込みや変更の度に PIC ライタに PIC 本体を乗せ替えなくてはならない．このときにピンが細くて折れやすいので何回も抜き差しするのは避けた方がよい．

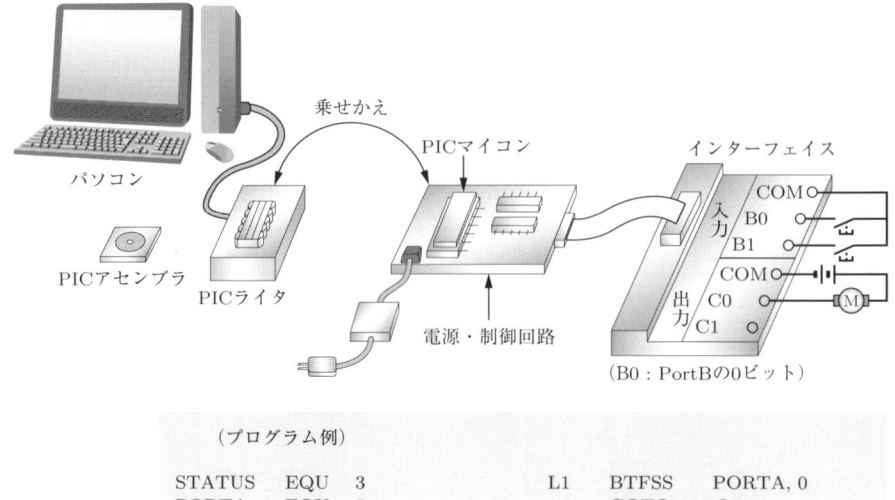

図 3.5 PIC 制御の場合の構成例

3.2 シーケンス制御における PLC の優位性

　前項で示した例のように，シーケンス制御を構成する制御方法によって接続性や制御性などが変わってくる．

　この結果をみると，ある程度大掛かりな規模の機械装置を制御するときには，入出力点数からいって，マイクロコンピュータでは実現することは難しいといえよう．また，機械装置のデバッグで，プログラムを頻繁に変更するということを考えるとPIC 制御は不向きである．リレー制御では入出力点数が多くても実現は可能だが，配線工数や回路変更などに時間がかかりすぎるので不便である．パソコン制御はそれなりに I/O 点数も多く，制御プログラムの変更もソフトウェアでできるのでよさそうだが，工場の自動化設備として何日間も連続運転するような場合にはパソコンがフリーズしてしまわないかといった不安がある．

　その他にも考慮しなくてはならない様々な要素がある．それぞれの制御機器を機

械制御に適用したときの特徴について比較したものを表 3.1 に示す.

この表 3.1 の PLC 制御の列をみるとわかるように，自動機に導入することを前提としたときには，PLC 制御は，接続性，収納性，停電時の状態の保持，再起動性，デバッグの容易性などの面で，他の制御方法に比べて優れているといえる.

ただし，パソコンなどと比較すると PLC はデータ処理やファイル保存，マンマ

表 3.1　各種の制御方法の比較（その 1）

項　目	PLC 制御	リレー制御	パソコン制御	マイクロコンピュータ制御	ワンチップマイコン制御
①主な制御部	PLC	電磁リレー	パソコン本体・DIO ボード	マイクロコンピュータ	PIC など
②入出力信号の電気的な特性	強電系と弱電系の両方を選択できる．リレー制御ほどではないが AC, DC のいずれにも対応可能	強電系．通常 AC100V 〜 240V，DC5V 〜 24V 程度のものが主流．対応範囲が広い．	弱電系の入出力をもつものが一般的だが，DC12V 〜 24V 対応のものやリレー接点出力のものなどもある．	弱電系．入出力は DC1.5V 〜 5V 程度で電流量も数 mA と小さいのでインタフェースが必要．絶縁されていないのでノイズ対策が必要．	弱電系．入出力は DC5V 〜 30V 程度で電流量は数十 mA のものが多い．
③プログラミングに必要な周辺機器	プログラミングコンソールまたはパソコン用プログラミングソフトウェア	不要	高級言語と DIO ボードドライバソフトウェア	キーボードまたはパソコン用プログラミングソフトウェア	PIC ライタとパソコン用プログラミングソフトウェア
④修得すべきプログラミング言語	ラダー図（リレー回路）	リレーシーケンス回路	C 言語や Basic 言語などの高級言語とコンパイラ	マシン語・アセンブラ・C 言語などの高級言語とコンパイラ	PIC 専用の RISK 言語・C 言語などの高級言語とコンパイラ
⑤プログラムの修正の簡便性	プログラムの変更が容易	配線の変更やリレーの追加などで時間がかかる．	プログラムの変更が容易	プログラムの変更が容易	PIC を制御装置からはずして PIC ライタに差し替えるので手間がかかる．
⑥プログラム修正時の動作（デバッグの容易性）	運転中にプログラム変更することも可能	電源を落として配線するので初期化される．	制御を停止してプログラム変更するので制御は初期化される．	制御を停止してプログラム変更するので制御は初期化される．	制御を停止してプログラム変更するので制御は初期化される．

表 3.1 （その 2）

項 目	PLC制御	リレー制御	パソコン制御	マイクロコンピュータ制御	ワンチップマイコン制御
⑦一般的な普及機種で制御できる入出力点数	数点から数千点程度（機種による）	制限無し（ただし入出力が多くなると実際の配線は難しくなる）	DIOボード1枚につき16点から64点程度が主流．普及型パソコン1台で通常DIOボード数枚程度．	1ポート8点で8ポート程度までのものが主流．	数点から68点程度まで
⑧電気接続の方法（入出力端子の形状）	端子台・コネクタ	端子台・半田付け	コネクタ	ICピン	ICピン
⑨収納性（制御盤内に装着する方法）	制御盤内にそのまま装着できる．DINレールなどにも対応．	DINレールなどを使って直接装着できる．	パソコン本体に挿入されるので制御盤内には入れられない．	ノイズ対策などを十分施した上で制御盤内に収めることが可能	ノイズ対策などを十分施した上で制御盤内に収めることが可能
⑩停電・電源切断時の動作・安全性・電源が切られたときの状態の変化・再起動の簡便性	停電保持リレーやデータメモリは電源を落としても状態が保持される．すぐに再起動できる．	電源が落ちるとラッチリレー（停電保持リレー）以外は初期化される．すぐに再起動できる．	突然の停電などでHDDなどに重大な障害が起こることがある．電源を落とすとメモリデータは初期化されてしまう．再起動に時間がかかる．	電源を落とすとデータが初期化されてしまう．入出力ポートの設定が初期化されてしまうと動作が不安定になることがある．	電源を落とすとデータが初期化されてしまう．入出力端子の設定も消えるので動作が不安定になることがある．
⑪データ収集機能	可能．データ量が多くなると難しくなる．	無し	有．大量のデータの収集が可能	有．限られたメモリ内で有効	可能．データ量が多くなると難しくなる．
⑫データ処理機能	可能だが，あまり得意ではない	無し	高い処理能力がある	高級な言語を持たないので不利	不得意
⑬ファイル保存機能	無し	無し	有．表計算とのリンクなども可能	無し	無し
⑭通信機能	RS232C通信・RS485通信・イーサネット通信などに対応	無し	一般的なほとんどの通信に対応	RS232Cのような基本通信に対応	RS232Cのような基本通信に対応

3.2 シーケンス制御における PLC の優位性

表 3.1 （その 3）

項　目	PLC 制御	リレー制御	パソコン制御	マイクロコンピュータ制御	ワンチップマイコン制御
⑮ネットワーク機能	PLC 間ネットワーク・オープンフィールドネットワーク・イーサネットなどに対応．ネットワークに強い．	無し	様々なネットワークに対応している．ネットワークに強い．	ネットワーク対応性は低い．	ネットワークに対応しない．
⑯操作画面（マンマシンインタフェース）	本体には属さない．タッチパネルやパソコンを使って操作画面を作ることができる．	無し	有．操作画像をプログラムで作成する必要がある．	無し	無し

シンインタフェースなどの面での弱点がある．しかし，それらの弱点はタッチパネルを使ったり，パソコンと通信してデータを保存したりすることで，補うようにすることができる．また，PLC は高級言語を使わないので，リレー技術者でも容易にプログラムを作成することができ，生産ラインの現場などに導入する制御機器としては好ましいと考えられる．

　一方，エアコンなどの量産品に組み込んで利用する場合には事前にプログラムのデバッグが完了しているので，プログラムは一度しか書き込む必要がない．このような場合で入出力点数が多くなければ PIC マイコンなどが便利である．PIC マイコンはディジタル入出力だけでなく機種によってはアナログ入出力なども装備しているので温度管理などにも利用できる．

　検査装置や計測装置などは大量のデータの収集や処理をしなくてはならない場合がある．このようなデータを Excel などの表計算ソフトで収集・加工したりする場合には，装置そのものもパソコンで制御するのが便利な場合がある．こうすることで制御と同時に取得したデータの管理ができるようになる．ただし，Windows などの OS を使っていると，データ処理やファイル管理に費やす時間が一定でないことがあり，高速に動作する装置を制御していると動作が不安定になることがあるので注意する．また，インターネットに接続したり，複数のパソコンとファイルの共有が必要な場合などもパソコン制御の場合が有利である．パソコンは作業者による画面操作が容易で，データの保存や表計算などの機能ももっているので，人間と機

械とのやり取りには便利なツールである．

このように制御機器はどのような制御をするのかなど使い勝手の良し悪しを判断して，最適な制御機器を選択することになる．

3.3 制御機器の選定

機械設備のシーケンス制御には PLC が向いていることが多いが，PLC だけを揃えればよいのかというとそうではない．機械装置のコントローラとしては PLC がもっとも普及している制御装置であるが，実際の装置の制御に，PLC と一緒に，リレー，パソコン，マイコンなどが接続されている例は多々見受けられる．

たとえば図 3.6 の例では PLC は全体の順序制御を管理する中心的な役割をしており，マイコンは AC サーボモータの数値制御を行っている．リレーは汎用モータのインタフェースとモータ制御の安全回路などのために利用されている．パソコンは PLC の状態のモニタや生産管理などに利用されている．操作パネルには機械の起動や非常停止などのための機械的なスイッチがあり，ランプやパトライトなどで機械の状態を表示している．

タッチパネルは PLC と常に通信しているので，PLC 内部のデータを表示したり，PLC に対して数値データの設定や品種設定などを行ったりできる．タッチパネルは通信に依存しているので，応答速度と信頼性という点では機械的な操作パネ

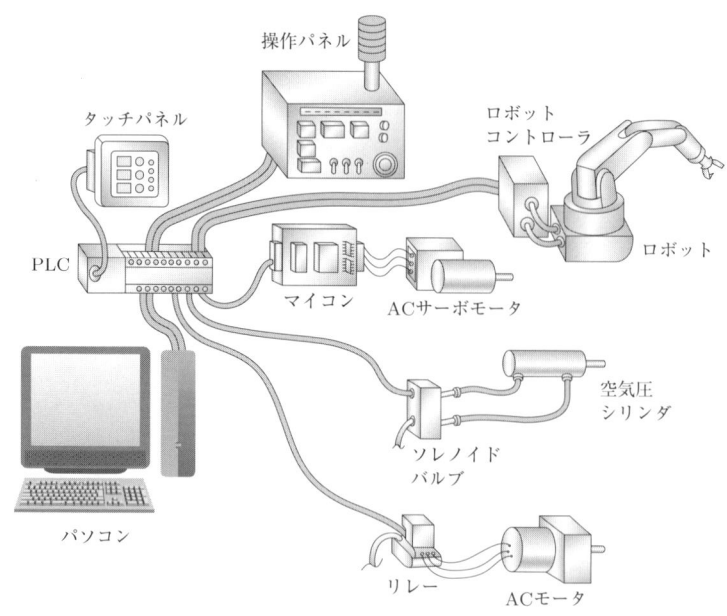

図 3.6　PLC・パソコン・マイコン・リレーが混在するシステム

ルより劣るが，操作パネルの代用としても利用される．

　このように，実際の機械装置ではPLCだけでなく，様々な制御機器をそれぞれの特性を生かして接続されているのが普通で，目的に応じた最適な制御機器を選定することが重要である．

> **3章のポイント**
> - 制御装置にはPLCの他にリレー，パソコン，マイコン，ワンチップマイコンなどが利用できる．
> - それぞれの制御装置の特徴を知って，システムに最適な制御装置を選択することが重要である．
> - 必要に応じて複数の制御装置を組み合わせてシステムを構築することも考慮する．

第2編

PLCを利用した制御システムの作り方

　第1編ではシーケンス制御について，主としてPLCの特徴や用途などについて概観した．本編では，リレーとPLCを使ったシーケンス制御に的を絞って，実際にシーケンス制御系を構成するための具体的な方法について説明する．

　シーケンス（順序）制御を行う場合，まず明確にしておかなければならないのが制御を実施するための入出力である．シーケンス制御は入出力部の状態に基づいて動作する順番が規定されていて，その具体的なシーケンス動作を与えるのが制御部である．第1編第3章でも述べたように，制御部にパソコンやマイクロコンピュータあるいはワンチップマイコンなどのような汎用性のある機器を使用して，プログラムによりシーケンス動作を実現してもよいが，一般には以下に示すシーケンス制御法を適用する．

(a) リレーシーケンス制御
(b) 無接点シーケンス制御
(c) PLCによるシーケンス制御

　(a)はシーケンス動作を規定する論理を，機械的な接点（有接点）を有する電磁リレーを用いた電気回路で構成したものである．

　(b)は機械的な接点を無くすために半導体論理演算子などを用いて論理回路を構成したものである．これらはいずれも論理を電気回路であるハードウェアで構成している．

　これに対して，(c)はPLCを使用しシーケンス動作をプログラムで記述している点が大きく異なる．PLCはコンピュータの一種ではあるが，シーケンス制御系を比較的簡単に構築できるように工夫されている．しかし，歴史的にはリレーシーケンス制御をコンピュータ化したものであるので，PLCを用いてシーケンス制御系を構成するに際して，どうしても若干のリレーシーケンス

制御の知識が必要となる．

　さらに，PLCに接続するセンサやモータなどの負荷の電気的な接続法などに関してもリレーシーケンス制御系の構築技術が基本となる．

　本編では，まず第4章でシーケンス制御の基本として，リレーシーケンス制御の概要を説明し，第5章ではPLCを使用したときの基本的なシーケンス制御系について解説する．

第4章 リレーを使ったシーケンス制御

Sequence 04

　シーケンス制御では，スタート SW などの入力機器の状態に依存してモータなどの出力機器が駆動され一連の順序動作が実行されていく．リレーシーケンス制御の場合，一連の動作を決定づける論理がリレーなどを用いた電気回路で構築される．一方，PLC では動作の順序をプログラムで記述するが，プログラムの表現はリレーシーケンス制御の電気回路を模擬したラダー図である．また，PLC の入出力機器の接続などでもリレーを用いた接続法は重要である．

　本章では，PLC でシーケンス制御系を構築する場合の基礎となるリレーシーケンス制御系の構成法について説明する．また，その際に必要となる代表的な入出力機器についても併せて概観する．

4.1　基本的な入力機器とリレー

　簡単な台車の移動機構の例を図 4.1 に示す．これは DC モータで駆動する台車をシーケンス制御するためのハードウェア構成である．台車が次に指定した動作を実行するように制御したい．

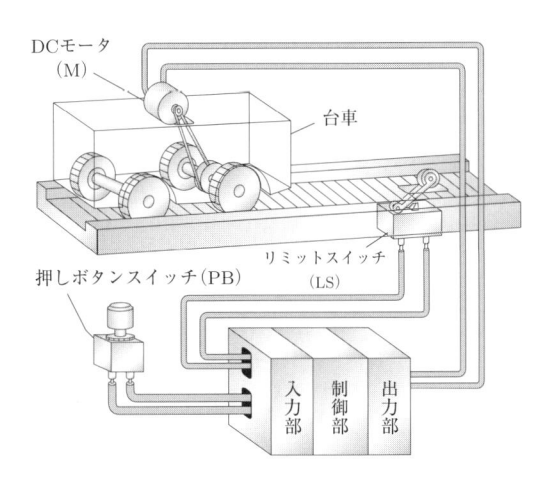

図 4.1　台車のシーケンス制御

「押ボタンスイッチ(PB)を押すと台車が右方向へ移動し，右端のリミットスイッチ(LS)を押すと台車が停止する.」

図4.1の台車のシーケンス制御では，入力機器として**押しボタンスイッチ**(PB)を使用している．図4.2に押しボタンスイッチ(モメンタリ型)の構造を示す．ボタンを押すことにより，接点の開閉が切り替わるが，手を離すとバネの力で元に戻る．このような接点を**モメンタリ型**という．

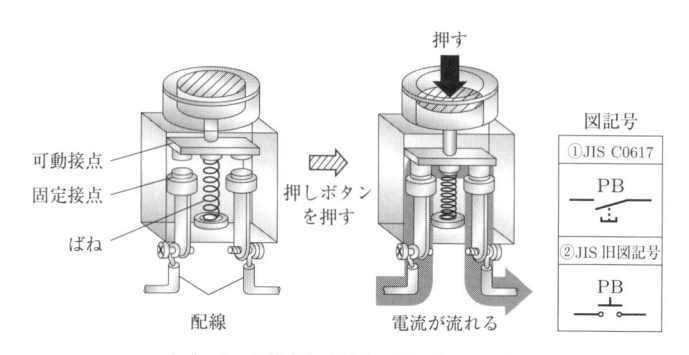

(a) メーク接点(a接点)の押しボタンスイッチ

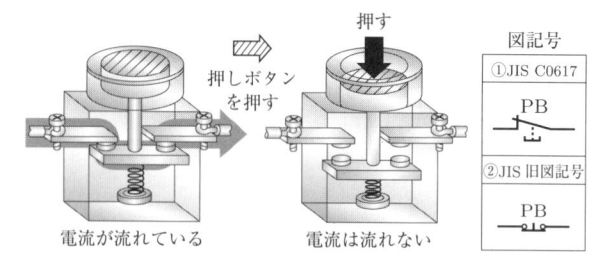

(b) ブレーク接点(b接点)の押しボタンスイッチ

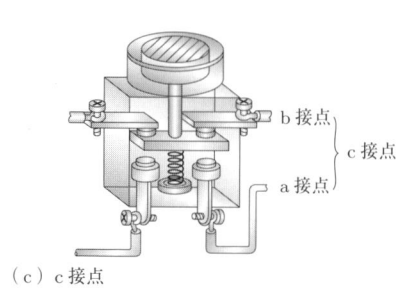

(c) c接点

図4.2　モメンタリ型押しボタンスイッチ

図 4.2(a) の押しボタンスイッチは，ボタンを押していないときは接点が開いた状態になっているが，押すと接点が閉じて電流が流れる．このような接点を**メーク接点**(make contact)，**常開接点**または **NO 接点**(normaly open contact)，あるいは「働く接点」という意味で **a 接点**(arbeit contact)ともいう．

図 4.2(b) の押しボタンスイッチは，ボタンを押していないときは接点が閉じて電流が流れている状態であるが，押すと接点が開いて電流が流れなくなる．このような接点を「途切れる接点」という意味で**ブレーク接点**(break contact)または **b 接点**，あるいは**常閉接点**または **NC 接点**(normaly close contact)という．

また，図 4.2(c) の押しボタンスイッチは a 接点と b 接点の両方を兼ね備えた接点であり，これを「切換接点」という意味で **c 接点**(change-over contact) という．

a 接点と b 接点の図記号は JISC0617 に記載されている．1999 年までは，JISC0301 に電気用図記号の規格が系列 1 と系列 2 として示されていた．系列 1 は国際規格に合わせた記号で，系列 2 は従来から日本の産業界で使用されてきた記号である．しかし，JIS を国際規格に合わせるための改正が実施され，JISC0617 の制定に伴い JISC0301 は廃止された．なお，本書では，JISC0301 の系列 2 を旧図記号として記載している．**表 4.1** に使用するおもな接点図記号を示す．

図 4.1 に表されている入力機器としては他に**リミットスイッチ**(図 4.3)がある．これは移動する物体が所定の位置に来たかどうかを検出するときなどに使用される．機械的な入力を検出する**操作子**(アクチュエータともいう)と，モメンタリ型押しボタンスイッチと同様な働きをするマイクロスイッチから構成される．図記号は JIS0617 で指定されていて，押しボタンスイッチとは異なる表現となっている．

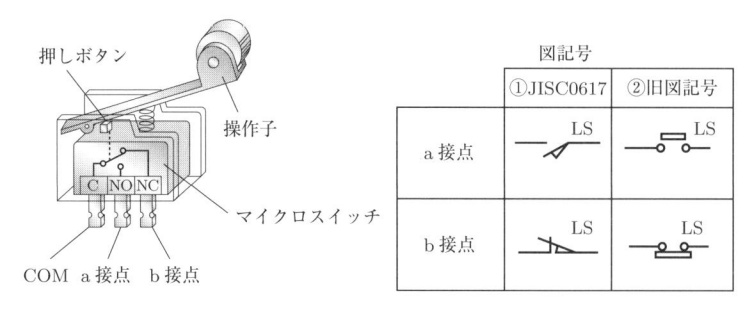

図 4.3　リミットスイッチ

表 4.1　おもな接点図記号（JIS C0617 対応）

操作主体	操作記号	メーク接点	ブレーク接点	備考
電磁リレー				一般のリレーなど
手動スイッチ モメンタリ押				自動復帰押ボタンスイッチなど
手動スイッチ ひねり形				回転形セレクトスイッチ自動復帰なしなど
手動スイッチ オルタネイト				トグルスイッチ 自動復帰なしなど
非常停止スイッチ キノコ形				戻り止め付 非常停止用 押ボタンスイッチ
リミットスイッチ	（ドグなど）			機械的なメカの変化で動作する接点
タイマ				電磁式オンディレイタイマなど

例題 4.1

　表 4.2 に示すように，押しボタンスイッチとして PB1 と PB2 が準備されていて，どちらの押しボタンスイッチも a 接点または b 接点のいずれか一方が使用できる．PB1 と PB2 を一つずつ適当に選んで図 4.4 の枠の中に回路を作り DC モータを回転させたら，次の①〜⑥のような作動を示した．それぞれの表の状態に合致する回路を作れ．なお，押しボタンスイッチを ON すると，a 接点は閉じ，b 接点は開く．モータは ON で回転するものとする．

表 4.2　押しボタンスイッチ

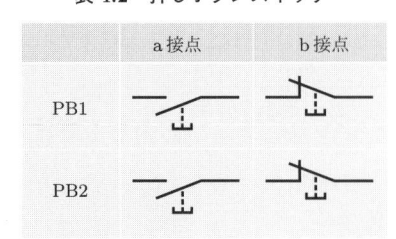

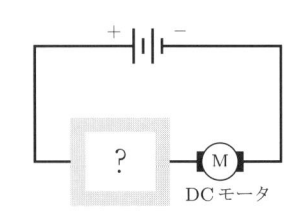

	a 接点	b 接点
PB1		
PB2		

図 4.4　電気回路

4.1 基本的な入力機器とリレー

①
PB1	PB2	M
ON	ON	ON
ON	OFF	ON
OFF	ON	ON
OFF	OFF	OFF

②
PB1	PB2	M
ON	ON	OFF
ON	OFF	OFF
OFF	ON	OFF
OFF	OFF	ON

③
PB1	PB2	M
ON	ON	ON
ON	OFF	OFF
OFF	ON	OFF
OFF	OFF	OFF

④
PB1	PB2	M
ON	ON	OFF
ON	OFF	ON
OFF	ON	ON
OFF	OFF	ON

⑤
PB1	PB2	M
ON	ON	OFF
ON	OFF	OFF
OFF	ON	ON
OFF	OFF	OFF

⑥
PB1	PB2	M
ON	ON	ON
ON	OFF	OFF
OFF	ON	ON
OFF	OFF	ON

解答

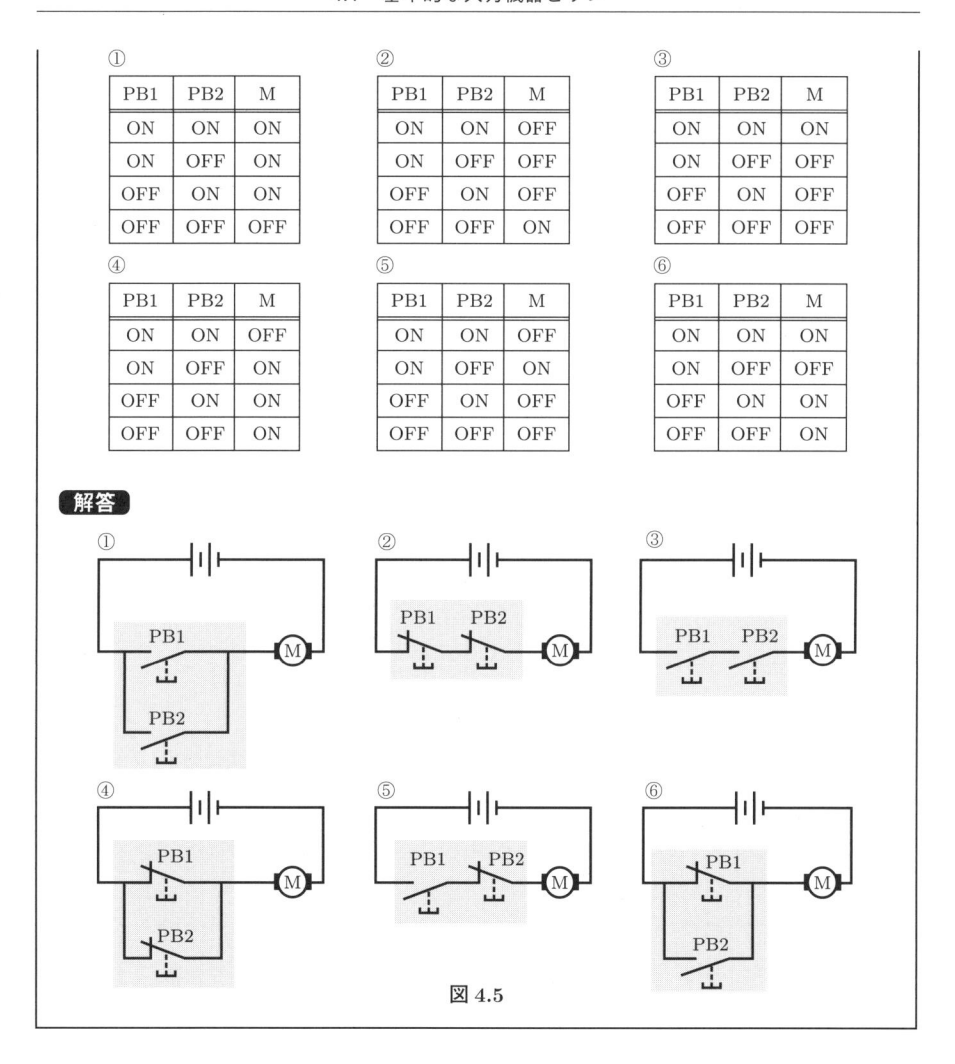

図 4.5

　シーケンス制御を行うための制御回路で中心的な役割を演じるのが**リレー**(継電器)である．リレーには電磁石で接点を作動させる電磁リレーと半導体を使ったスタティックリレーがあるが，ここでは一般によく利用される**電磁リレー**(電磁継電器)について述べる．**図 4.6** にリレーの構造を示す．リレーはコイル部と接点部から構成される．図のリレーでは端子 c をコモンとして二つの a 接点と二つの b 接点を有しているが，それらの接点はコイルと絶縁されている．

　コイルに電圧がかかると，可動板がコイルの方に引き寄せられる．二つの可動接点は同じ可動板に付いているので，連動して同時に切り替わる仕組みとなっている．電圧を解除すると，可動板の端に取り付けられているバネにより可動板が上方向に戻されるので，二つの接点が同時に元の状態に戻る．すなわち，コイルに電圧がか

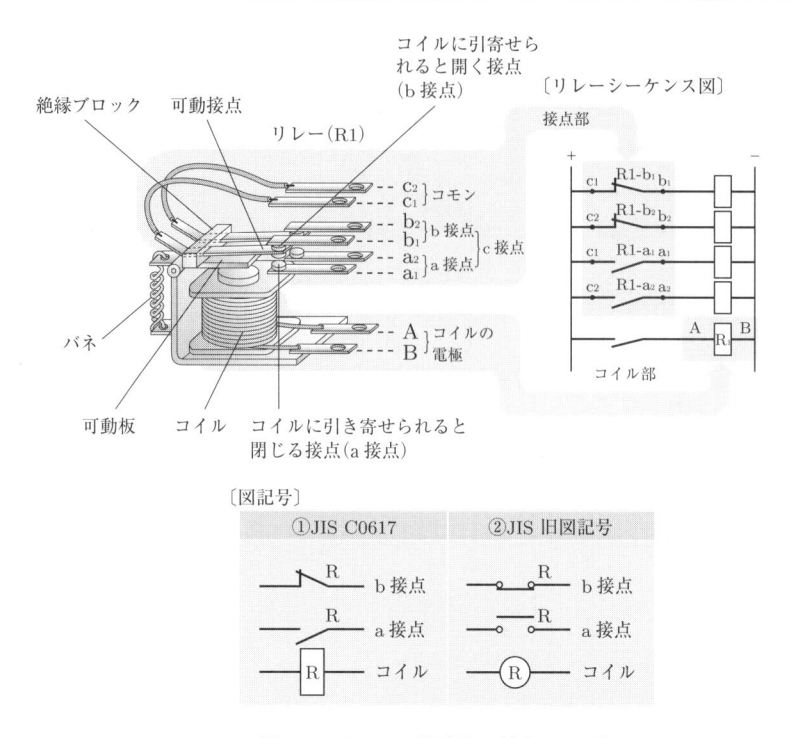

図 4.6 リレーの構造（2C 接点リレー）

かっていないときは c − b 間（b 接点）が通電しているが c − a 間は（a 接点）は通電していない．コイルに電圧がかかると，それぞれ切り替わり，c − a 間が通電し，c − b 間は通電しなくなって通電が逆の状態となる．なお，本図では記号として，リレーのコイルはリレー（relay）の頭文字 R で表し，リレー"R"の a 接点は"R-a"，b 接点は"R-b"で表している．また，a, b 接点のコモン（common）を"c"としている．一般に，リレー接点の種類は図記号でわかるので，単にリレーコイルと同じ表記（この場合は R）をすることが多い．

リレーには様々な種類がある．コイルを作動させる電源としては，直流電圧仕様や交流電圧仕様，電圧の大きさや可動接点の数など各種揃っている．リレーの接点間に通電する場合，種類によって耐電圧や通電可能な電流値が決まっているので適切なリレーを選択しなければならない．とくに，リレー接点で入り切り（スイッチング）ができる電流と電圧はリレーの種類によって大幅に異なるのでリレーの選択は慎重に行わなければならない．さらに，モータやソレノイドバルブ（電磁弁）などの誘導性負荷（コイル）のスイッチングを行う場合は，誘導電流によりスイッチングできる電流値が小さくなったり，接点の劣化の度合いが大きくなってくるので注意が必要である．

4.2 リレーシーケンス図

　リレーを使ったシーケンス制御を実施する制御回路は，**リレーシーケンス図**で表現される．これは制御回路の動作を順を追って容易に理解できるように考えられた電気回路図である．

　さて，図 4.1 の台車のシーケンス制御の場合，その動作は「押しボタンスイッチ（PB）を押すと台車が右方向へ移動し，右端のリミットスイッチ（LS）を押すと台車が停止する．」であった．このときのリレーシーケンス図は図 4.7 のようになる．リレーシーケンス図には横書きと縦書きがあるが，図は横書きの例である．台車のリレーシーケンス図に沿った動作順序は次のようになる．

① リミットスイッチ（LS）が b 接点で閉路しているため，押しボタンスイッチ（PB）を押すと，リレー"R1"のコイル"R1"に電流が流れ，コイルが磁化し ON 状態となる．それに伴い a 接点"R1-a1"と"R1-a2"が閉路する．

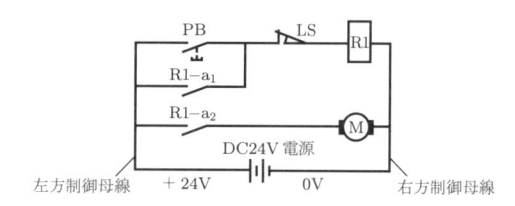

図 4.7　台車制御のリレーシーケンス図

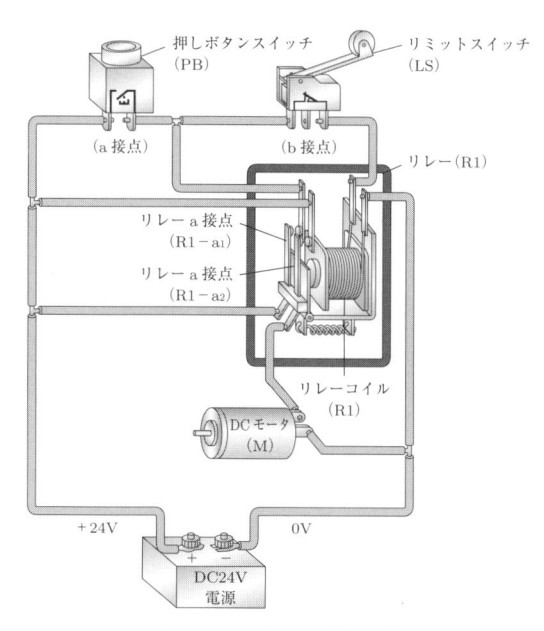

図 4.8　台車制御の実態配線図

②この状態では，電流は押しボタンスイッチ(PB)の接点と同時にリレーのa接点"R1-a1"からもコイル"R1"に流れ込むので，もし，ここで押しボタンスイッチ(PB)を離したとしてもコイルはON状態のままとなる．このときリレーコイルは自分自身の接点を使ってON状態を保っているので，これを**自己保持**という．

③リレーコイルがONするとa接点"R1-a2"が閉じるので，この接点を通じてDCモータに電流が流れる．その結果，DCモータが作動し台車が右方向へ移動する．

④台車が右位置のリミットスイッチ(LS)を押すと，そのb接点が開路することでコイルに電流が流れなくなりOFF状態となる．その結果，リレーのa接点"R1-a1"と"R1-a2"が開路し，自己保持が解除されると同時にDCモータの電流が流れなくなり停止する．

図4.7のリレーシーケンス図に基づき，実際に電気回路を構築した場合の実体配線図を図4.8に示す．

4.3 リレーを使った電気回路

4.3.1 リレーを使った電気回路の特徴

図4.9にリレーを使用した交流電源で作動するACモータの制御回路を示す．押しボタンスイッチ(PB)を押すとACモータが作動するという簡単な制御回路である．リレーを用いることで，次の三つの特徴を有する回路を実現している．

- 電力増幅
- 回路の分離と指令信号の中継・連動
- 電源・電圧の変換

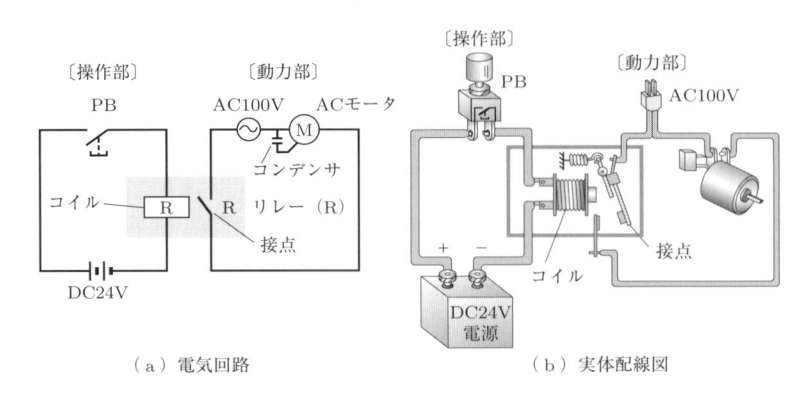

図4.9 リレーを使った電気回路

この回路は操作部と動力部に分かれている．操作部では小さな電力(DC24V電源)でリレーのコイルを操作し，その指令信号を動力部へ受け渡している．動力部では指令信号に基づくリレー接点の開閉で，大きな交流電源(AC100V)によりACモータを作動させている．つまり指令信号レベルから動力レベルへ電力を増幅させている．また，リレーが操作部と動力部の間の信号の中継や連動を受け持っている．このように回路を分離しておくと，万一動力部で異常な電圧や電流が発生しても，操作部にまで被害が及ぶ危険性が少なくなる．さらに，操作部には直流電源でDC24Vを，動力部には交流電源でAC100Vが使用されていて，電源・電圧が変換されている．

4.3.2 自己保持回路

図4.10に自己保持回路の一般的な例を示す．この例は台車のシーケンス制御系(図4.1)のリレーシーケンス図(図4.7)である．**自己保持回路**とはリレーのコイルがいったんONするとその状態を保持し続ける回路である．この自己保持回路は便宜的にリレーの制御を開始条件部と解除条件部に分けることができる．押しボタンスイッチ(PB)が押されて開始条件が成立したときにリレーのコイル(R)がON状態となり，その接点(R-a1)が閉じることで自己保持状態となる．その後，押しボタンスイッチ(PB)が離されて開始条件が成立しなくなっても，リレーのコイルはON状態のまま保持される．なお，右端リミットスイッチ(LS1)が押されて解除条件が成立した場合には自己保持が解除される．

自己保持の開始条件部は，自己保持を開始するすべての条件を挿入する．たとえ

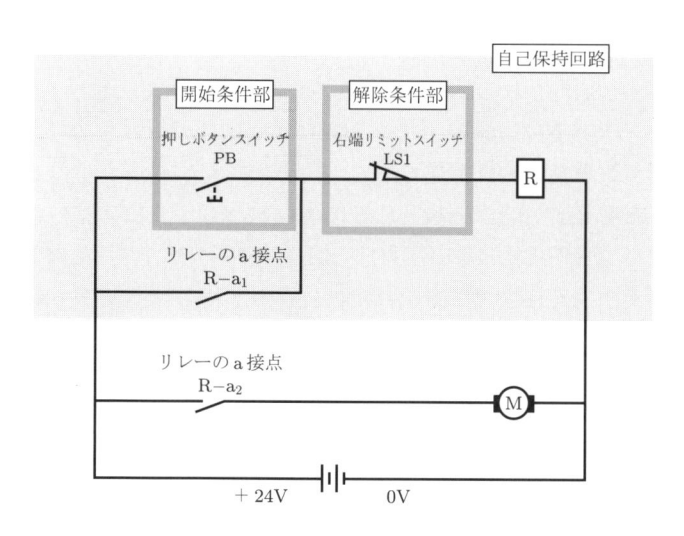

図4.10 **自己保持回路(リセット優先回路)**

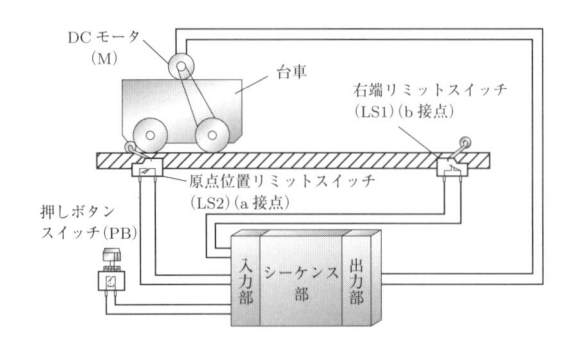

図 4.11　原点位置リミットスイッチを設置した台車制御系

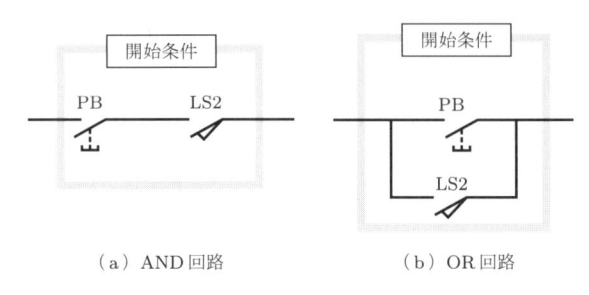

（a）AND 回路　　　　　（b）OR 回路

図 4.12　開始条件のいろいろ

ば，**図 4.11** のように原点位置リミットスイッチ(LS2)が設置されているものとして，台車が原点にあって(LS2 を押していて)，かつ押しボタンスイッチ(PB)が押されたときに限り台車を作動させたいものとする．

この場合は，**図 4.12**(a)に示すように開始条件の中に LS2 の a 接点と PB の a 接点を直列に接続し **AND 回路**を構成すればよい．また，台車が LS2 を押しているか，または PB が押されるかのどちらか，または両方が成立したときに台車を作動させたい場合は，**図 4.12**(b)に示すように開始条件の中に LS2 の a 接点と PB の a 接点を並列に接続し **OR 回路**を構成すればよい．

自己保持の解除条件部は，一般的には図 4.10 に示すように回路の右部に記述され，この部分の論理が成立しない限り自己保持が継続される．この例では解除条件の否定を取った負論理(b 接点)が使われているため，解除条件が成立したら非導通となり回路が切断され自己保持状態が解除される．

さて，図 4.10 の制御回路において，開始条件である押しボタンスイッチ(PB)と解除条件であるリミットスイッチ(LS1)を同時に ON した場合，自己保持が解除されるためリレーコイルは導通せず，台車は停止したままとなる．すなわち解除条件が優先された回路となっている．このような回路を**リセット優先回路**という．それに対して，図 4.13 のように，解除条件を左部下の回路に挿入した場合を考える．

この回路も PB を ON にして開始条件を成立させると回路が自己保持状態となり，LS1 を ON にして解除条件を成立させると，自己保持が解除される．しかし，両方のスイッチを同時に ON にした場合，さきほどとは逆に PB によって直接リレーコイルが導通するので ON 状態となり台車は作動する．すなわち開始条件が優先された回路となっている．このような回路を**セット優先回路**という．図 4.13 のリレーシーケンス図に基づく実体配線図を図 **4.14** に示す．

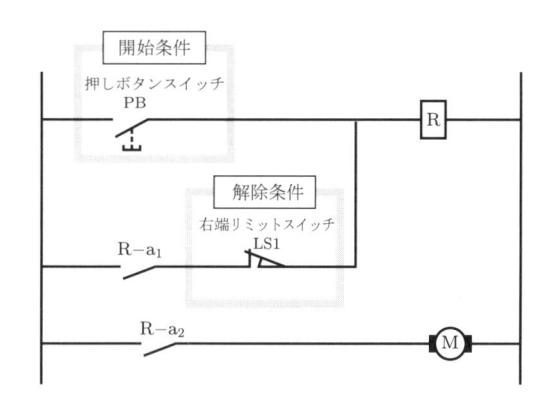

図 4.13　セット優先回路

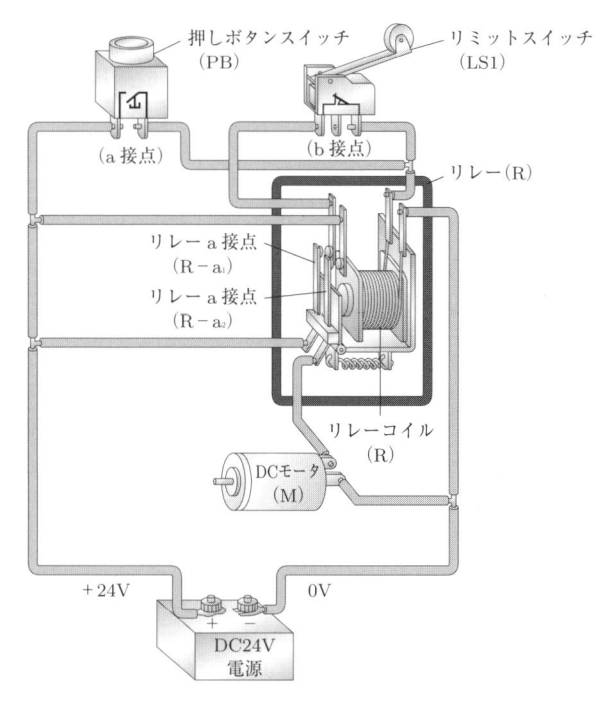

図 4.14　セット優先回路の実体配線図

例題 4.2

表 4.3 に示す電気部品がある．次の各問に答えよ．

(1) DC24V リレー"R"の接点で，交流電源 (AC100V) で作動するリバーシブルモータ (AC モータの一種) を駆動する回路を組め．
(2) 押しボタンスイッチ PB1 を押すと DC24V リレーのコイルが自己保持されるとともにモータが回転し，押しボタンスイッチ PB3 を押すと自己保持が解除されモータが停止する回路を組め．ただし，リセット優先回路とする．なお，(1) で組んだ AC モータを駆動する回路を併用するものとする．
(3) 回路の作動は (2) と同様であるが，セット優先となるような回路を組め．
(4) 危険防止のために，押しボタンスイッチ PB1 と PB2 を同時に押したときにだけモータが回転するように (2) のリセット優先回路を変更せよ．
(5) 押しボタンスイッチ PB1 と PB2 が離れた所に設置されていて，どちらか一方，または両方のスイッチが ON すればモータが回転するように (2) のリセット優先回路を変更せよ．

表 4.3 電気部品

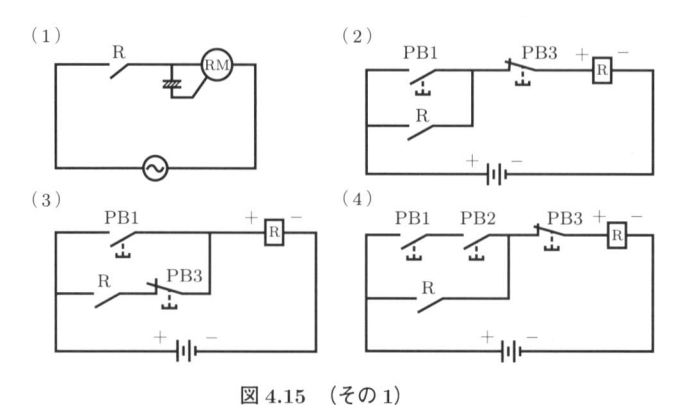

押しボタンスイッチ	DC 24V リレー	AC 100V 用 リバーシブルモータ	電　源
PB1 / PB2 / PB3	R 接点 / R コイル	RM	DC 24V / AC 100V

解答

図 4.15 （その 1）

(5)

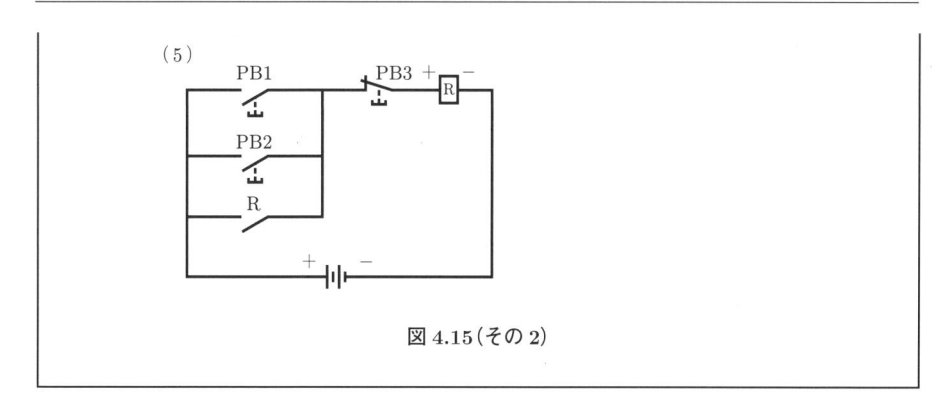

図 4.15(その 2)

4.4　空気圧機器を用いたリレーシーケンス制御

　自動化・省力化機器によく使用される機器の一つに空気圧機器がある．単純な直進往復運動，あるいは回転往復運動が可能で動力源に空気圧を使用するため，取り扱いが簡単で環境にもやさしい．以下，空気圧機器について解説し，空気圧機器を用いたリレーシーケンス制御について簡単な例で示す．

4.4.1　空気圧機器
(1)復動シリンダを用いた空気圧機器
　基本的な空気圧機器の構成とそのときの図記号を**図 4.16** に示す．この空気圧機器は空気圧縮機(エアコンプレッサ)，フィルタ，空気圧調整ユニット(レギュレータ)，ソレノイドバルブ，スピードコントローラ(速度制御弁)，空気圧シリンダから構成されている．

　空気圧縮機では高圧の圧縮空気が生成される．いわゆる空気圧源である．圧縮空気中にはゴミや水分が含まれているため，それらを**フィルタ**で取り除く．フィルタのケースの下部には水分がたまるので，時折**ドレン弁**でたまった水を抜かなければならない．フィルタを通った圧縮空気は**空気圧調整ユニット**で所望の圧力に調整された後，ソレノイドバルブを通って空気圧シリンダに送り込まれる．

　空気圧シリンダは空気の圧力をピストン面に作用させることで**ピストンロッド**を駆動させる直進運動型のアクチュエータである．図 4.16 の空気圧シリンダは吸気・排気を行うポート(作動流体の通路の開口部)が二つあり，**復動シリンダ**とよばれる．図 4.16 は右のポートに圧力がかかった状態であるためピストンロッドは後退端に在るが，その状態を切り換えて左のポートに圧力をかけて右のポートを大気圧に開放すると，ピストンロッドは前進し，前進端に移動する．

　このようにポートの状態を電気を使って切り換えることによって，空気圧力をかける方向を切り換えるのが**ソレノイドバルブ**(電磁弁)である．図 4.16 のソレノイ

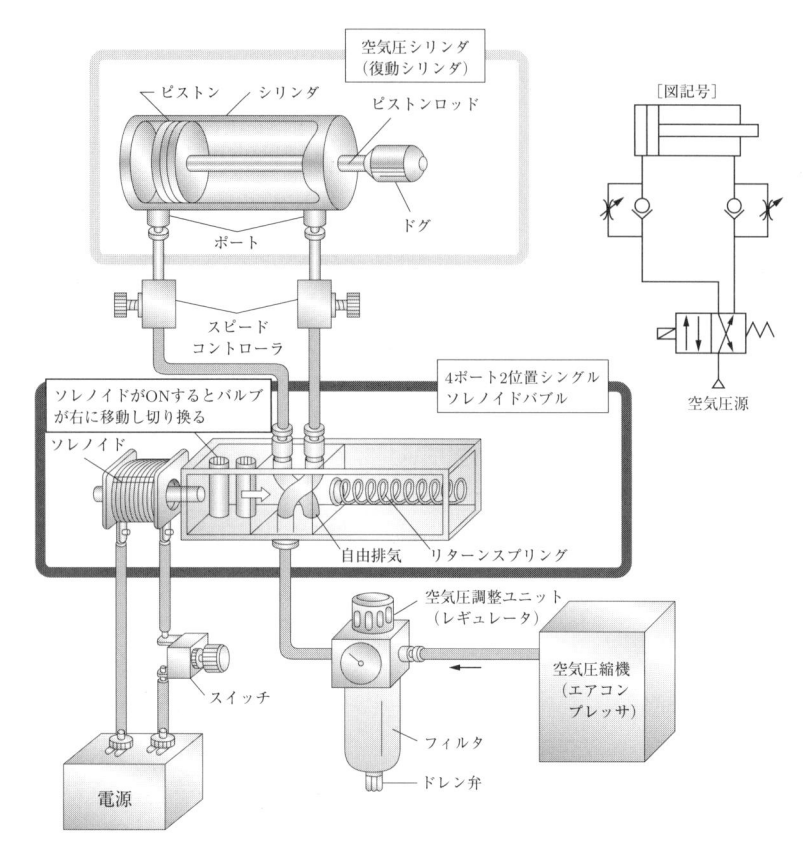

図 4.16　基本的な空気圧機器の構成

ドバルブはソレノイド（電磁石）が一つなので**シングルソレノイドバルブ**とよばれている．

　ソレノイドの反対側にはバルブの初期位置を規定する**リターンスプリング**が設置されている．通常はリターンスプリングでバルブが図の状態になっているので，ピストンロッドは引っ込んだ状態で後退端で停止している．この状態でソレノイドに通電して ON の状態にするとバルブが切り換わる．その結果ピストンの反対面に空気圧力が作用するため，ピストンロッドが前進し前進端で停止する．ソレノイドの通電を止め OFF の状態にすると，バルブがリターンスプリングの力で元の位置に戻るので，ピストンロッドも後退し元の状態に戻る．

　なお，このバルブは吸・排気のポート数が四つ，ソレノイドとリターンスプリングにより二つのバルブ位置に切り換わり，さらにソレノイドが一つ（シングル）を有するバルブであるため，**4 ポート 2 位置シングルソレノイドバルブ**とよばれる．

　図記号については，空気圧縮機，フィルタおよび空気圧調整ユニットを通って供

給される制御用の空気圧源を，以下簡単のために△マークで表すことにする．

(2) 単動シリンダ

空気圧シリンダの他の種類として**単動シリンダ**がある．**図 4.17** に単動シリンダの構造と図記号を示す．単動シリンダはポートが一つで，バネを内蔵している．ポートに圧縮空気を供給しピストンの片側に圧力を作用させると，ピストンロッドが前進し前進端で停止する．ポートを大気圧に開放しピストンの圧力を除去するとバネの力によりピストンロッドが後退し後退端で停止する．単動シリンダでは押し出す力は空気圧力によって調整できるが，戻る力はバネの力しかないので調整できない．また，押し出す力はバネの反力の分だけ小さくなる．なお，バネは圧縮時と伸張時で力が異なるので注意する．

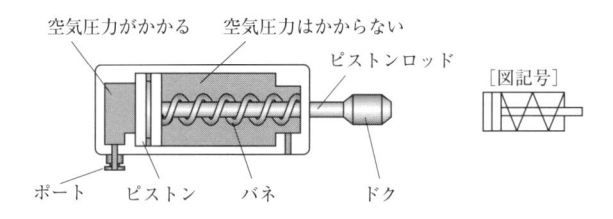

図 4.17　単動シリンダ

(3) ピストン速度の調整(メータインとメータアウト)

ピストンに単に圧力をかけただけではピストンの移動速度を自由に調節することはできないが，**スピードコントローラ**(速度制御弁)という空気圧機器を用いればそれが可能となる．

スピードコントローラの構造と図記号を**図 4.18**に示す．これは絞り弁と逆止弁(一方向弁)を組み合わせたものである．スピードコントローラはソレノイドバルブとシリンダの間に設置される．シリンダの給気(IN)側の空気の流量をスピードコントローラで絞りピストンの移動速度を調整する方法を**メータイン**(IN 絞り)とい

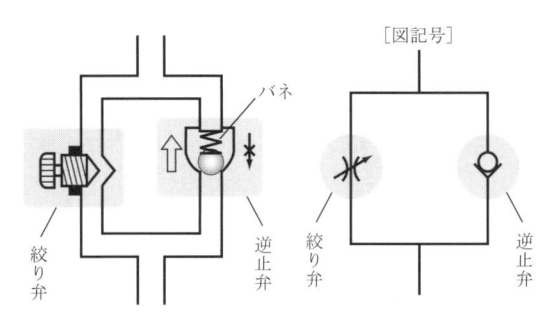

図 4.18　スピードコントローラ

い，逆にシリンダの排気(OUT)側の流量を絞る方法を**メータアウト**(OUT 絞り)という．

①**メータイン回路**

メータインを設置した空気圧回路(メータイン回路)を**図 4.19** に示す．図 4.19(a)はピストンを前進させる場合である．給気側を絞り流量を調整することで，ピストンの移動速度を制御している．排気側は大気圧に近い圧力であるため，ピストンが右へ移動することにより生じる排気はそのまま大気に排出される．図 4.19(b)はピストンを後退させる場合であり，移動速度制御の理屈は前進させる場合と同様である．

メータインではピストンの移動速度が低速である場合，ピストンの慣性が大きいか，またはピストンとシリンダの間の摩擦力が大きいときに問題が生じることがある．ピストンを低速で移動させるためには，スピードコントローラの絞り弁を絞り込んで，徐々に給気側の空気の量を増やしてゆく必要があるが，シリンダとピストンの間には摩擦があるためピストン内の圧力が摩擦に打ち勝つまではピストンは停止状態である．ピストンの排気側は大気圧であるため，ピストンに作用する給気側の圧力が摩擦力より大きくなった瞬間にピストンは急に飛び出す．しかし，その瞬間に給気側の圧力が低下してピストンは停止する．再び圧力が上昇するとピストンが飛び出す．

このように，ピストンが移動するときに**ジョギング**(**スティックスリップ現象**)が生じることがあるため，移動速度を一定にするのが難しい．一般に，単動シリンダでは排気側での制御ができないのでメータイン回路を使うことになるが，単動シリ

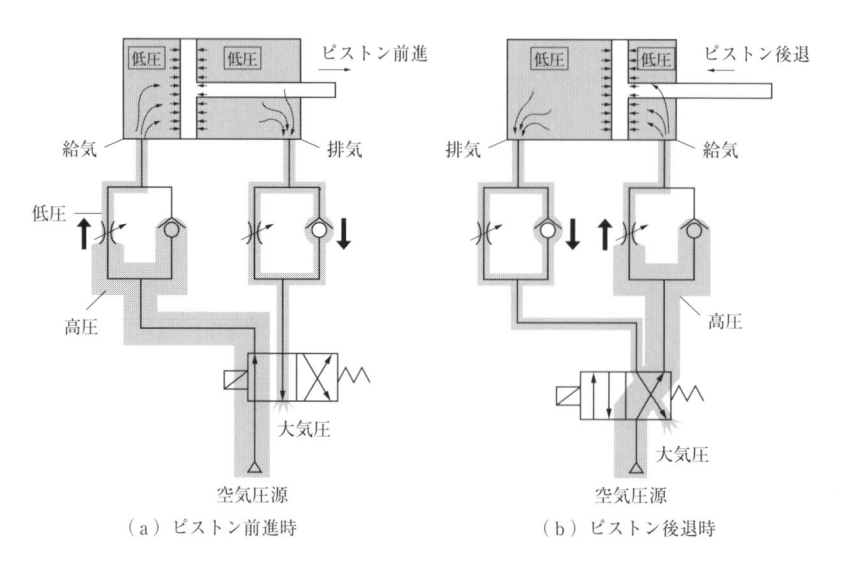

(a) ピストン前進時　　　　　(b) ピストン後退時

図 4.19　メータイン回路

ンダは排気側の面をバネで押さえ付けているため,その分ジョギングは生じにくい.
② メータアウト回路

　メータアウトを設置した空気圧回路(メータアウト回路)でピストンを前進・後退させる場合を図 4.20 に示す. メータアウト回路では排気側を絞ることにより, ピストンの両側に高圧をかけた状態を保ったままピストンを移動させるため, 圧力が充分高ければ摩擦の影響によるジョギングが発生することが少なくなる.

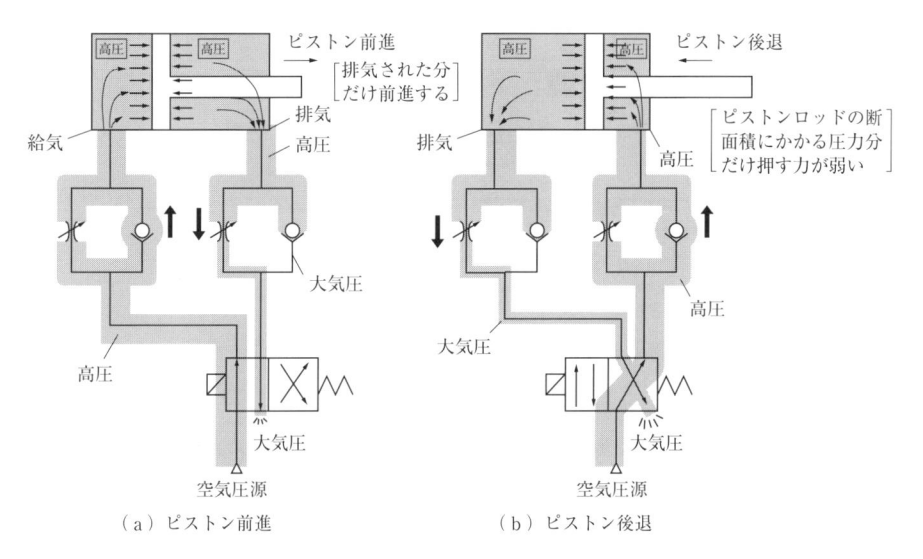

図 4.20　メータアウト回路

　(a) ピストン前進　　　(b) ピストン後退

　一般にメータアウトのほうがメータインよりも安定したピストンの移動速度を得ることができる. ただし, 超低速の場合や, 慣性や摩擦力とシリンダのピストンの力とのバランスの関係で動作が不安定になることがあるのでシリンダ内径の選定は重要である. また, バルブのオリフィスがシリンダ径と比べて極端に小さいと, やはり安定しなくなることがある.

(4) ソレノイドバルブの種類と接続

　ソレノイドバルブに関しては多くの種類があるが, 図 4.21 にもっとも基本的な 5 種類のバルブをシリンダの接続とともに示す.

　図 4.21 の(a)は単動シリンダとシングルソレノイドバルブの接続例である. 単動シリンダのポートは一つであるから, 一つのポートで吸排気を切り換えられる **3 ポート 2 位置シングルソレノイドバルブ**が使用できる.

　図 4.21(b)は復動シリンダを **5 ポート 2 位置シングルソレノイドバルブ**で制御する場合である. このソレノイドバルブは, 先に示した(図 4.16)4 ポート 2 位置シン

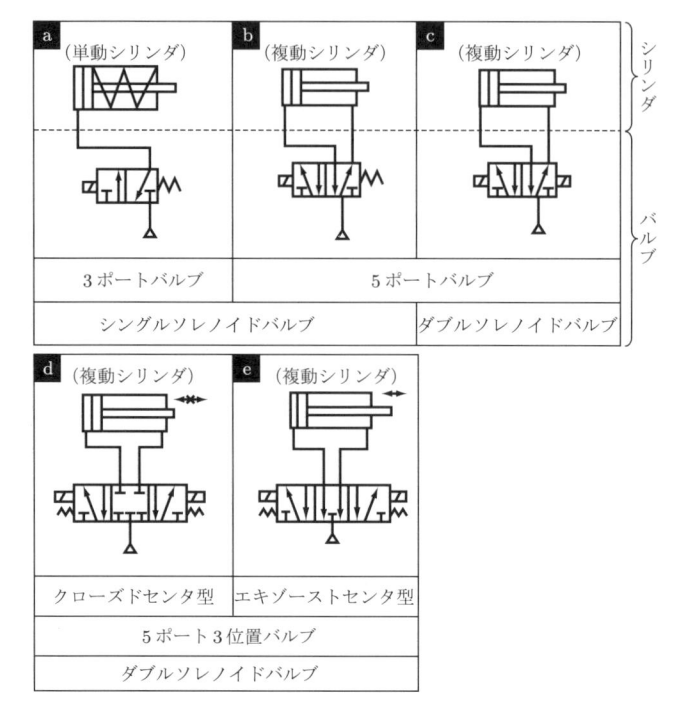

図 4.21　基本的なソレノイドバルブの種類と空気圧回路の例

グルソレノイドバルブと比べてポートが一つ多いだけで，まったく同様の作動を行う．

　図 4.21(c)はソレノイドが二つ(**ダブルソレノイド**)の**5 ポート 2 位置ダブルソレノイドバルブ**を使用した場合の例である．図 4.21(b)と比べスプリングリターンが無いため，最後に通電したときのバルブの位置の状態が持続する仕組みとなっている．

　図 4.21(d)と(e)はバルブの状態が 3 種類あるダブルソレノイドバルブである．両方のソレノイドに通電しなければ，バルブは中間位置にある．

　図 4.21(d)はバルブが中央位置にあるときすべての回路が閉じるので**クローズドセンタ型**のバルブとよばれる．ピストンが移動中にバルブが中央位置に切り換わると，ピストンの両側の圧力が釣り合うところで停止する．しかも，ピストンはその状態で空気圧によって拘束を受けているため，外部からピストンロッドに力が作用しても空気の圧縮性の分だけしか自由に動けない．このとき，メータアウトを設置するとシリンダ内の空気圧は高圧状態にできるため，ピストンロッドの拘束力を大きくできる．なお，作動流体が空気のような圧縮性の気体ではなく油のような非圧縮性流体であれば，バルブが中央位置に切り換わった瞬間にピストンは直ちに停止

し，さらに外部からピストンロッドを押しても動かすことはできない．

図 4.21(e) はバルブが中央位置にあるときシリンダ内の空気が抜けるので**エキゾーストセンタ型**のバルブとよばれる．バルブが中央位置にあるとき，外部からピストンロッドに力を作用させると，その方向にシリンダを移動させることができる．このときメータインが設置されているものとすると，シリンダ内は低圧の状態であるため，弾力性はあるものの比較的容易に外部からピストンロッドを動かすことができる．なお，このバルブを中央のエキゾースト位置から左または右のシリンダを作動させる位置に移動させたとき，排圧側に圧力が作用していないため，シリンダが急激に飛び出すことがあるので注意する．

4.4.2　シリンダ 2 本のリレーシーケンス制御

空気圧機器を用いてリレーシーケンス制御を行った具体例を示す．ここで対象とするのはシリンダが 2 本ある空気圧機器で，その機器構成を**図 4.22**に示す．

(1) 空気圧制御機構の構成例

シリンダは復動シリンダで A と B の 2 本あり，それぞれ 4 ポート 2 位置シング

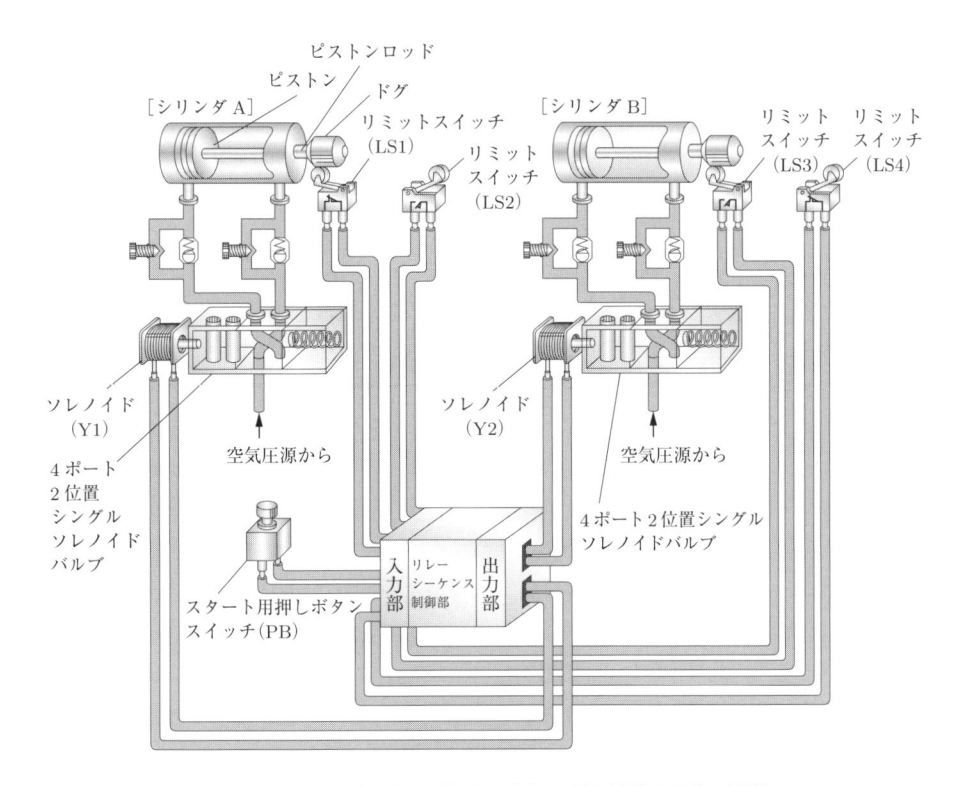

図 4.22　シリンダ 2 本を制御する空気圧制御機構と配管・配線

ルソレノイドバルブで駆動する．ピストンロッドの移動速度を調整するためにスピードコントローラが取り付けてある．ピストンロッドの先端にはドグが取り付けてある．ピストンロッドが後退端にあるのかまたは前進端にあるのかをドグがリミットスイッチを ON，OFF することで検出する．初期状態はピストンロッドが引っ込んだ(後退端にある)状態とする．

空気圧回路を図記号で示すと**図 4.23** のようになる．

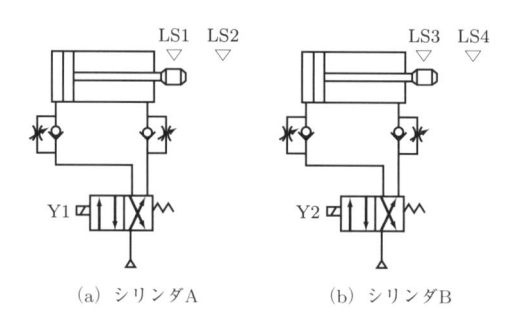

図 4.23　空気圧回路

(2) シーケンス制御系の構成

シリンダの動作の順番は以下の通りとする．

① スタート用押しボタンスイッチ(PB)を押すとシリンダ A のピストンロッドが前進する．

② シリンダ A のドグが前進端に到着(LS2 が ON)すると，シリンダ A はその状態を持続したまま，シリンダ B のピストンロッドが前進する．

③ シリンダ B のドグが前進端に到着(LS4 が ON)すると，シリンダ B はその状態を持続したまま，シリンダ A のピストンロッドが後退する．

④ シリンダ A のドグが後退端に到着(LS1 が ON)するとシリンダ B のピストンロッドが後退する．

シーケンス動作は，時間の推移に沿って入出力が変化して行く．この状態を表現する方法の一つに**タイムチャート**がある．この例の場合のタイムチャートを**図 4.24** に示す．タイムチャートは一般に，上に入力関係の情報や条件を書き，下に出力の情報を書く．上下の位置関係からシーケンス動作の因果関係を把握することができる．図 4.24 において，時間の欄の①〜⑤はシリンダの動作の順番である．なお，因果関係として，原因は"●"で，結果を"↓"で示している．また，わかりやすくするために，出力の部分にシリンダ A と B のピストンロッドの出入りの動作も付記している．

シーケンス動作を把握するためには，出力に注目すればわかりやすい．ソレノイ

ド(Y1)に関しては，スタート用押しボタンスイッチ(PB)がONのときにソレノイド(Y1)がONし，リミットスイッチ(LS4)がONしたときにOFFする．また，ソレノイド(Y2)に関しては，リミットスイッチ(LS2)がONのときにソレノイド(Y2)がONし，リミットスイッチ(LS1)がONしたときにOFFする．

タイムチャートを基にリレーシーケンス図を作成すると**図 4.25** のようになる．ここで，〰︎はソレノイドを表す記号である．リレーコイルを起動するスタート用押しボタンスイッチ(PB)とリミットスイッチ(LS2)はいったんONした後，OFF状態となるため自己保持回路としている．

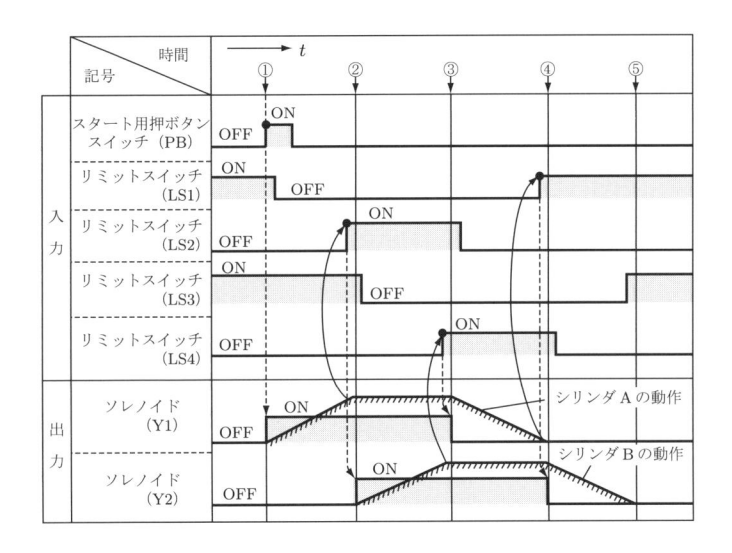

図 4.24　タイムチャート

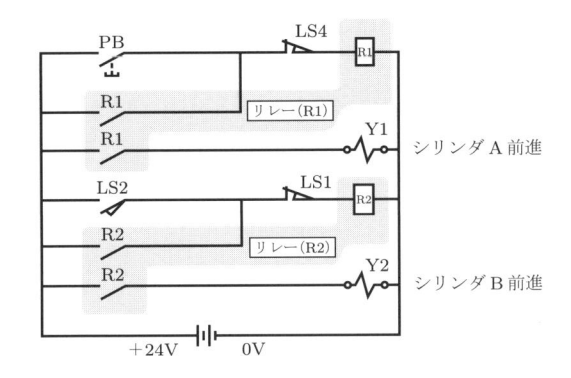

図 4.25　シーケンス図

例題 4.3

図 4.26 の空気圧回路で示す 2 本の複動シリンダ(A, B)のシーケンス制御を行いたい．電気部品は表 4.4 に示すものを使用する．4 ポート 2 位置シングルソレノイドバルブは DC24V で駆動する．ピストンの前進端と後退端にはリミットスイッチ(LS)（a 接点）が設置されている．このとき，シーケンス動作

スタートスイッチ(PB)→ A 前進→ A 後退→ B 前進→ B 後退

を行わせるときのタイムチャートを書き，リレーシーケンス図を組め．なお，一つのリミットスイッチで複数の接点が必要となる場合には，リレーで置き換えたリレー接点を利用すること．

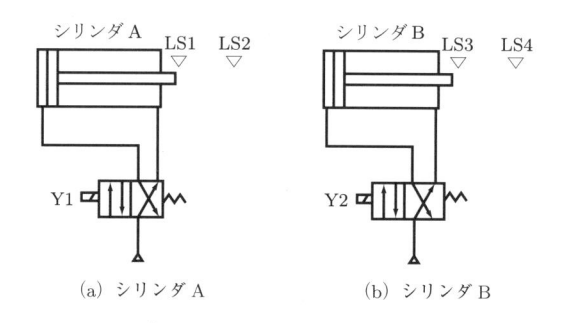

図 4.26　空気圧回路

表 4.4　電気部品

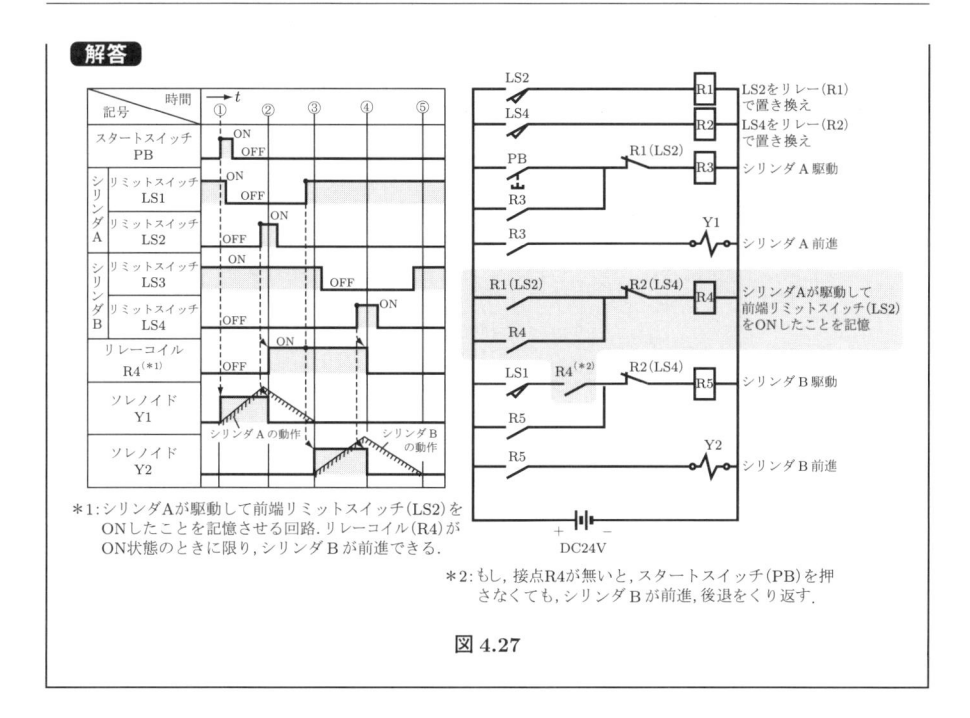

4.5 電気モータを用いたリレーシーケンス制御

解答

記号	時間	①	②	③	④	⑤
スタートスイッチ PB		ON/OFF				
シリンダA	リミットスイッチ LS1		ON/OFF			
	リミットスイッチ LS2	OFF		ON		
シリンダB	リミットスイッチ LS3		ON		OFF	
	リミットスイッチ LS4		OFF		ON	
リレーコイル R4 (*1)		OFF		ON		
ソレノイド Y1			シリンダAの動作			
ソレノイド Y2					シリンダBの動作	

*1: シリンダAが駆動して前端リミットスイッチ(LS2)をONしたことを記憶させる回路. リレーコイル(R4)がON状態のときに限り, シリンダBが前進できる.

*2: もし, 接点R4が無いと, スタートスイッチ(PB)を押さなくても, シリンダBが前進, 後退をくり返す.

図 4.27

4.5 電気モータを用いたリレーシーケンス制御

シーケンス制御でよく用いられるアクチュエータとして電気モータがある．本節では，まず一般的によく使用される電気モータについて簡単に紹介し，次に電気モータをリレーシーケンス制御に適用した例を示す．

4.5.1 モータの種類と用途

ひとくちに電気モータといっても多種多様であるが，シーケンス制御でよく使用されるモータを図 4.28 に示す．交流電源で駆動するモータとして AC モータ，直流電源によるものとして DC モータがある．さらに AC モータは単相交流電源と三相交流電源に分けられる．また，ステッピングモータは AC モータや DC モータとは異なり，電圧を加えただけでは回転せず，パルス信号を加えるたびに一定の角度だけ回転するモータである．以下，簡単にモータの駆動原理と特徴を述べる．

(1) AC モータ

単相，および三相交流電源によるモータには誘導型と同期型があるが，前者の方が構造が簡単で安価，かつ丈夫なので動力用によく利用される．ここでは誘導型の AC モータについて説明する．

駆動原理は以下の通りである．AC 電源では常に電圧が変化している(交番電圧)

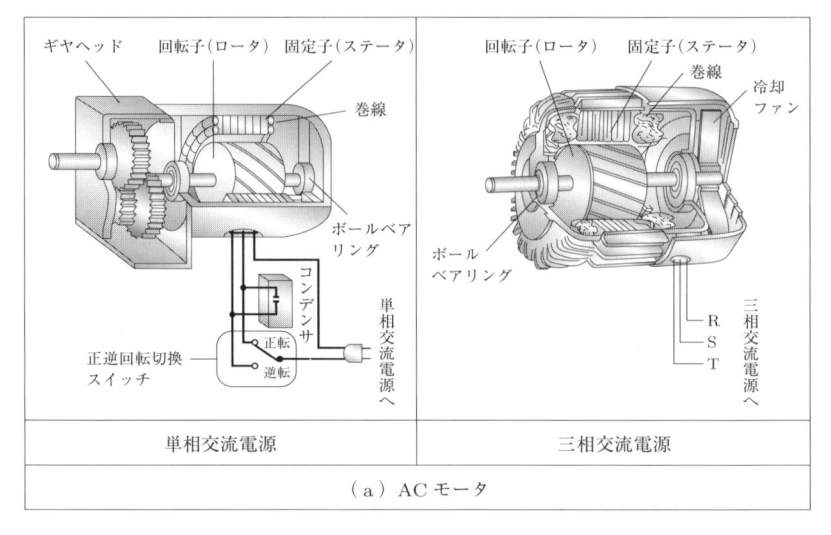

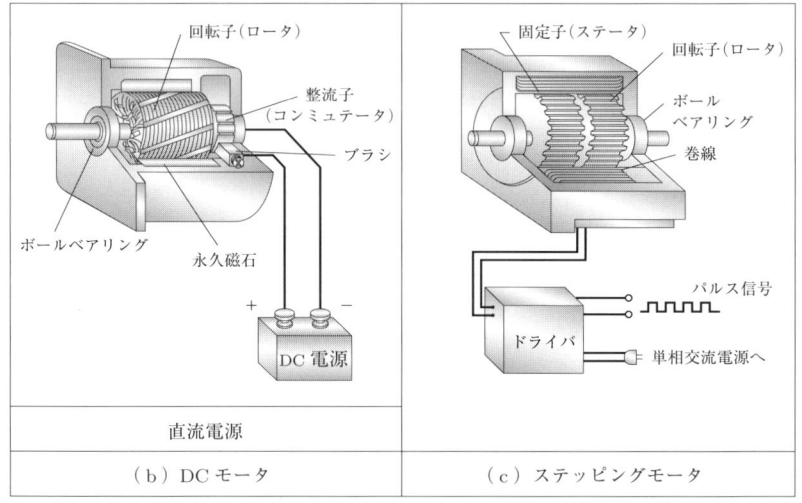

図 4.28　電気モータの種類

ので，その働きで固定子(ステータ)を回転する回転磁界を生成させ，回転子(ロータ)の回りに磁界が回転している状態とすることができる．そのとき回転子には磁界により渦電流が発生するが，磁界が回転するのでそれに引きずられる形で誘導力により回転子に回転力(トルク)が発生する．なお，回転磁界を発生させるためには，単相交流電源の場合，コンデンサを用いてステータ部のコイルに流す電流の位相をずらす必要がある．それに対して三相交流電源の場合は，コイルの結線の仕方のみで位相をずらすことができる．単相交流電源を使用する AC モータは小型のモータに多く，制御用やさらには家庭用の電気洗濯機や扇風機などにも利用される．また，

三相交流電源のモータは大型のモータに多く主として動力用として使用される．ACモータの回転数は基本的には電源周波数とモータの極数で決まるため，使用に適する回転数（定格回転数）も決まってくる．そこで，モータの定格回転数付近で運転できるように，多くの種類の減速比を有するギアヘッドが用意されていて，最適なギアヘッドを選択することで，必要となる回転数を得ることができる．

ACモータはトルク性能により①インダクションモータ，②リバーシブルモータおよび③トルクモータに分類される．

①インダクションモータ

起動トルクが小さく，瞬間的な起動・停止が苦手である．用途としては回転変動が多少あってもよく一方向の長時間連続回転を行うベルトコンベアや，間隔の比較的長い断続運転として複写機，工作機械，プレス，遊技機械などに使用される．

②リバーシブルモータ

インダクションモータの起動特性を改良し，瞬時正逆運転を容易にしたモータである．用途としては，たとえばドアの開閉やリフトの昇降など回転変動が多少あってもよく頻繁な逆転・停止などを行う場合に使用される．ただ，オーバーランを防ぐため瞬時に停止しやすいように，ブレーキをかけた状態で運転されるため，インダクションモータと比べモータの温度上昇が高く一般に30分定格が多い．

③トルクモータ

インダクションモータやリバーシブルモータとはやや異なった特性をもつモータである．モータを起動するときは最大トルクで起動するため，起動，停止および逆転が容易である．また，一定のトルクを出力したままモータを止めておくことも可能である．用途としては，フィルムや紙などの巻き取りや張力制御に使用したり，物を押し付けたり，バルブを開閉させたりという拘束運転に使用される．

(2) DCモータ

磁界の中にコイルを置き電流を流すと，フレミングの左手の法則の方向にコイルは力を受ける．この原理を応用したのがDCモータである．DCモータの回転子にはコイルが巻かれているが，一方向のみに電流を流すだけでは，連続した回転を得ることはできない．つまり，タイミングを見計らってコイルに流す電流の向きを切り換えなければならない．この切換は回転子と共に回転する整流子（コンミュテータ）とそれに接触する直流電圧がかかったブラシにより行われる．

[DCモータの特徴]
- 速度制御，正逆転が容易で瞬時停止が可能
- 始動トルクが大きい

[DCモータの欠点]
- ブラシ付きのため，寿命に限界がある．
- ブラシ，整流子から電気ノイズが発生する．

これらの欠点を補うDCモータとして，**ブラシレスDCモータ**がある．これはDCモータの整流子とブラシを取り去り，回転子のコイルと永久磁石を入れ換えたものである．したがって，ブラシによる短所は改善できるが，駆動回路が必要となるため高価であり，さらに特性もブラシ付きと比べて劣る．

(3) ステッピングモータ

ステッピングモータはパルスモータともよばれる．このモータは直流電源を必要とするモータである．巻線に直流電流を流し固定磁界を発生させたときに，電流の流れる巻線がそのままだと，回転子はその巻線に引き吊られたまま動かない．このとき電流を流す巻線を順番に切り換えてやると，回転子は元の位置から次の電流が流れた巻線まで回転する．この切換の指令は，ステッピングモータのドライバに外部からパルス信号を入力することで与えられる．これを連続的に行うことで，回転子は一定角度づつ移動しながら回転する．

[ステッピングモータの特徴]
- パルス信号を加えるごとに回転子は 1.8°，3.6°，7.5°などの一定の角度（ステップ角）だけ同期して回転するため，正確な回転角度制御ができる．
- パルス信号の周波数を調整することで回転速度を指定できる．
- 起動，停止応答特性に優れ，自己保持力があるため停止位置を保つことができる．

[ステッピングモータの欠点]
- 1パルス信号で1ステップ分だけの回転となるため，とくに，遅い周波数のパルス信号に対して，滑らかな回転は得られない．
- パルス信号の周波数が速すぎる場合，同期回転を外れて停止してしまう．この現象を**脱調**という．脱調現象は，過負荷状態のときにも発生する．
- フィードバック機構の無いオープンループ機構であるために，位置ずれを起こしたときの補償がない．

用途としては，一般に高精度な位置決め制御用として使用される．たとえば，プリンタヘッドやテーブルなどの位置決め制御などが例としてあげられる．

4.5.2 送りねじのシーケンス制御

それでは，電気モータを使ってシーケンス制御を行ってみよう．対象とする機構は図 4.29 に示す送りねじ機構である．

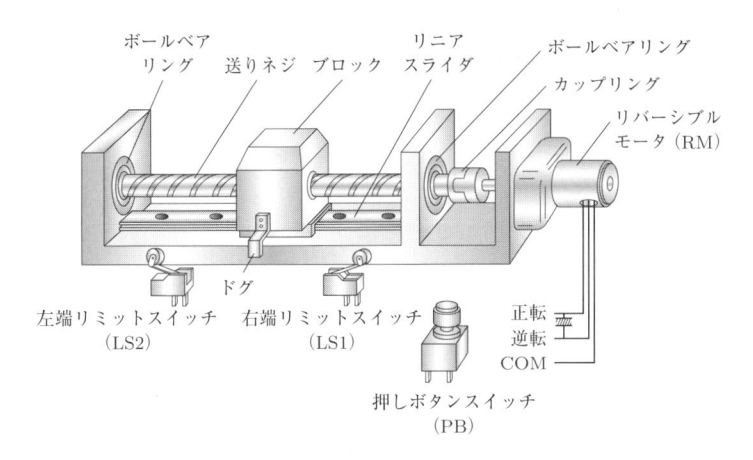

図 4.29　送りねじ機構

(1) 送りねじ機構の構成例

この送りねじ機構は，電気モータで送りネジを回転させてブロックを移動させることを目的としたものである．

ブロックの位置の検出はリミットスイッチによって行う．右端位置にはリミットスイッチ(LS1)が左端位置にはリミットスイッチ(LS2)が設置され，ブロック付きのドグがリミットスイッチを押す仕組みとなっている．電気モータは AC モータとし，頻繁にブロックを左右に移動させる必要があるため，正逆転が得意なリバーシブルモータ(RM)を採用する．モータの正転または逆転は図の"正転"と"COM"間または"逆転"と"COM"間に AC100(V) をかけるようにすればよい．スタートの指令はモメンタリ型の押しボタンスイッチ(PB)で行う．

(2) シーケンス制御系の構成

動作の順序は次の通りである．

(a) ブロックが右端にあって右端リミットスイッチ(LS1)を ON しているときに押しボタンスイッチ(PB)を押して ON すると，モータが正転してブロックが左方向へ移動を開始する．

(b) ブロックが左端位置に来て左端のリミットスイッチ(LS2)を ON したら，モータは停止し，直ちに逆転を開始してブロックが右方向へ移動を開始する．

(c) ブロックが右端位置に来て右端のリミットスイッチ(LS1)を ON したら，モータ，すなわちブロックは停止する．

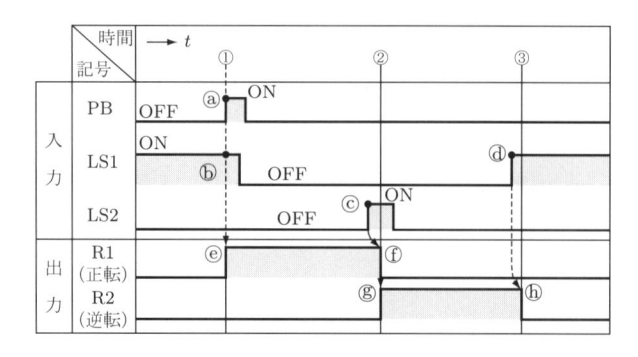

図 4.30 タイムチャート

　この動作のタイムチャートを図 4.30 に示す．図 4.30 に示すように，入力は押しボタンスイッチ(PB)と右端および左端リミットスイッチ(LS1 および LS2)である．出力は，モータの正転をリレーコイル(R1)，逆転をリレーコイル(R2)とする．この場合，リレー(R1)の a 接点(R1)が ON すると実際にモータが正転してブロックが左方向へ移動し，またリレー(R2)の a 接点(R2)が ON するとモータが逆転して右方向へ移動するものとする．図 4.30 を基に時間の経過に沿って説明すると次のようになる．

(a) ①の時点で，右端リミットスイッチ(LS1)が押された ON 状態(ⓑ)で押しボタンスイッチ(PB)が押される(ⓐ)とリレーコイル(R1)が ON 状態(ⓔ)となりモータが正転(ブロックが左移動)を開始する．

(b) ②の直前で，左端リミットスイッチ(LS2)が押されて ON 状態(ⓒ)となると，リレーコイル(R1)が OFF 状態(ⓕ)となり正転状態が停止する．それと同時

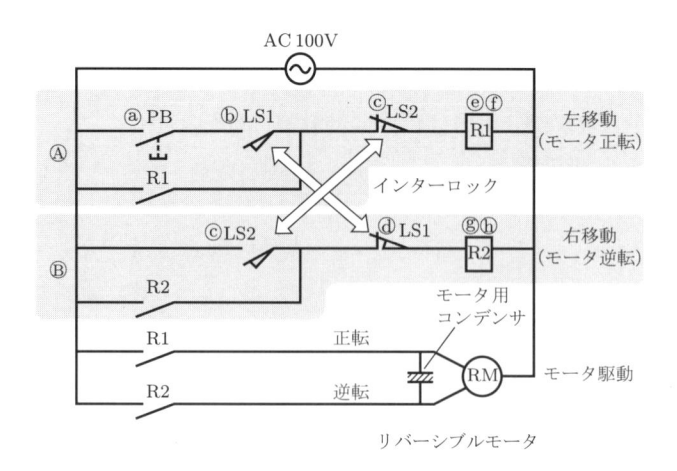

図 4.31 シーケンス図

に，リレーコイル(R2)がON状態(ⓖ)となりモータが逆転(ブロックが右移動)を開始する．
(c) ③の直前で，右端リミットスイッチ(LS1)が押されてON状態(ⓓ)となると，リレーコイル(R2)がOFF状態(ⓗ)となり逆転状態が停止する．

このタイムチャートを基にリレーシーケンス図を描くと図4.31のようになる．リレーシーケンス図では，タイムチャートで使用した接点の状態(ⓐ～ⓗ)を並記している．また，リレーコイル(R1)の作動に関する回路部分をⒶで，リレーコイル(R2)についてはⒷで示した．

ⒶとⒷの回路はそれぞれのリレーコイル(R1, R2)の接点で自己保持が形成されている．したがって，Ⓐの回路が起動してモータが左回転を始めることで右端リミットスイッチからブロックが離れてLS1がOFFとなっても，または押しボタンスイッチを離してPBがOFFとしたとしても，形成された自己保持によりモータは

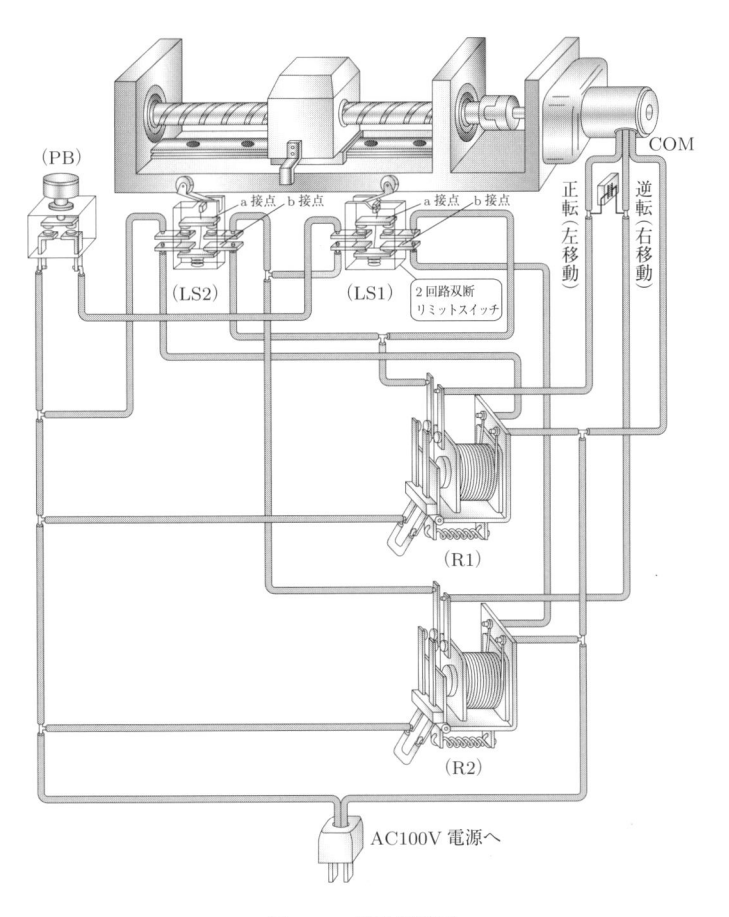

図 4.32 実体配線図

左回転を持続する．Ⓑの回路についてもほぼ同様である．さらに，自己保持を解除してモータを停止させるための解除条件に，リミットスイッチが押されたときに回路を開くようにするために，リミットスイッチのb接点が用いられている．また，Ⓐの回路において自己保持の開始条件が押しボタンスイッチ(PB)と右端リミットスイッチ(LS1)のAND回路となっているのは，両方のスイッチがONのときに限り回路が作動するようにするためである．

なお，この例のように，モータ1台で正転と逆転の両方を実行させる場合，正転と逆転の指令が同時にモータに与えられると，モータが発熱して破損してしまうことがあるので注意を要する．このような場合には，どちらか一方の指令のみ出力されるように回路上で制限をかければよい．実はこの例題のシーケンス回路では，ⒶとⒷの自己保持回路の開始条件と解除条件のところにLS1とLS2がタスキ掛け状に入っているため，モータの回転が正転かまたは逆転かのいずれかのみの出力に制限されている．このような制限を**インターロック**という．

図4.32に実体配線図を示す．これはリレーシーケンス図の通りに実際に配線した場合の図である．なお，ここで使用したリミットスイッチでは，a接点とb接点の両方を独立に使用するため，接点部が2回路双断のリミットスイッチを使用している．

もし，リミットスイッチなどの機械(外部)接点がa接点またはb接点の1回路のみの場合，例題4.3でも述べたようにリミットスイッチの接点の動作をリレーに置き換えることで代用する方法がある．図4.33はその例で，図4.31のリレーシー

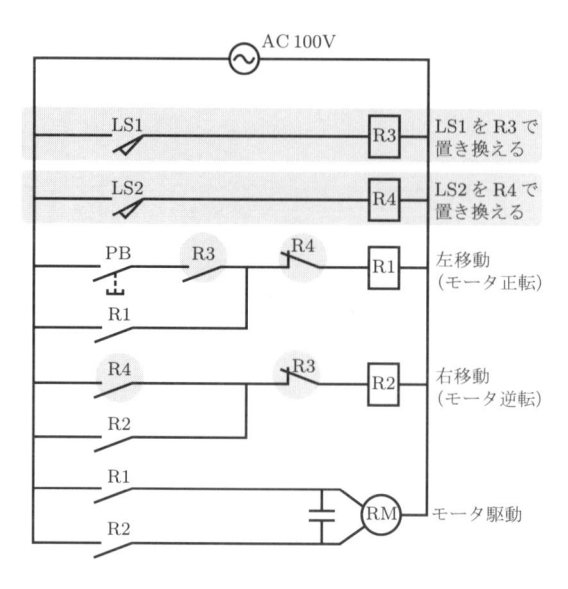

図4.33　リレーで置き換えたリミットスイッチの接点

4.5 電気モータを用いたリレーシーケンス制御

ケンス図において，一つのa接点のみを有するリミットスイッチLS1とLS2をリレーR3とR4の動作に置き換えて，それらの接点をシーケンス制御回路に使用している．図4.33のリレーシーケンス図に基づく実体配線図を図4.34に示す．

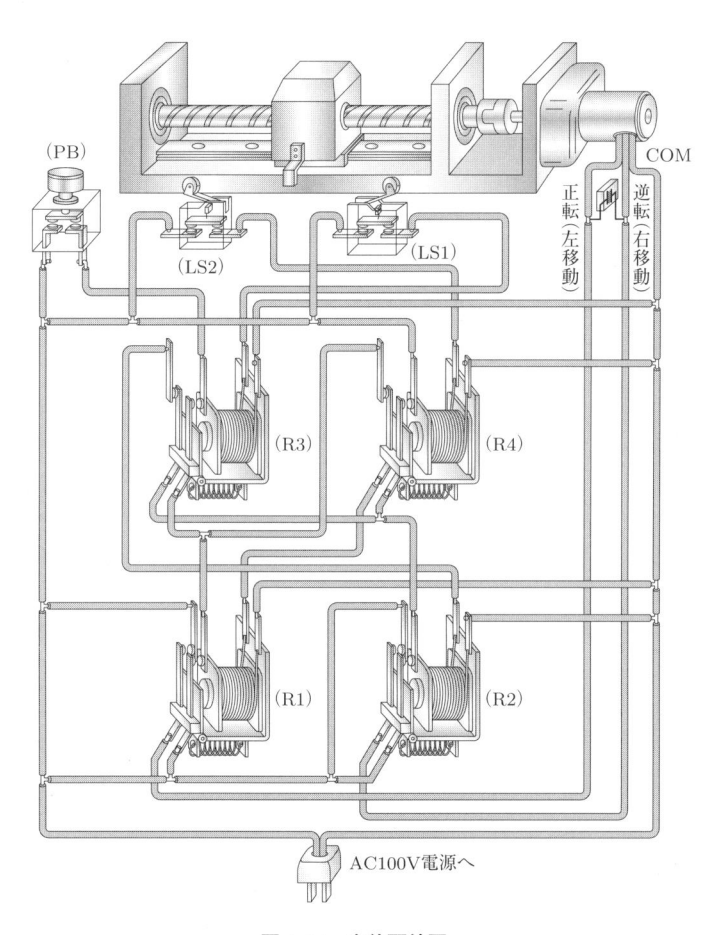

図4.34 実体配線図

例題 4.4

図 4.35 に示すように，ベルトコンベヤで搬送されてきたワークを，所定の位置でベルトコンベヤから排出したい．ワークの排出は，シリンダのピストンでワークを弾き飛ばすことで実現する．このときの空気圧回路を図 4.36 に示す．また，使用できる電気部品を表 4.5 に示す．排出場所にワークが来たときの検出は光電センサで行う．光電センサの ON/OFF は光電センサのアンプによりリレーの接点として a 接点(S1) または b 接点(S2) として出力される．ただし，光電センサが検出できるのはワークのみとし，ピストンのドグやシャフトは検出できないようにセンサが配置されているものとする．ベルトコンベヤの駆動は DC24V 用の DC モータを使用する．ピストンの後退端と前進端の位置は，それぞれリードスイッチ LS1 と LS2 で検出する．シリンダは図に示すように複動シリンダで DC24V 用の 5 ポート 2 位置シングルソレノイドバルブで制御する．シーケンス動作は以下の通りである．

スタートスイッチ(PB1)を ON して自動運転を設定(ストップスイッチ(PB2)でリセット)→ベルトコンベヤ駆動→光電センサ ON →ベルトコンベヤ停止→シリンダ前進(ワークを排出)→シリンダ前進端に到着後後退→シリンダ後退端で自動起動によりベルトコンベヤ駆動開始(一連の動作を繰り返す)

このシーケンス動作のタイムチャートを書き，リレーシーケンス図を組め．

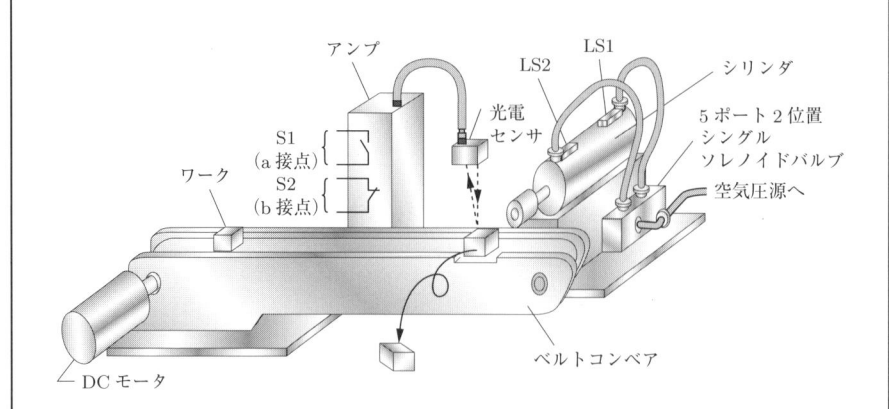

図 4.35　機器構成

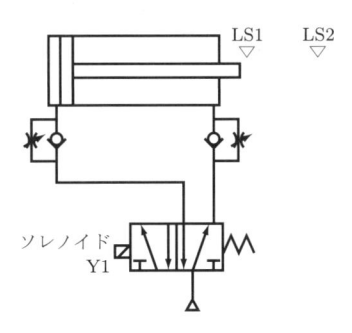

4.5 電気モータを用いたリレーシーケンス制御

図 4.36 空気圧回路

表 4.5 電気部品

スイッチ	光電センサ(接点出力)	シリンダ	DC 24V用リレー	
			コイル	接点
スタートスイッチ PB1 (a接点)	a接点 S1	後退端 LS1	R0	R0
ストップスイッチ PB2 (b接点)	b接点 S2	前進端 LS2	R1	R1
電源 DC24V電源	DCモータ DC24V用	ソレノイド Y1 DC24V用	R2	R2

解答

[タイムチャート]

「自動運転」指令により再起動する．
ストップスイッチ(PB2)で「自動運転」停止．

ピストンの動き

これ以降，①〜④を繰り返す．

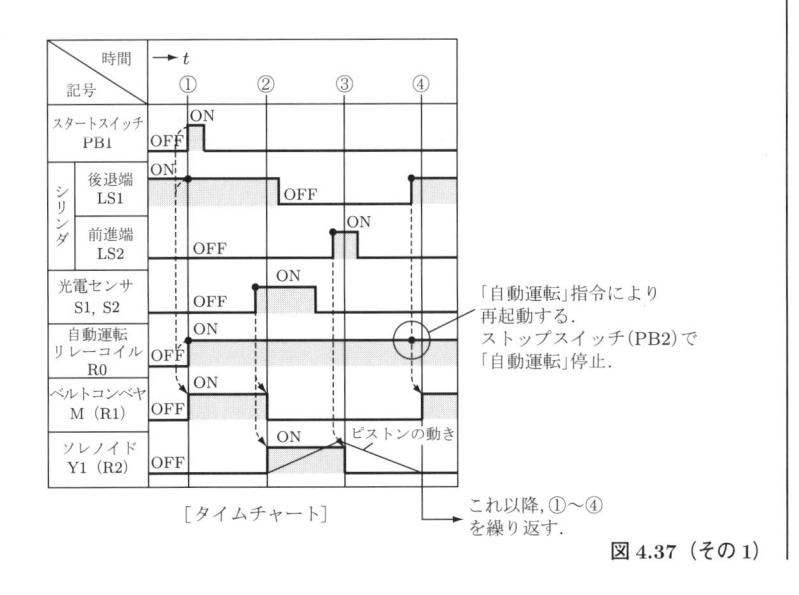

図 4.37（その 1）

[シーケンス図]

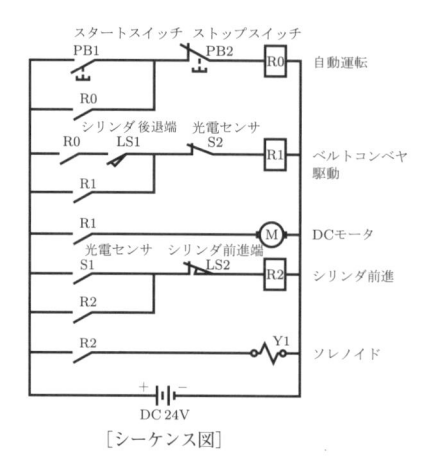

図 4.37（その 2）

👉 4章のポイント

- 接点にはa接点とb接点の二種類があり，a接点とb接点の両方を兼ね備えた接点をc接点という．
- リレーは一つのコイルと複数の接点からなり，コイルと接点は絶縁されている．また，接点が複数ある場合は，それらの接点同士も絶縁されている．
- シーケンス制御の動作順序の制御回路はリレーを用いたシーケンス図（電気回路）で構成する．
- リレーを使った電気回路の特徴は「電力増幅」「回路の分離と指令信号の中継・連動」「電源・電圧の変換」などである．
- 負荷である空気圧機器は，シリンダとソレノイドバルブのペアで構成される．
- シリンダのピストンの出入りに対する速度制御は「スピードコントローラ」で行う．
- 負荷である電気モータには「ACモータ」と「DCモータ」および「ステッピングモータ」などがある．

第5章 PLCを使ったシーケンス制御

　本章では，PLCを使って一般的なシーケンス制御系を構成する方法について述べる．

　PLCを使ってメカニズムのシーケンス制御を実行する場合，センサなどの入力機器の情報をPLCに取り込み，その情報をもとにPLC内ではシーケンス命令に従った出力を決定して出力機器を作動させる．このようにPLCはハードウェアとソフトウェアからなるコンピュータであるので，本章では，まずPLCのハードウェア構成と外部機器を接続する方法などを述べ，最後に，シーケンス動作を実現するPLCのプログラムとプログラミングについて説明する．

5.1　PLCの内部構成

　PLCはマイクロコンピュータを応用した機器で，内部構造もマイクロコンピュータとほぼ同様な構成となっている．PLCの内部構成の概略を図5.1に示す．PLCのメモリエリアでは，メモリの利用のされ方の区別として①システムメモリ，②プログラムメモリおよび③データメモリなどがある．

①システムメモリ

　PLCの基本ソフトウェアが書き込まれている．基本ソフトウェアは，マイクロコンピュータがPLC独特の演算を実行するように，PLCのメーカーが作成したプログラムでる．

②プログラムメモリ

　ユーザが作成した，機械を制御するためのシーケンスプログラムを記憶させるためのメモリである．プログラムメモリに格納できるシーケンスプログラムは，後述するニーモニック言語で記述されたプログラムである．シーケンスプログラムはパーソナルコンピュータ（パソコン）などのプログラム用周辺機器で作成・編集され，通信インタフェースを介してプログラムメモリに格納される．

③データメモリ

　シーケンスプログラムを実行するとき，逐一，状況やデータを格納するためのも

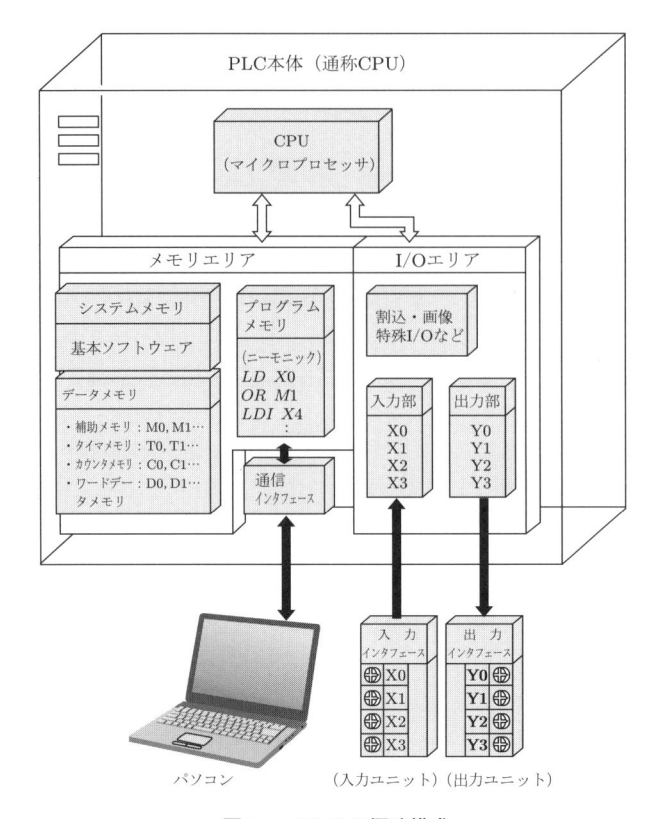

図 5.1　PLC の概略構成

のである．たとえば，シーケンスの実行結果を一時的に記憶する補助メモリ，時間の経過や計数を記憶するタイマメモリやカウンタメモリ，あるいは四則演算の結果などを格納するワードデータメモリなどがある．

一方，I/O エリアには入力部と出力部のメモリエリアなどがある．押しボタンスイッチやリミットスイッチあるいはセンサなどからの ON/OFF のディジタル信号は，入力インタフェースを介して I/O エリアの入力部メモリに取り込まれる．また，CPU で計算された出力に関する演算結果(ON または OFF)は出力部メモリに反映され，出力インタフェースを介して外部の負荷に ON/OFF 指令として伝達される．入力インタフェースと出力インタフェースが PLC に内蔵されている場合と，図 5.1 のように外付け用としてユニット化されている場合がある．ユニット化されている場合は，**入力ユニット**や**出力ユニット**と呼称することにする．また，入出力インタフェースを除いた PLC を **PLC本体**と呼称することにする．

システムメモリ内の基本ソフトウェアが実行されると，I/O エリアのデータが読

み込まれ，プログラムメモリのプログラムが実行される．その演算結果にもとづいてデータメモリや I/O エリアのメモリの状態が変更される．

5.2 PLC を使ったシーケンス制御系の概要

4 章で述べた台車のシーケンス制御系(図 4.1, p.31)について，PLC を使ってシーケンス制御系を構成した例を**図 5.2** に示す．

図 4.1 の制御部のところに PLC の本体が，入力部と出力部には PLC の入力ユニットと出力ユニットが当てはめられている．入力ユニットには外部接点である"リミットスイッチ(LS)"がポート"X0"に，"押しボタンスイッチ(PB)"がポート"X1"に接続されている．また，出力ユニットには負荷である DC モータが接続されていて，その片方の線がポート"Y10"に，電源のマイナス極がポート"COM"に接続されている．なお，以下，入出力端子であるポートの表現は，簡便のために X* や Y*(* には PLC から割り付けられた番号が入る)で表記するが，PLC のメーカや機種によってそれらの表現は異なっている．図 5.2 の入力ユニットと出力ユニットには，基本的な内部回路も並記している．入力ユニットの内部回路は，外部接点が

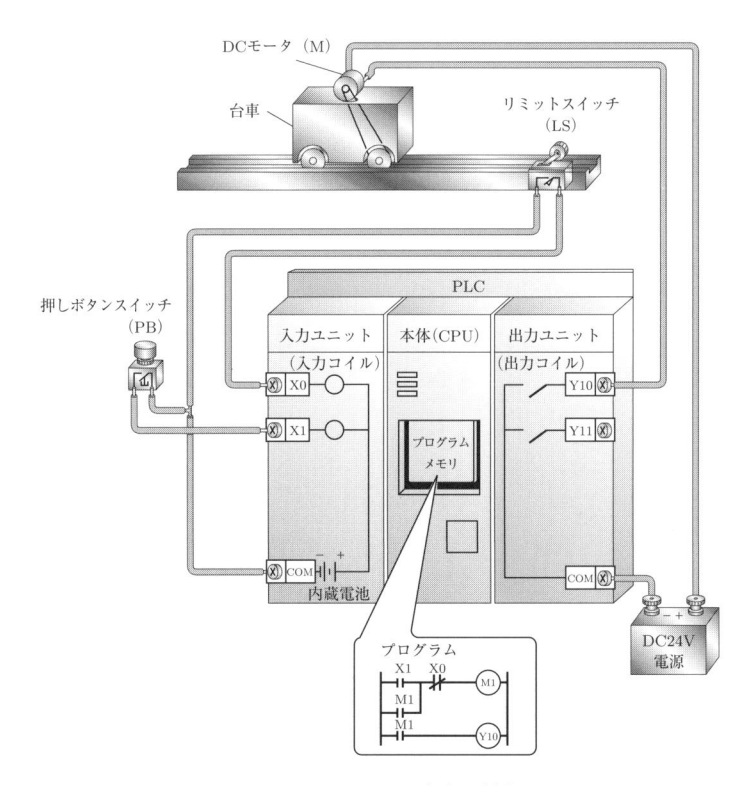

図 5.2 PLC による台車の制御

ONしたときに，対応するポートの入力コイルが作動し，その結果がPLC本体へ伝達される．また，出力ユニットの内部回路は接点になっていて，PLC本体からの指令により，対応する出力接点が閉じることで導通しモータが回転する．

第4章で述べたリレーシーケンス図(図4.7)に対しては，PLC本体内のシーケンスプログラムが代用することになる．図5.3がこのときのPLCのプログラムで，梯子(ladder)の形をしているため**ラダー図**とよばれる．表5.1にラダー図で使用す

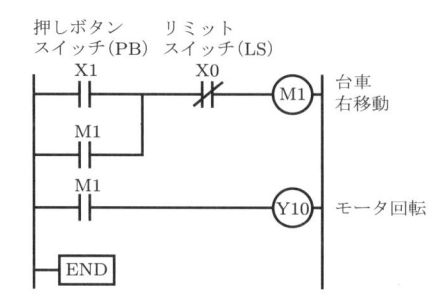

図5.3 台車制御のプログラム(ラダー図)

表5.1 リレーシーケンス図とラダー図の要素の対応

	シーケンス図の要素	ラダーの基本要素
a接点	モメンタリ押ボタンスイッチ / リミットスイッチ / リレー接点	─┤├─
b接点	モメンタリ押ボタンスイッチ / リミットスイッチ / リレー接点	─┤/├─
コイル	リレーコイル ─[R*]─ / DCモータ ─(M)─ / ランプ ─⊗─	補助コイル ─(M*)─ / 出力コイル ─(Y*)─

＊は番号を表す．

る基本要素の記号を示す．なお，リレーシーケンス図で使用した要素の記号との対応も同時に示してある．ラダー図では，スイッチやリレー接点などのa，b接点を一律にそれぞれ ─┤├─，─┤╳├─ で表現する．また，リレーコイル，モータおよびランプなどは，ラダー図ではコイルを ─◯─ で表す．なお，コイルには補助コイル ─◯M─ (内部コイルという場合もあるが，ここでは補助コイルと呼称する) と出力コイル ─◯─ があり，補助コイルはプログラム内でのみの使用となるが，出力コイルはそれ以外に出力ユニットの出力接点を作動させる機能がある．

　図 5.3 のラダー図と図 4.7 のリレーシーケンス図とを比較すると，リレーシーケンス図内の各種機器のa接点，b接点や，リレーコイル，あるいはモータ出力をそのままラダー図の要素であるa接点，b接点およびコイルに置き換えた形となっていることがわかる．すなわち，ラダー図はリレーシーケンス図の表現と動作をできるだけそのままの形でプログラムとして表記するように工夫された高級言語なのである．したがって，基本的にはリレーシーケンス図の電気回路を読む要領でラダー図の制御動作も読んで行けるようになっている．

　図 5.2 に示す台車の制御動作 (図 5.3) は以下の通りである．

① 押しボタンスイッチ (PB) を押すとその情報が入力ユニットのポート X1 から取り込まれ，ラダー図のa接点 "X1" が導通し，補助コイル "M1" が ON 状態になる．それと同時に，"M1" のa接点が閉じて自己保持回路を形成する．
② それと平行して出力コイル "Y10" が ON 状態となる．その結果，出力ユニットの出力接点 "Y10" が閉じてモータが回転し台車が前進する．
③ 台車が前進端に来てリミットスイッチ (LS) を押すと，その情報が入力ユニットの "X0" から取り込まれ，1 段目のラダーのb接点 "X0" が開き，補助コイル "M1" が OFF になる．その結果，"M1" の接点がすべて開き，自己保持が解除されると同時に，出力コイルも OFF となり出力ユニットの出力接点 "Y10" が開き，モータが停止する．

入出力ユニットの種類としては他にアナログ入出力などもあるが，一般にもっとも多く使われるのはこの例のような ON/OFF 制御を行うデジタル入出力ユニットである．

5.3 PLC の入力ユニットと入力機器の接続法

　本節では，PLC の入力ユニットについて，入力ユニットのタイプと構造および入力機器の接続法について説明する．

5.3.1　PLC の入力リレーとプログラムとの関連

　PLC の入力ユニットとプログラムの関連を概念的に表したのが図 5.4 である．入力機器として 1 個のリミットスイッチが入力ユニットに接続されている．具体的には，入力機器の片方の端子は入力ユニットの端子である入力ポート(X0)に接続され，他方の端子は"COM"に接続されている．

　図 5.4 では入力ユニットの内部回路を概念的にわかりやすくするために入力コイル-⊗-が接続されているように表記されているが，実際の電気回路は異なっている．X0 の入力コイルに対応した入力接点(この場合は a 接点)はプログラム(ラダー図)上に -|X0|- と記載されている．この入力ユニットの入力コイルとプログラム上の接点のペアを**入力リレー**という．入力機器の ON/OFF 動作は，入力コイルに連動したプログラムの接点に直接反映して，プログラムの演算処理に利用される．

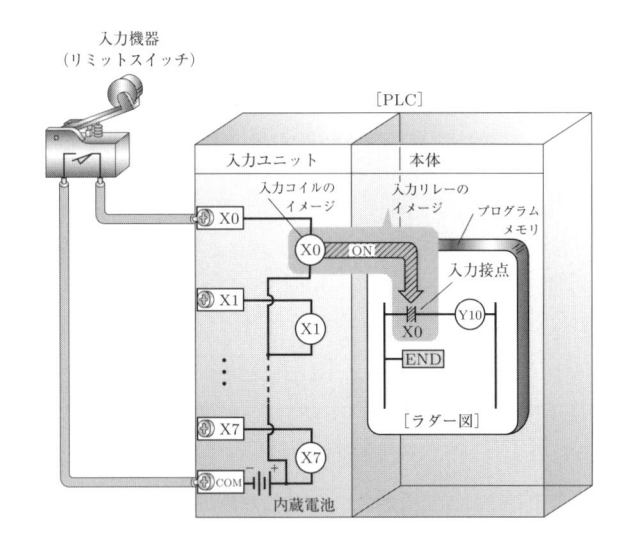

図 5.4　PLC の入力リレーの概念

5.3.2　入力ユニットのタイプ

　スイッチやセンサの ON/OFF を PLC に取り込むためには，ディジタル入力ユニットを用いる．前項では入力ユニットについて概念的に説明したが，本項では，内部回路まで踏み込んで，詳しくみて行くことにする．

　入力ユニットは，入力機器が必要とする電源の種類によって，AC 入力タイプと DC タイプがある．さらに DC 入力タイプにはシンクタイプとソースタイプが用意されている．入力ユニットに接続する機器がトランジスタ出力タイプのセンサの場合，トランジスタの違い(NPN 型または PNP 型)によってソースタイプとシンクタイプのどちらを用いるのかが決まってくる．

5.3.3 入力ユニットの構造と入力機器の接続法
(1) DC 入力タイプ(シンクタイプ)

図 5.5(a) に DC 入力タイプでシンクタイプの入力ユニットにいつかの種類の入力機器を接続した例を示す．また，図 5.5(b) にこのときの接続図と入力ユニット内部の回路を示す．電源としては，図のような**電源外付型**と図 5.4 に示したような

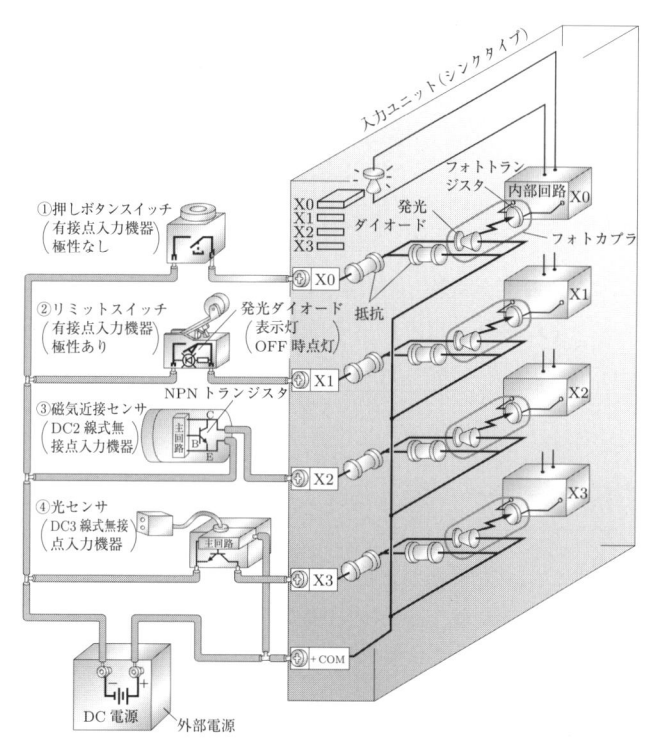

(a) 接続の概要と回路

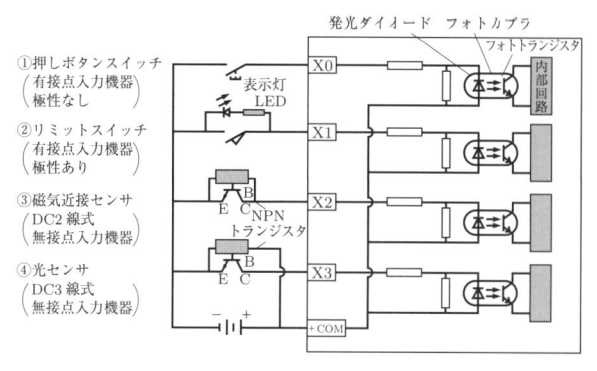

(b) 接続図と回路

図 5.5　入力ユニット(シンクタイプ)と入力機器との接続

電源内蔵型がある．また，電圧の種類としては，DC5V，DC12VおよびDC24Vがある．

入力ユニットにおいて，外部信号を取り込む方式として，一般に図5.5のようなフォトカプラを用いている場合が多い．フォトカプラは発光ダイオードとフォトトランジスタを組み合わせた素子で，発光ダイオードに規定量の電流を流すと光を発するが，その光の信号をフォトトランジスタが受けて電気信号に変換する．すなわち，光が媒体となって信号は伝達されるだけなので，二つの回路は電気的に絶縁されている．

図5.5の押しボタンスイッチに注目して回路をたどってみる．押しボタンスイッチの片方の端子は入力ユニットの入力ポート"X0"に接続されていて，他方の端子はDC電源のマイナス極に接続されている．また，DC電源のプラス極は入力ユニットの"COM"端子に接続されている．つまり，**プラスコモン**のタイプの入力ユニットである．この入力ユニットの端子の極性は発光ダイオードの向きで決定する．このように入力ユニットがプラスコモンである場合を**シンクタイプ**とよんでいる．押しボタンスイッチを押すと電流が回路を流れフォトカプラが作動して内部回路（PLCの本体）にその情報を伝達する．シンクタイプの場合，入力ポートの端子から入力機器の方へ電流が流れ出すというのが特徴である．

DC入力ユニット（シンクタイプ）に接続できる入力機器は，有接点入力機器（押しボタンスイッチ，リミットスイッチなど），無接点入力機器（センサなど）の両方が可能である．しかし，入力機器と入力ユニットの接続に関しては，入力ユニットがシンクタイプであることに注意を要する場合がある．以下，図5.5に記載の入力機器を例にとり，図中で割り振られた番号の順番にそれらの接続方法について説明する．

① **有接点入力機器（極性無し）**

極性の指定がない押しボタンスイッチの例である．この場合は，スイッチの片方の端子をPLCの入力端子へ，もう片方を電源のマイナス極へ接続すればよい．

② **有接点入力機器（極性有り）**

リミットスイッチに不動作時点灯形の表示灯である発光ダイオード（LED）が内蔵されている例である．保護用のダイオードが付いているものもある．このような場合，極性の指定があるため極性に注意して接続する．なお，注意点としては，リミットスイッチがOFF状態で表示灯が点灯した状態では，微弱な電流が回路を流れているが，当然，PLC入力ユニットのフォトカプラ内の発光ダイオードにも微小電流が流れている．この微小電流で入力ユニットの発光ダイオードが作動すると困るので，発光ダイオードの作動範囲外の微小電流であるかどうかを仕様に基づき

確認しておく必要がある．このような電流を**漏れ電流**という．なお，一般に発光ダイオードは約 5 〜 10 mA 程度で作動するものが多い．

③ 無接点入力機器(直流二線式)

磁気近接センサを接続した例である．このようなセンサでは，スイッチングに無接点入力機器であるトランジスタを使用する場合が多い．トランジスタのベース (B) とエミッタ (E) 間に微小な電流が流れるときに限り，それを呼び水としてコレクタ (C) とエミッタ (E) 間に多量の電流が流れる．すなわち，センサが反応してベース (B) とエミッタ (E) 間に微小電流を流すと，コレクタ (C) とエミッタ (E) 間の抵抗がほぼ零に近くなり導通するのであるが，そうでないときはコレクタ (C) とエミッタ (E) 間の抵抗が非常に大きく非導通状態となっているのである．

シンクタイプの入力ユニットでは，フォトカプラ内の発光ダイオードの向きにより，回路を流れる電流の向きが規定されるため，磁気近接センサの出力トランジスタは必然的に NPN タイプとなる．接続は NPN トランジスタのコレクタ (C) を負荷側である PLC の入力端子に接続し，エミッタ (E) を電源のマイナス極に接続する．

ここに接続されているセンサは直流二線式で，センサを駆動する専用の電源供給端子がないため，入力ユニットの回路を通して電源の供給が行われる．このため，トランジスタの ON/OFF に関わらずに，常時規定量の電流がセンサの内部回路に流れていなければならない．つまり漏れ電流(この場合，消費電流といってもよい)がある．

また，センサのトランジスタが ON のとき，コレクタ (C) とエミッタ (E) 間の抵抗が極端に小さくなるが，もし抵抗が零になると，センサの内部回路に電流が流れなくなり，センサが機能しなくなる．そこで，コレクタ (C) とエミッタ (E) 間に若干の抵抗を持たせることで電圧(残留電圧)を確保しセンサの内部回路に規定の電流を流す仕組みとなっている．したがって，漏れ電流と残留電圧によって入力ユニットの回路が誤作動を起こさないように，仕様で確認しておく必要がある．

④ 無接点入力機器(直流三線式)

直流三線式の光センサを接続した例である．この場合も NPN トランジスタ出力タイプのセンサであるため，接続の方法は上述の通りである．ただし，センサ回路に供給する電源は直接電源から取得するため，線が一本多くなっている．この場合，直流二線式と比較して，漏れ電流や残留電圧の問題は生じにくいのが特徴である．

(2) DC 入力タイプ(ソースタイプ)

図 5.6(a) に，DC 入力タイプでソースタイプの入力ユニットに表示灯付きリミットスイッチ(極性あり)と磁気近接センサを接続した例を示す．また，**図 5.6**(b) に接続図と入力ユニット内部の回路を示す．

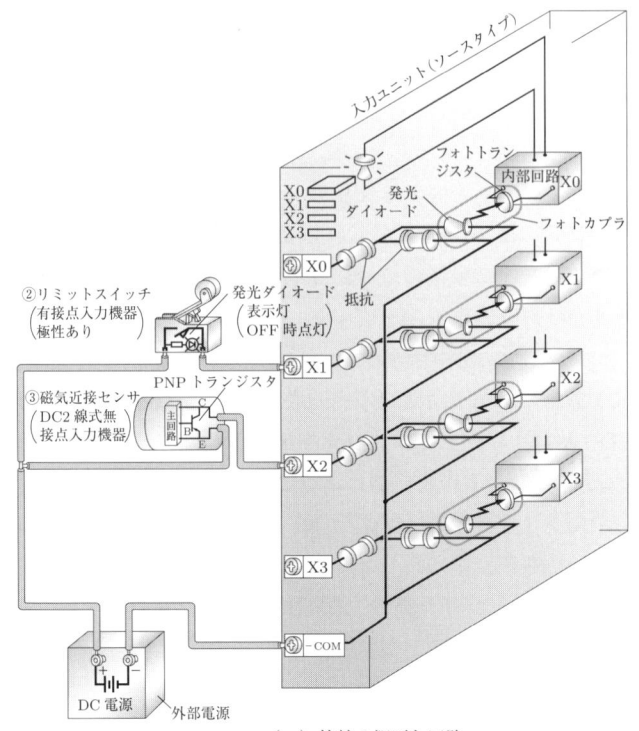

第5章　PLCを使ったシーケンス制御

（a）接続の概要と回路

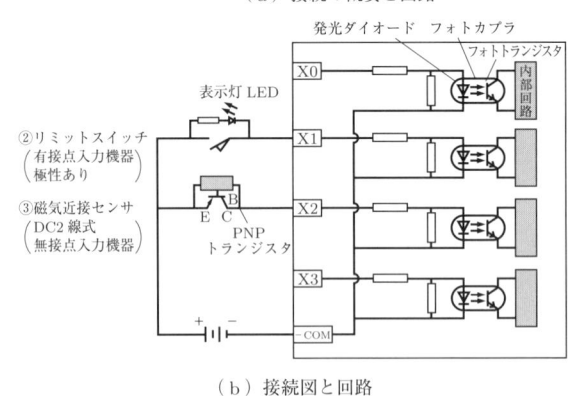

（b）接続図と回路

図5.6　入力ユニット（ソースタイプ）と入力機器との接続

　DC入力タイプ（ソースタイプ）の入力ユニットも内部回路にフォトカプラを用いているが，シンクタイプと比較すると，フォトカプラ内の発光ダイオードの向きが逆になっているのがわかる．そのため，DC電源のマイナス極が入力ユニットの"COM"端子に接続された**マイナスコモン**のタイプの入力ユニットとなる．このように入力ユニットがマイナスコモンである場合を**ソースタイプ**とよんでいる．ソー

スタイプの場合，入力機器から入力ポートの端子の方へ電流が流れ込むのが特徴である．

ソースタイプのDC入力ユニットでも，極性の無い有接点入力機器であればシンクタイプの場合と同様であるが，無接点入力機器のような極性のあるものと入力ユニットを接続する場合は，入力ユニットがソースタイプであることに注意を要する．とくに，図5.6に記載の無接点入力機器(直流二線式)などのトランジスタ出力

(a) 接続の概要と回路

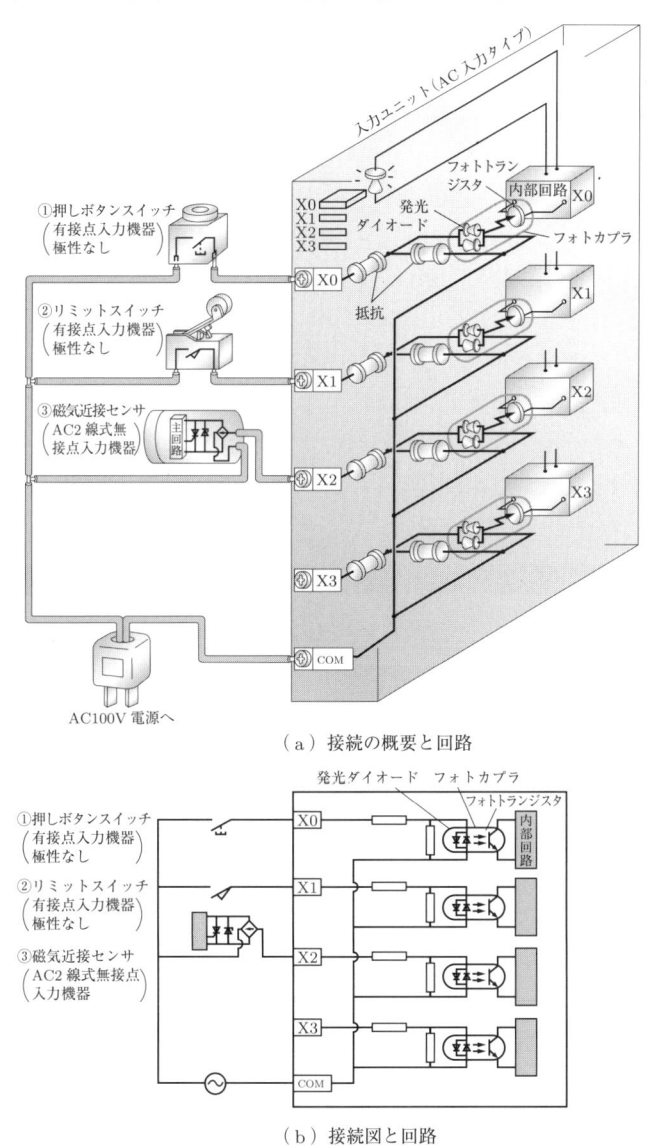

(b) 接続図と回路

図5.7 入力ユニット(AC入力タイプ)と入力機器との接続

タイプでは，電流の流れる向きから必然的に PNP タイプとなる．接続は PNP トランジスタのコレクタ(C)を負荷側である PLC の入力端子に接続し，エミッタ(E)を電源のプラス極に接続する．

(3) AC 入力タイプと入力機器の接続法

図 5.7(a) に AC 入力タイプの入力ユニットにいくつかの種類の入力機器を接続した例を示す．また，図 5.7(b) にこのときの接続図と入力ユニット内部の回路を示す．内部回路は交流(AC)50/60Hz の電源で作動する．電源電圧の種類は，AC100V と AC200V などがある．

この図では，入力ユニットに入力機器からの外部信号を取り込む方式として，フォトカプラを用いている．このフォトカプラの中には互いに逆向きの発光ダイオードがペアとなっており，どちらの向きに電流が流れても発光ダイオードが作動するように工夫されている．なお，種類によっては，電流をブリッジ回路などで整流することで直流(DC)電流に変換して DC 入力タイプのフォトカプラを作動させるタイプなどもある．

入力機器として，押しボタンスイッチとリミットスイッチは極性のない有接点の場合が多い．また，無接点の入力機器として交流二線式の磁気近接センサを選択した場合にも，センサの ON/OFF に関わらず常に規定量の電流がセンサの内部回路に流れていなければならない．

例題 5.1

図 5.8 に示す二種類のトランジスタ出力タイプの入力ユニット(シンクタイプとソースタイプ)に，図 5.9 に示す DC24V 用の入力機器を接続したい．それぞれの入力ユニットに可能な機器をすべて接続し，電源を取り付けて入力機器の信号が取り込めるようにせよ．

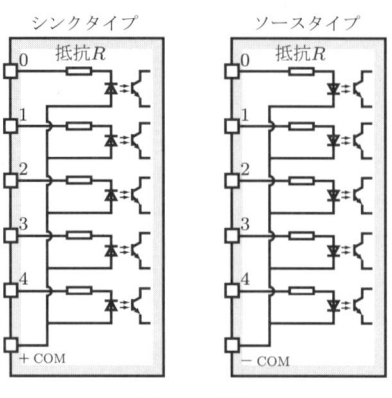

図 5.8　入力ユニット

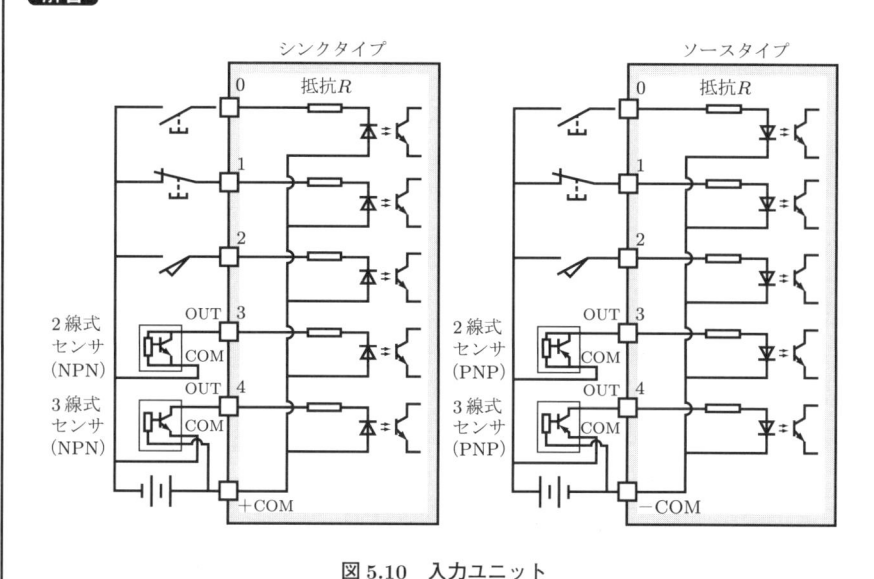

5.3 PLCの入力ユニットと入力機器の接続法

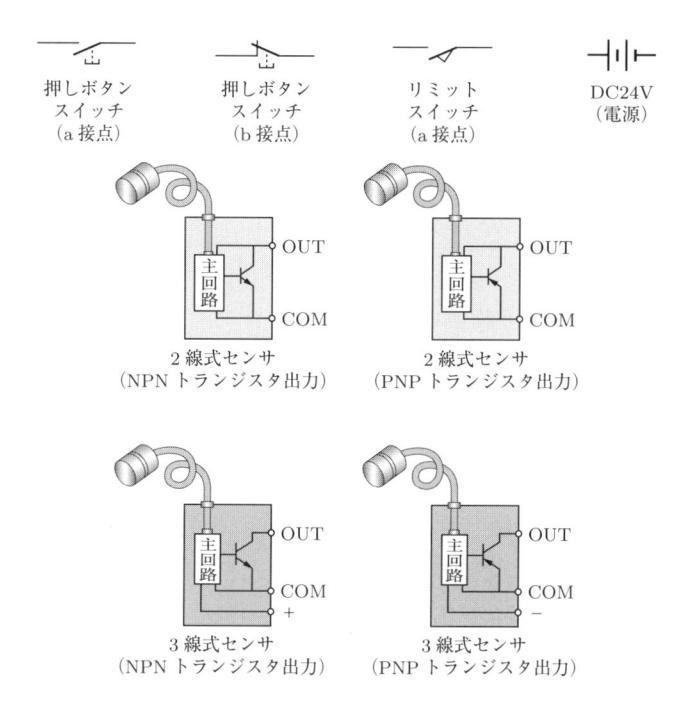

図 5.9　DC24V用入力機器

解答

図 5.10　入力ユニット

5.4 PLCの出力ユニットと出力機器の接続法

本節では，PLCの出力ユニットについて出力ユニットのタイプと構造および出力機器の接続法について説明する．

5.4.1 PLCの出力リレーとプログラムの関連

PLCの出力ユニットとプログラムの関連を概念的に表したのが図5.11である．負荷としてDC24V電源で作動するDCモータが出力ユニットに接続されている．具体的には，DCモータの片方の端子は出力ユニットの端子である出力ポート（Y10）に接続され，他方の端子はDC24V電源のプラス極に接続されている．DC24V電源のマイナス端子は出力ユニットの出力ポート（COM）に接続されている．

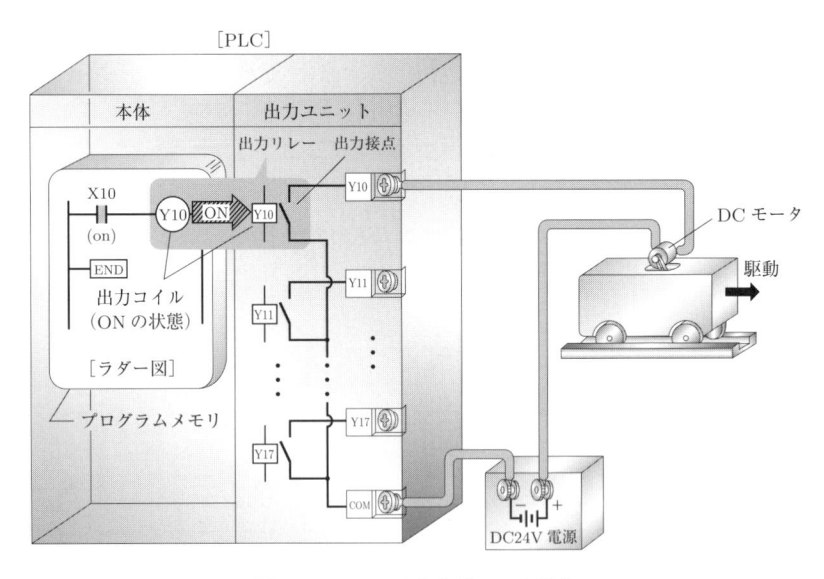

図5.11　PLCの出力リレーの概念

図5.11では理解しやすいように，出力ユニットの出力ポート最終出力段部分の電気回路として有接点出力（Y10）を用いた場合を記載している．その他ではトランジスタ出力タイプとトライアック出力タイプがよく使われている．プログラム（ラダー図）上の出力コイル-◯-と電気回路の出力接点（Y10）は連動していると考えてよい．プログラム上での出力コイルのON/OFF動作は，それと同じ番号の出力接点に直接反映して，ハード的なスイッチングを実行する．つまり，プログラムで出力コイルY10がONとなると，対応する出力接点Y10が閉じて導通し，負荷であるDCモータを回転させることができる．このプログラム上の出力コイルと出力

ユニットの接点のペアを**出力リレー**という．

5.4.2 出力ユニットのタイプ

PLCでON/OFF制御する出力機器（負荷）については，電源の種類（直流，交流）や電圧の種類（5V，12V，24V，48V，100V，200V）などまちまちで，しかも必要となる消費電力も異なっている．これらの特性の異なる負荷のすべてを1種類の出力ユニットに直接接続することはできない．そのため，電源・電圧の種類や消費電力に応じて，いくつかの出力ユニットが準備されている．

図5.12に基本的な出力ユニットのタイプを，内部回路も含めて示す．図5.12(a)の「リレー接点出力タイプ」は前項で説明した有接点出力のタイプである．それに対して無接点出力のタイプとして，(b)，(c)の「トランジスタ出力タイプ」および(d)のトライアック（またはSSR：ソリッドステートリレー）出力タイプがある．なお，

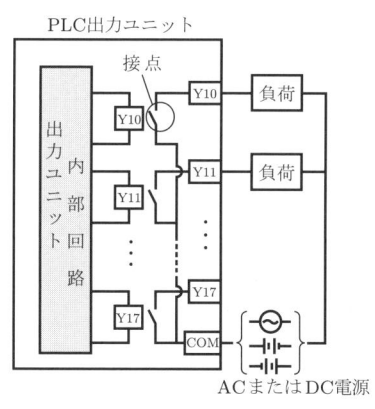

(a) リレー接点出力タイプ　　(b) トランジスタ出力タイプ（シンクタイプ）

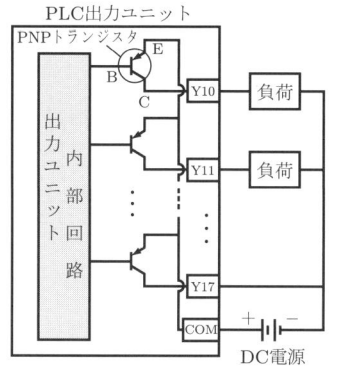

(c) トランジスタ出力タイプ（ソースタイプ）　　(d) トライアック出力タイプ

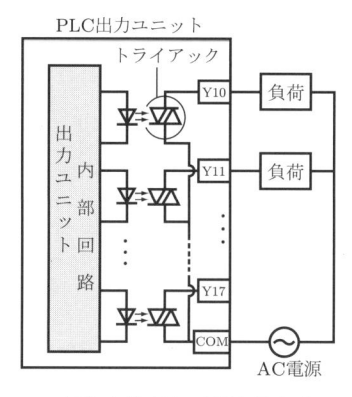

図5.12　出力ユニットのタイプ

トランジスタ出力タイプは(b)の「シンクタイプ」と(c)の「ソースタイプ」の2種類がある．次項では，それぞれの出力ユニットの構造と出力機器(負荷)の接続法について説明する．

5.4.3 出力ユニットの構造と出力機器の接続法
(1) リレー接点出力タイプ

図5.13(a)にリレー接点出力タイプの接続例を示す．

リレー接点出力タイプの出力ユニットは，機械的なリレー接点でスイッチングを行う有接点出力であるため，電流の流れる方向には制約がなく，直流・交流のいずれの電源も使用できるという利点がある．ただし，ON/OFFできる電流・電圧特性に制限があるので注意する．

欠点としては機械的な接点を使用しているため，トランジスタなどを利用した無接点のものと比べると反応が遅く，寿命が短いことがあげられる．とくに誘導性負

(a) 実体配線図　　　　(b) シンボルを使った回路図

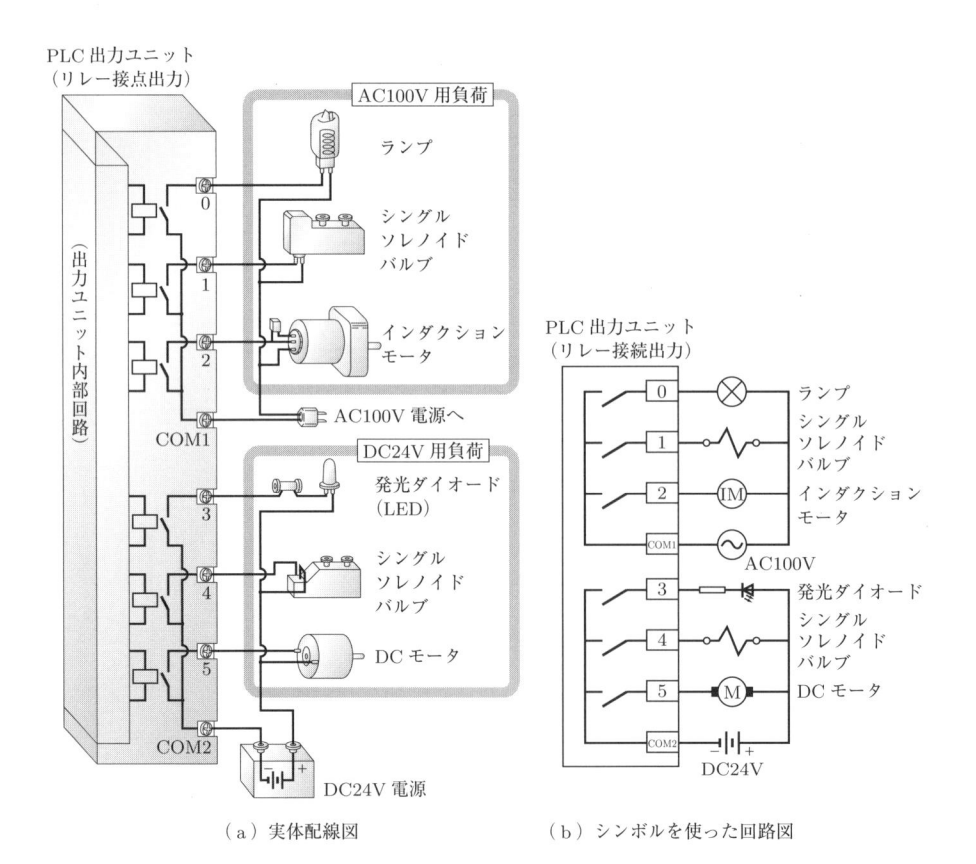

図5.13　リレー接点出力タイプの接続例

5.4 PLCの出力ユニットと出力機器の接続法

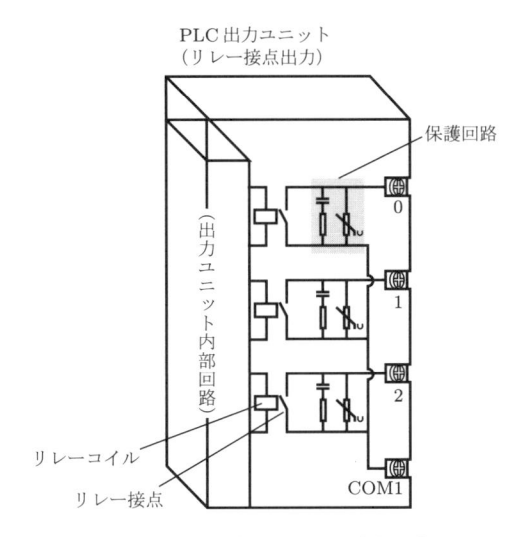

図5.14 接点保護回路内蔵のリレー接点出力ユニット

荷を使用した場合や高電圧・大電流のものを接続した場合には，スイッチングを行った瞬間に生じるサージ電流によりリレー接点がダメージを受けやすい．サージ電流が生じないようにするために，たとえば図5.14のような保護回路(サージキラー)を内蔵した機種もある．保護回路に関しては5.5.2項で説明する．

保護回路が組み込まれているかいないかで，駆動できる負荷の大きさや寿命への影響が違ってくる．出力ユニットの仕様と接続する負荷の仕様を比較して，適応範囲内の負荷を接続しなければならない．

図5.13(a)は，負荷としてAC100V用とDC24V用の負荷をそれぞれ3種類づつ接続した例を示している．この場合の出力ユニットは，全出力点数6点に対して3点1コモンの機種である．したがって，一つめの共通コモンには，AC100V用の負荷を三つ，二つめの共通コモンにはDC24V用の負荷を三つ接続することができる．また，図5.13(b)は，このときの接続の様子をシンボルを使った回路図で描いたものである．

(2) トランジスタ出力タイプ

図5.15(a)にトランジスタ出力タイプでシンクタイプの場合の接続例を示す．

トランジスタ出力タイプの出力ユニットは，スイッチングをトランジスタによる無接点出力で行うため，機械的接点がなく，寿命がリレー接点出力と比較して長い．また，出力部がトランジスタであるから，接続できる負荷はDC電源のみである．一般にDC12V～DC24Vが主流で，電流容量を満たしていればこの電圧の負荷装置を直接駆動できる．なお，この出力ユニットではスイッチング用にNPN型のトランジスタを使用しているため，必然的に共通コモンは**マイナスコモン**となり，電

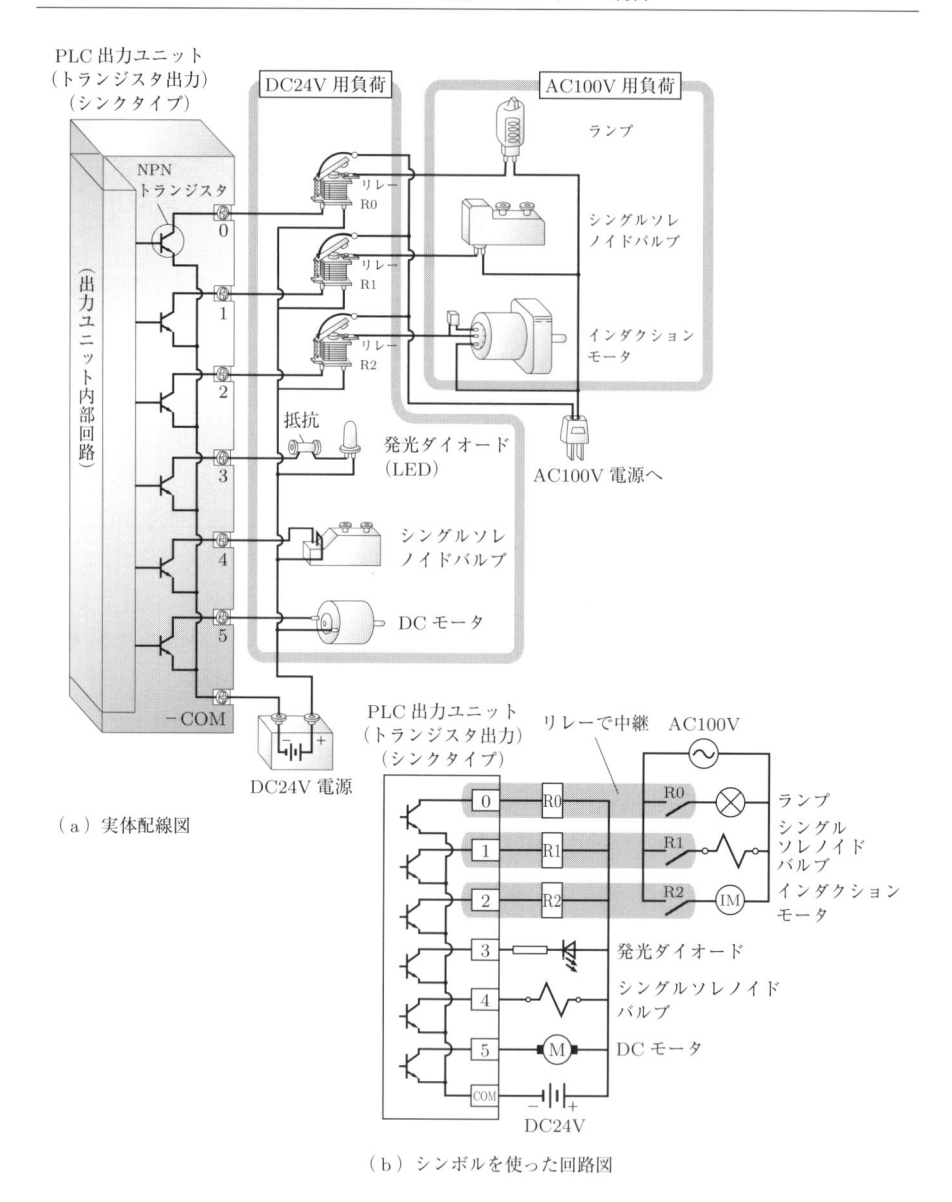

図5.15 トランジスタ出力タイプ(シンクタイプ)の接続例

(a) 実体配線図

(b) シンボルを使った回路図

流が負荷から出力ユニットの出力端子(トランジスタのコレクタ)に流れ込む形式となる．このようなタイプを**シンクタイプ**とよぶ．

ただ，DC仕様のスイッチング用トランジスタであることから，開閉能力は小さくあまり大きな電流は流せない．電圧は許容範囲内にあっても流れる電流値が出力ユニットの許容値を超えたり，下回ったりする場合は，リレーなどのインタフェースを使用

5.4 PLCの出力ユニットと出力機器の接続法

する必要がある．出力ユニットの仕様と接続する負荷の仕様を比較して，適応範囲内の負荷を接続しなければならない．一般に，リードリレー，ミニチュアリレー，LED表示灯，小容量ランプ，小型リレーなどの軽負荷であれば直接接続できる場合が多い．

図5.15(a)は前述した「リレー接点出力タイプ(図5.13(a))」の場合と同じ負荷を接続しようとした場合の例である．AC100V用の負荷は電圧の仕様が合わないた

(a) 実体配線図

(b) シンボルを使った回路図

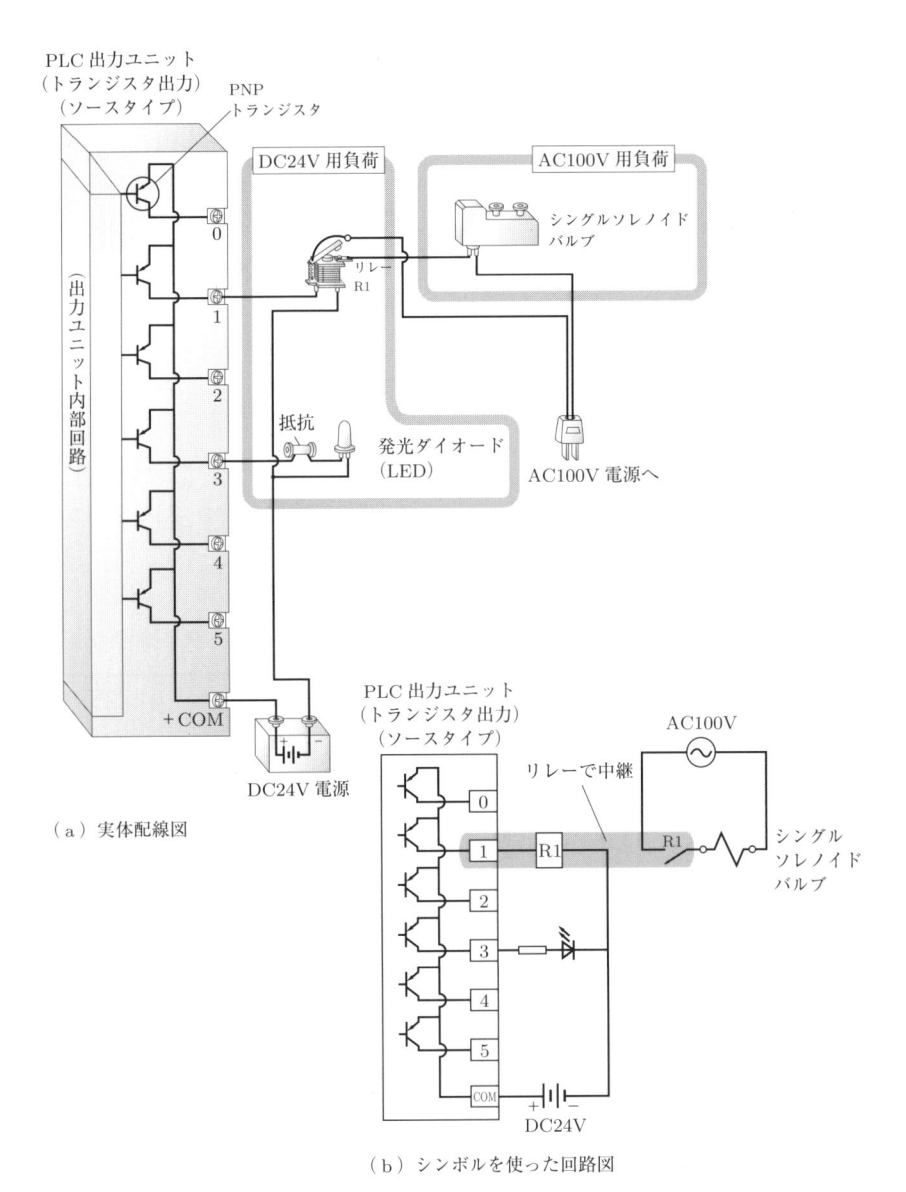

図5.16　トランジスタ出力タイプ(ソースタイプ)の接続例

め，直接出力ユニットに接続することができない．このような場合は，リレーを介して接続する．なお，リレーコイルはDC24Vで作動し，かつリレー接点が負荷を十分に作動させることができるだけの容量があることが必要となる．一方，DC24V用の三つの負荷は，直接，出力ユニットに接続することができる．図 5.15(b)は，このときの接続の様子をシンボルを使った回路図で描いたものである．

　図 5.16(a)はトランジスタ出力タイプでソースタイプの場合の接続例を示している．ソースタイプでは，この出力ユニットのスイッチングにPNP型のトランジスタを使用しているため，必然的に共通コモンは**プラスコモン**となり，電流が出力ユニットの出力端子(トランジスタのコレクタ)から負荷に流れ出す形式となる．このようなタイプを**ソースタイプ**とよぶ．図 5.16(b)は，このときの接続の様子をシンボルを使った回路図で描いたものである．

(3) トライアック出力タイプ

　図 5.17(a)にトライアック出力タイプの接続例を示す．

　トライアック出力タイプの出力ユニットは，スイッチングとしてAC100VやAC200Vなどの交流電圧に対応することができるトライアック素子を使用しているので，それらに合った交流負荷を直接駆動できる．トライアックは半導体を用いた機械接点のない無接点出力であり，寿命はリレー接点出力タイプと比較しても長い．なお，AC仕様の出力機器を接続したときに流れる電流の大きさが，出力ユニットのトライアックの許容値を越えたり下回ったりする場合には，リレーのようなインタフェースを介在させる必要がある．

　一般に，電磁開閉器，電磁ソレノイド，電磁クラッチ，ブレーキのような比較的大きな誘導性負荷や突入電流の大きい白熱ランプなどを高頻度に開閉するときなどに使用するとよい．

　図 5.17(a)には前述した「リレー接点出力タイプ(図 5.13(a))」の場合と同じ負荷を接続した場合の例である．DC24V用の負荷は電圧の仕様が合わないため，直接出力ユニットに接続することができない．このような場合は，リレーを介して接続することが多い．なお，リレーコイルはAC100Vで作動し，かつリレー接点が負荷を十分に作動させることができるだけの容量があることが必要となる．一方，AC100V用の三つの負荷は，直接，出力ユニットに接続することができる．図 5.17(b)は，このときの接続の様子をシンボルを使って描いた回路図である．

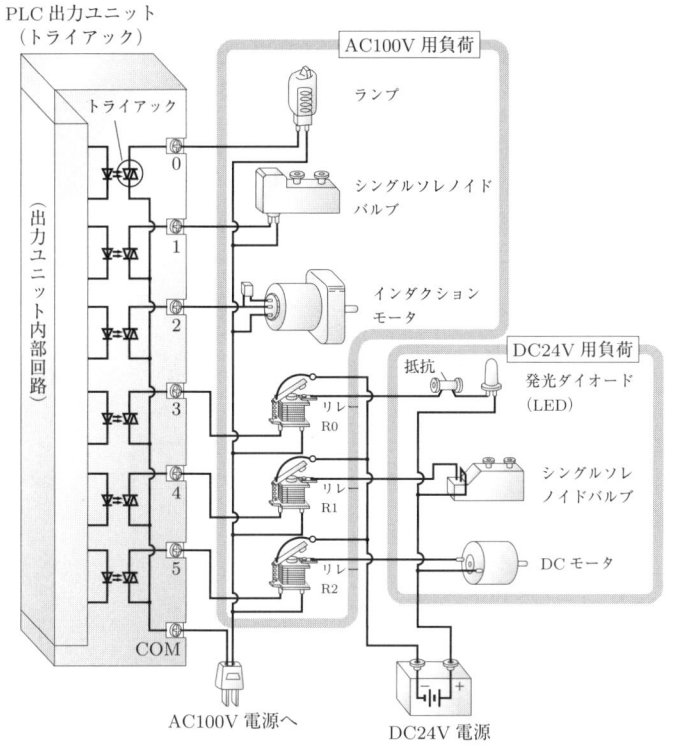

5.4 PLCの出力ユニットと出力機器の接続法

(a) 実体配線図

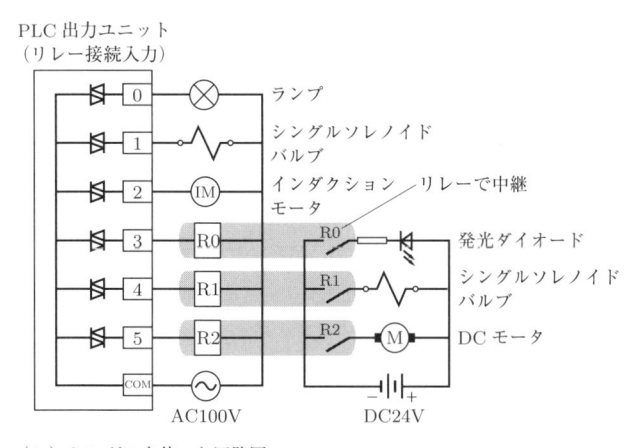

(b) シンボルを使った回路図

図 5.17 トライアック出力タイプの接続例

例題 5.2

図 5.18 の 3 種類の出力ユニット（リレー接点出力タイプ，トランジスタ出力タイプ，トライアック出力タイプ）に表 5.2 の DC24V で作動する DC モータとソレノイドバルブ，および AC100V で作動するインダクションモータとソレノイドバルブの四つの負荷を接続したい．表の部品を使って，確実に四つの負荷が作動するように，それぞれ 3 種類の出力ユニットに接続せよ．ただし，出力ユニットの出力端子は，それぞれ適合する電源で作動する負荷をON/OFF させるための充分な能力があるものとする．

(a) リレー接点出力タイプ
（AC100V/DC24V 用）

(b) トランジスタ出力タイプ
（シンクタイプ，DC24V 用）

(c) トライアック出力タイプ
（AC100V 用）

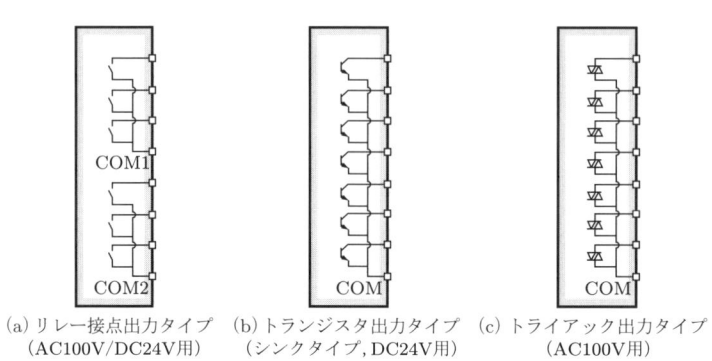

図 5.18　出力ユニット

表 5.2　外部機器

AC 100V 用	DC 24V 用	電源
インダクションモータ	DC モータ	AC100V 電源
ソレノイドバルブ	ソレノイドバルブ	DC24V 電源
R1 リレー接点（AC 100V 用）	R1 リレーコイル	
R2 リレー接点（AC 100V 用）	R2 リレーコイル	
R3 リレーコイル	R3 リレー接点（DC 24V 用）	
R4 リレーコイル	R4 リレー接点（DC 24V 用）	

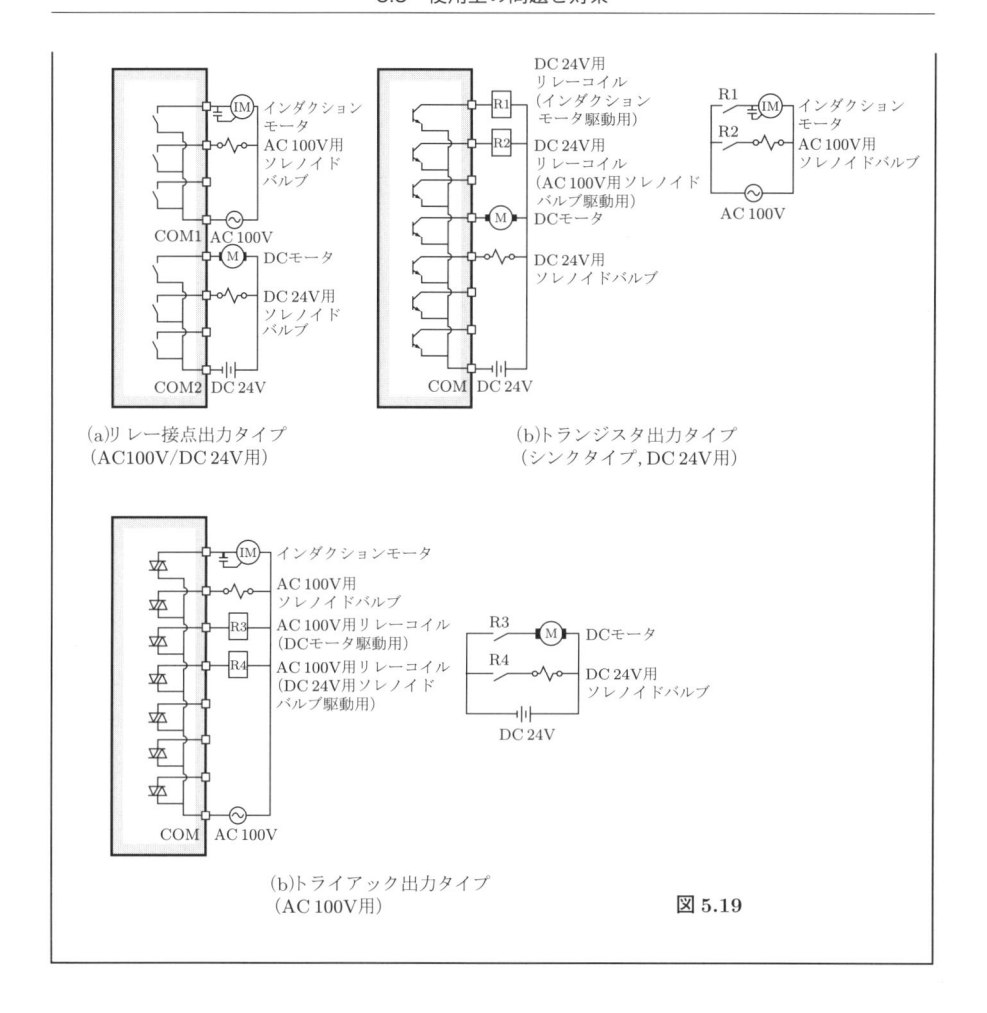

(a) リレー接点出力タイプ
（AC100V/DC 24V用）

(b) トランジスタ出力タイプ
（シンクタイプ，DC 24V用）

(b) トライアック出力タイプ
（AC 100V用）

図 5.19

5.5 使用上の問題と対策

　実際にPLCを選定して入力機器を接続しようとするとき，ハードウェアの仕様による制約から入力ユニットの仕様に適合しない機器を用いらざるを得ないというケースはよくある．一方，入出力ユニットに適切に入出力機器を接続したつもりでも，誤作動が生じたり，機器の寿命が極端に短くなったりする場合がある．本節ではこれらの事象の原因と打開策について概説する．

5.5.1 入力部

(1) 信号レベルの変換法

　PLCの入力ユニットの仕様と入力機器の仕様が合わない場合の例を図5.20に示す．入力ユニットはDC24V入力のシンクタイプとする．いずれの場合も，入力機

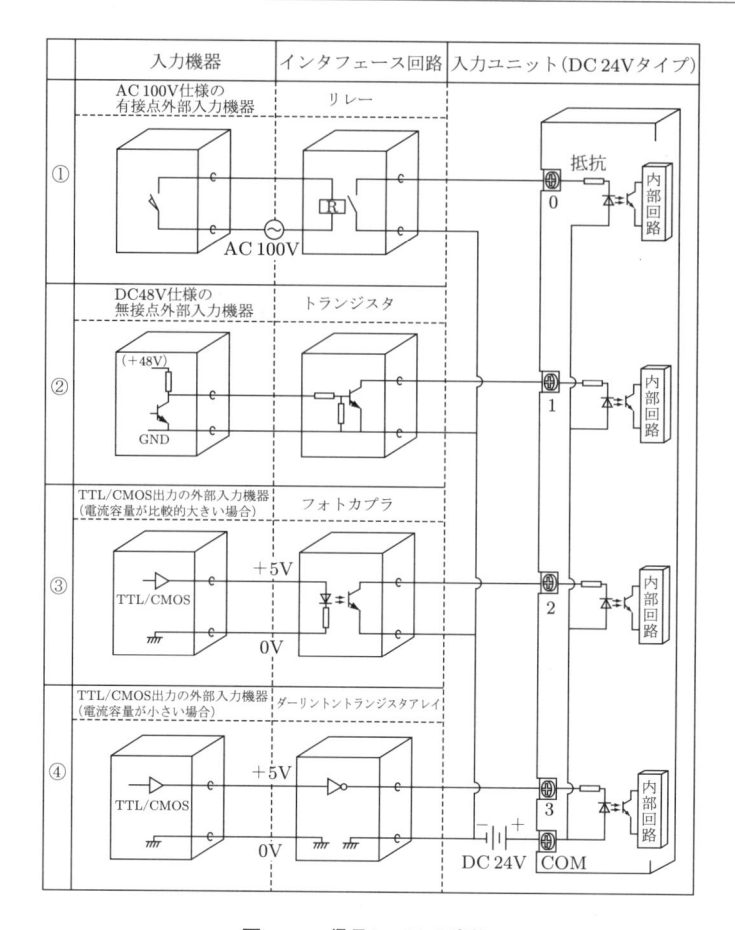

図 5.20 信号レベルの変換

器からの信号を入力ユニットに正確に取り込むためには，それらの間に**インタフェース回路**を設けて信号の受け渡しを行えばよい．

以下，図 5.20 に記載の①〜④の入力機器について説明する．

① リミットスイッチなどで AC100V 仕様の有接点を有する入力機器の場合である．入力機器の ON/OFF を DC24V 仕様のリレー接点の作動に切り換えて入力ユニットに取り込んでいる．

② DC48V 仕様のトランジスタによる無接点入力機器の場合である．ここではトランジスタのスイッチング機能を利用している．

③ TTL や CMOS の IC 出力機器の場合である．これらは DC5V 仕様であるため，上の例と同様に電圧が適合しない．とくに，これらの IC は電流容量が小さいため注意を要する．電流容量が比較的大きくて LED を十分作動できる場合は，

図のようにフォトカプラ(p.72参照)によるインタフェース回路とすればよい．
④ TTLやCMOSで電流容量が小さくフォトカプラを直接作動できない場合は，適当なトランジスタで電流を増幅して使用してもよいが，図のようにダーリントントランジスタアレイのIC素子を使用すれば比較的簡単に接続できる．

①や②などのような場合に関しては，リレー，トランジスタ，フォトカプラなどを適宜使い分ければよい．

(2) 入力機器の漏れ電流

入力機器をPLCの入力ユニットに接続したとき，入力機器がOFF状態であるにも関わらず，わずかな電流が流れる場合がある．この電流を**漏れ電流**という．

漏れ電流が発生する例を図 **5.21**(a)と(b)に示す．

図 5.21(a)は表示灯が付いているリミットスイッチをDC入力タイプの入力ユニットに接続した例である．この表示灯はリミットスイッチがOFFのときに点灯し，ONになると消灯する．したがって，リミットスイッチがOFFのときに常に電流が流れるように接続されているため，漏れ電流が発生している．

図 5.21(b)はAC100V用のリミットスイッチをAC入力タイプの入力ユニットに接続した例である．リミットスイッチの接点を保護するために，端子に**保護回路**(5.5.2項で詳述)を挿入した例である．保護回路を通して，やはりリミットスイッチがOFFのときでも常に電流が流れ，漏れ電流が発生している．

いずれの場合も，通常，漏れ電流が微小(普通は1mA程度)であれば問題は生じないが，何らかの理由で漏れ電流が大きくなったり入力ユニットの感度が良すぎたりすると，入力機器がOFFにも関わらず，入力ユニット側ではONと誤認してしまう場合がある．これは入力ユニットの内部回路を漏れ電流が作動させてしまっているためである．

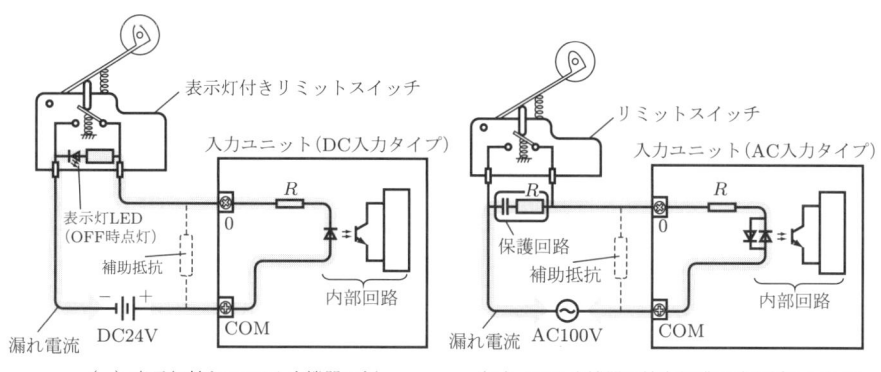

(a) 表示灯付きのDC入力機器の例　　(b) AC入力機器に接点保護回路を挿入した例

図 5.21　漏れ電流の発生と対策

これを回避するためには，図5.21のように入力ユニットの入力端子とコモン間に然るべき抵抗(補助抵抗)を挿入すればよい．補助抵抗に余分な電流を分岐させることで，入力ユニットの内部回路を流れる電流の量を減少させ，誤作動を防ぐことができる．補助抵抗の値は，入力機器と入力ユニットの仕様より，各機器に誤作動を生じさせない電流と電圧の値を基にして求める．なお，補助抵抗を挿入することで回路全体の抵抗値が小さくなるため，漏れ電流が大きくなってしまう．PLCの入力ユニット側では問題は生じないが，入力機器側の表示灯 LED や保護回路での漏れ電流の作用を確認しておく必要がある．

これらの例では補助抵抗は内部回路に対して並列に接続している．それに対して直列に接続して漏れ電流の量を少なくする方法もあるが，これはあまり好ましくない．なぜなら入力機器が OFF のときに漏れ電流が少ないため表示灯が暗くなり，また，入力機器が ON のときには，補助抵抗での電圧降下の量だけ内部回路にかかる電圧が低くなり，内部回路の誤作動の原因になるからである．

5.5.2 出 力 部

(1) 保護回路

出力ユニットに接続する負荷(出力機器)の種類として，電熱線などの抵抗のみを内蔵する抵抗性負荷，リレーやソレノイドバルブあるいは電気モータなどのようにコイルを内蔵する誘導性負荷などがある．一般に，出力ユニットで抵抗性負荷をスイッチングするときは，単に電圧と電流の仕様を満たすようにしておけばよいが，誘導性負荷の場合はそう単純ではない．これは，誘導性負荷を有接点でスイッチングする際に，サージ電圧という瞬間的に異常な高電圧が発生し，スイッチングの接点にスパークが飛び，そのため，ノイズの発生や接点の劣化などの不都合が生じる可能性が高いからである．

①スパーク発生のメカニズム

図5.22にスパーク発生のメカニズムを示す．図5.22(a)は接点が閉じることで誘導性負荷に電流が流れて作動している状態を示している．このとき，コイルの回りには，電流が流れることにより磁界が発生し磁気エネルギーを蓄えている．この状態で接点が開いた瞬間の状態が図5.22(b)である．まず，接点が開いた瞬間(①)，回路を流れていた電流が極端に流れにくくなり，瞬間的にコイルを流れている電流が大きく変化する．その結果，コイルに誘導(逆)起電力が発生(②)し，電流を逆方向に流そうとするため，コイルと接点間が瞬間的に異常なプラスの高電圧状態となる(③)．このときに生じる高電圧を**サージ電圧**という．接点が開く寸前に，接点の接触面積が小さくなって抵抗値が上がったところに，サージ電圧がかかるので，接点が発熱して火花が発生する．接点が開いた後でも電流が継続して流れ，**アーク**と

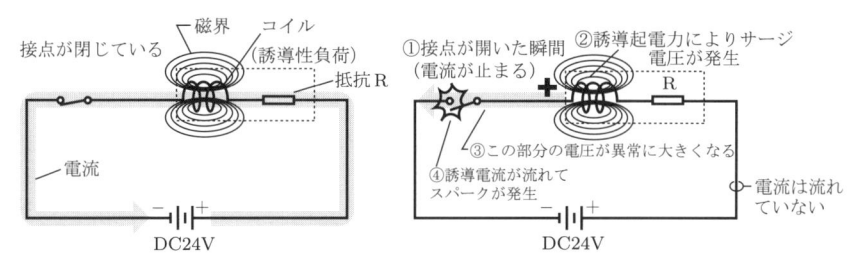

図5.22 スパーク発生のメカニズム

なる．このようにして，開きかけた接点間の空間を電流がコイル側からマイナス極の方に流れることで火花（**スパーク**）が発生し，コイルに貯まっていたエネルギを放出するのである．

スパークが発生すると，接点が痛み寿命が極端に短くなったり，接点間の抵抗が大きくなり，接点が閉じても電流が流れにくかったりする．また，接点が溶着して閉じたままになってしまう場合もある．

②保護回路素子

スパークが発生しないようにするためには，出力ユニットの仕様に対して十分に容量の小さい誘導性負荷を接続すれば問題ないが，そうできない場合は，**保護回路**が組み込まれた出力ユニットを使用するか，誘導性負荷に保護回路を取り付けることで対処可能である．保護回路に使用される代表的な素子を**図5.23**に示す．

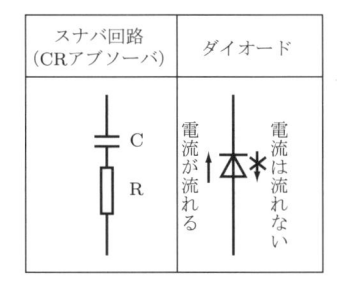

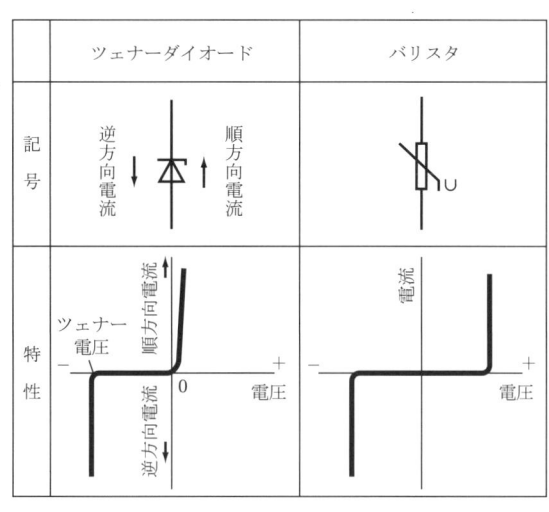

図5.23 保護回路に使用される素子

図 5.23(a)の**スナバ回路**はコンデンサ C と抵抗 R を直列に接続した回路である．図 5.23(a)の**ダイオード**は一方向のみに電流を流す素子である．図 5.23(b)にツェナーダイオードとバリスタを電気特性も含めて示す．**ツェナーダイオード**は，順方向に電圧をかけるとダイオードと同様にほとんど抵抗が無いため電流が流れるが，逆方向に電圧をかけた場合，ツェナー電圧を超えた場合に限って抵抗が急減し逆方向にも電流が流れる．**バリスタ**も同様の定電圧特性を有する素子であるが，ツェナーダイオードと異なるのは，順方向に電圧をかけたときも逆方向の場合と同様な特性を有することである．

③**保護回路(内蔵型)**

出力ユニットでは保護回路を内蔵した機種がある．以下，それらについて代表的な例をみてみよう．

図 5.24 はリレー接点出力タイプで，スナバ回路とバリスタが並列に接続されている例である．スナバ回路を接点と並列に接続した場合，コンデンサ C は接点が開いたときに瞬間的に電荷を溜め込むため，接点に発生するスパークを抑制する効果がある．また，抵抗 R は，接点が閉じたときにコンデンサに蓄えられている電荷が短絡電流として接点に流れ込まないように，電流を制限する効果がある．一方，バリスタは，サージ電圧が規定値を超えたときに瞬間的に過大なサージ電流を流すことで，接点に発生するスパークを抑制している．

図 5.24 では AC 用誘導性負荷と DC 用誘導性負荷を接続した例であるが，とくに注意を要するのは，AC 電源を用いた場合である．コンデンサ C は交流電流に対してはほとんど抵抗がない．したがって AC 電源を用いると，接点が開いて出

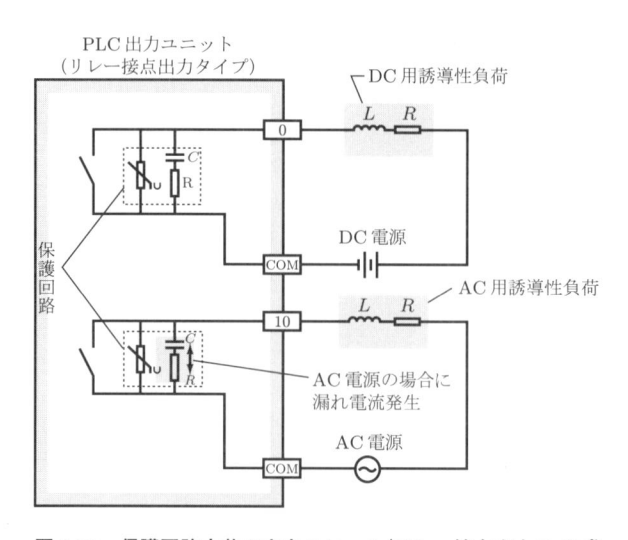

図 5.24　保護回路内蔵の出力ユニット（リレー接点出力タイプ）

力がOFF状態であるにも関わらず，保護回路のスナバ回路のCとRを通してわずかな電流(漏れ電流)が流れる．もし，この漏れ電流で負荷が作動してしまうような場合は，しかるべき対策を取らなければならない．

図5.25はトライアック出力タイプで，リレー接点出力タイプの場合と同様，スナバ回路とバリスタが並列に接続してある例である．保護回路の役割は上で述べた通りである．トライアック出力タイプでは，使用できる電源はAC電源のみであることから，常にスナバ回路で漏れ電流が発生するので注意を要する．

図5.26(a)，(b)はトランジスタ出力タイプで，保護回路としてダイオードまたはツェナーダイオードを使用した保護回路の例である．

図5.26(a)はダイオードが出力トランジスタのコレクタと電源のプラスに接続されている．もし，保護回路が無ければ，出力トランジスタがOFFになったときに接点の場合と同様，過大電流がトランジスタに流れてトランジスタを破壊してしま

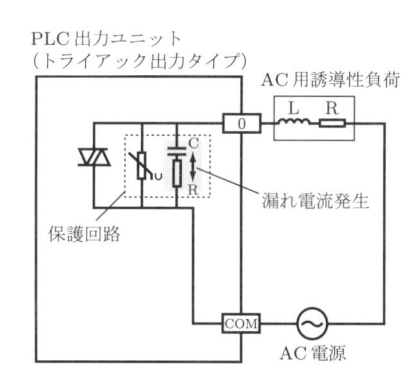

図5.25　保護回路内蔵の出力ユニット(トライアック出力タイプ)

(a) ダイオードを用いた保護回路　　　(b) ツェナーダイオードを用いた保護回路

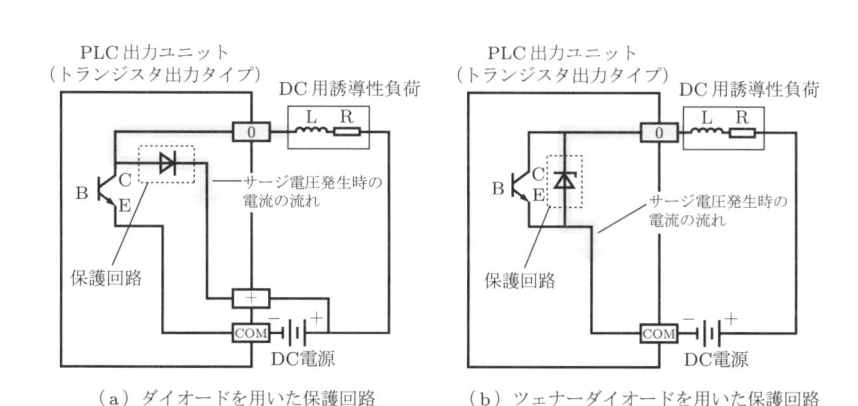

図5.26　保護回路内蔵の出力ユニット(トランジスタ出力タイプ)

う．保護回路があると，コレクタの部分で発生するプラスのサージ電圧をダイオードを通して電源のプラス側に逃がすため，出力トランジスタは保護される．図5.26(b)では，ツェナーダイオードが出力トランジスタに対して並列に接続されている．コレクタの部分で発生するプラスのサージ電圧が一定の電圧（ツェナー電圧）を越えると，ツェナーダイオードの抵抗が急減する．その結果，電流がツェナーダイオードを流れて電源のマイナス側に流れ込むことでトランジスタが保護される．

④保護回路（外付け）

　出力ユニットに保護回路が内蔵されていない場合や，内蔵されていてもその効果が弱い場合，誘導性負荷に対して並列に保護回路を外付けすれば，かなりの効果が期待できる．図5.27(a)にDC電源のときによく使われる保護回路①，②を，(b)にACまたはDC電源の場合の保護回路③，④を示す．

　保護回路①はダイオードをDC用誘導性負荷に並列に接続した例である．サージ電圧が発生すると，サージ電流がダイオードを通って誘導性負荷の抵抗に流れ込み，その結果抵抗が発熱する．つまり，コイルに貯えられたエネルギーをジュール熱として消費させる．ただ，ジュール熱の消費に時間がかかるため，復帰時間が若干遅くなる．

　保護回路②は①の保護回路に加えてツェナーダイオードを直列に接続した例である．サージ電圧がツェナー電圧より低くなるとサージ電流は流れなくなるので，①の保護回路と比較して復帰時間が改善される．

　保護回路③はスナバ回路をACまたはDC用の誘導性負荷に並列に接続した例である．サージ電圧が発生したときに瞬時に電荷をコンデンサに貯め込み，接点への影響を小さくしている．その後，スナバ回路のコンデンサに貯まったエネルギは

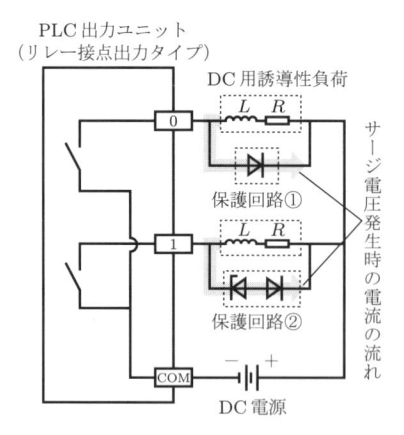

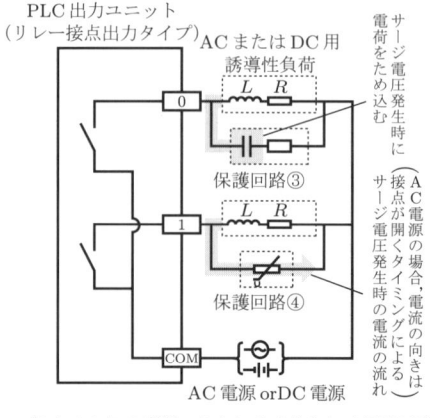

(a) DC電源のときによく使われる保護回路　　(b) AC/DC電源のときによく使われる保護回路

図5.27　外付けの保護回路の例

抵抗を通してジュール熱として消費される．

保護回路④はバリスタを AC または DC 用の誘導性負荷に並列に接続した例である．バリスタの定電圧特性を利用して，接点に高電圧がかからないようにしている．

(2) 出力機器の漏れ電流

出力ユニットに内蔵された保護回路で，問題となる場合があるのが CR 式のスナバ回路による漏れ電流である．漏れ電流は，スナバ回路を内蔵するリレー接点出力タイプ（図 5.24 参照）やトライアック出力タイプ（図 5.25 参照）の出力ユニットで，AC 電源を用いた場合に多く発生する．漏れ電流はトライアック出力タイプで数 mA 程度であるが，この程度で作動する小容量の軽負荷を接続すると，誤作動したりといろいろなトラブルの原因となる．

たとえば小型リレーの場合，リレーコイルに流す電流を ON から OFF に切り替えてもリレーコイルに漏れ電流が残り，リレーの接点が開かなかったり，あるいは開くのに時間がかかったりすることがある．また，小型のソレノイドバルブの場合，ON から OFF に切り替えてもバルブが戻らなかったり，あるいは振動したりする場合がある．その他，OFF にも関わらず，ネオンランプが点灯したりする．これらのような漏れ電流によるトラブルを防止するためには，以下のような対策を施すことが考えられる．

- 漏れ電流程度の電流が流れても誤作動しない負荷に変更する．
- 出力ユニット内部のリレー接点やトライアックの寿命に影響を与えるような誘導性負荷が使用されていない場合は，保護回路が付いていない出力ユニットを選定する．
- 出力ユニットが DC 電源の場合は，漏れ電流が発生しにくいので，AC 仕様の負荷から DC 仕様の負荷に変更する．
- 補助抵抗を接続して負荷に流れる漏れ電流を減らす．

図 5.28 は，上の「補助抵抗を接続して負荷に流れる漏れ電流を軽減」する方法を示している．

出力ユニットの接点が開いて OFF 状態のとき，漏れ電流により AC 用誘導性負荷が誤作動しているものとする．この対策として図 5.28(a) のように補助抵抗を負荷に対して並列に接続する．このようにすることで，漏れ電流を補助抵抗にも分流させることができ，負荷に流れる漏れ電流を減少させて誤作動を防ぐことができる．しかも，接点が閉じて ON 状態になったときは，負荷に所定の電圧がかかり良好に作動する．これに対して図 5.28(b) のように補助抵抗を負荷に対して直列に接続する方式もある．この場合，接点が OFF のときは，負荷に流れる漏れ電流を少なくでき，漏れ電流による誤作動を阻止することはできる．しかし，接点が閉じて

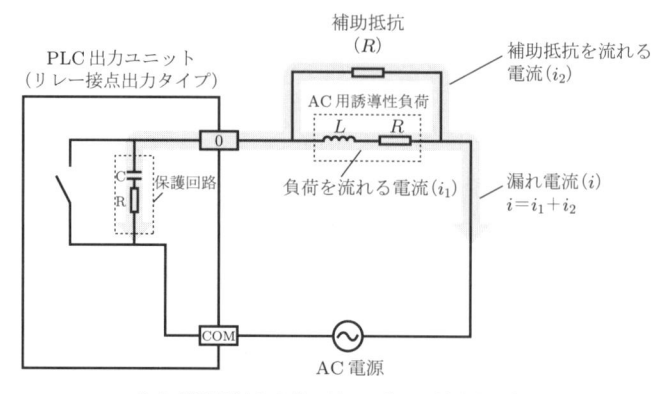

（a）補助抵抗を負荷に対して並列に接続する方式

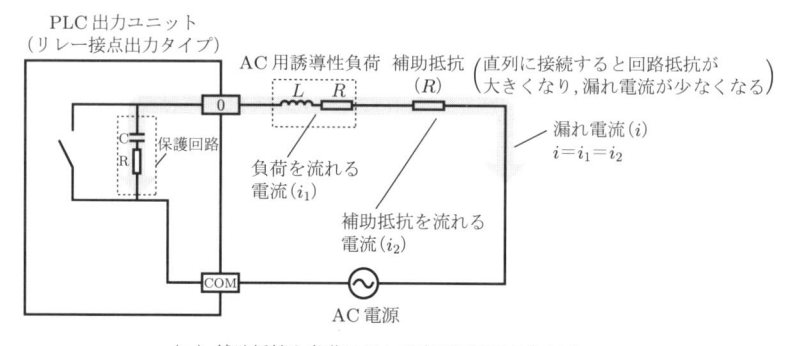

（b）補助抵抗を負荷に対して直列に接続する方式

図 5.28　補助抵抗を用いた漏れ電流対策

ON 状態となったとき，補助抵抗での電圧降下の分だけ負荷にかかる電圧が低くなり，負荷駆動時の誤作動の原因となるので注意を要する．

(3) 突入電流

　ヒータや白熱電球などの負荷の抵抗は，電流が流れていないときは小さく，電流が流れて負荷が熱くなると大きくなるという性質をもっている．これらの負荷に所定の電圧をかけると瞬時に大きな電流が流れ，発熱するにしたがって定常な電流の流れとなる．このような瞬間的に発生する過大電流を**突入電流**という．突入電流は定格電流の 10 倍にも達することがある．このような負荷を PLC の出力ユニットに直接接続して使用すると，突入電流が出力ユニットの内部回路を破壊してしまうようなこともある．トランジスタ出力タイプの出力ユニットに白熱電球を接続したときの対策例を**図 5.29** に示す．

　図 5.29(a)は抵抗を直列に接続して突入電流を制限する方式である．この方式では定常時に流れる電流も制限されるので，白熱電球の明るさが減少する欠点がある．

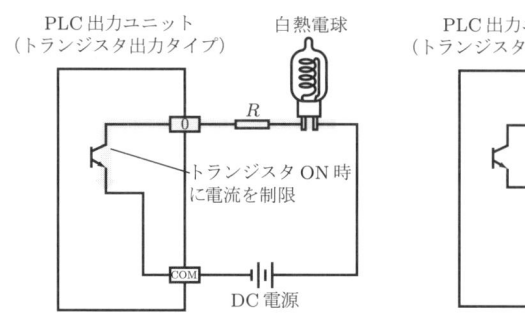

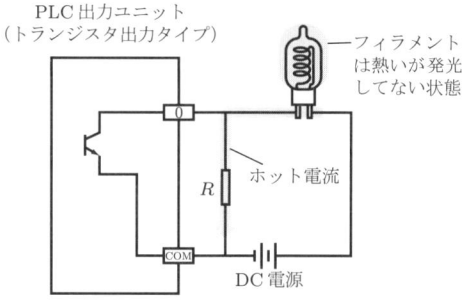

(a) 電流を制限する方式　　　　　（b）ホット電流方式

図 5.29　突入電流制限対策

図 5.29(b) はトランジスタ出力が OFF のときに，前もって白熱電球が光らない程度に電流(**ホット電流**)を流しフィラメントを熱することで抵抗を大きくしておく方式である．もちろんこの場合，電力消費は大きくなるが，このようにしておくと，トランジスタ出力が ON になっても突入電流は抑制され，トランジスタは保護される．しかも，ON したときにすばやく所定の明るさとなる．

5.6　PLC のプログラムとプログラミングの基本

本節では，PLC のプログラミングを行うための周辺機器およびプログラミングとその実行形態について述べる．特にプログラムに関してはプログラムの基本およびシーケンス制御を実施するときの順序制御回路の作成要領について説明する．

5.6.1　プログラミング用周辺機器とプログラムの転送

第 5.2 節でも述べたように，PLC はプログラムで実行される．PLC を RUN すると，システムメモリ内の基本ソフトウェアが起動する．基本ソフトウェアは入力ユニットからの情報を処理して，プログラムメモリに記憶されているユーザが作成したラダープログラムに従ってシーケンス動作を演算し，その結果を出力ユニットに出力してシーケンス制御を実行する．

ラダープログラムはパソコンや PLC 専用の**プログラミングコンソール**などのプログラミング用周辺機器で作成して PLC に転送される．**図 5.30** にプログラミング用周辺機器とプログラムの転送方法を示す．

パソコンに専用のソフトウェアを用いてラダープログラムを直接入力する方法が最近ではよく利用されている．パソコン上ではラダー図を描画する形式で作成することができるが，作成したラダー図をそのまま PLC に書き込むことはできない．そこで，ラダー図を**ニーモニック**とよばれる PLC 専用の言語に変換した後に PLC

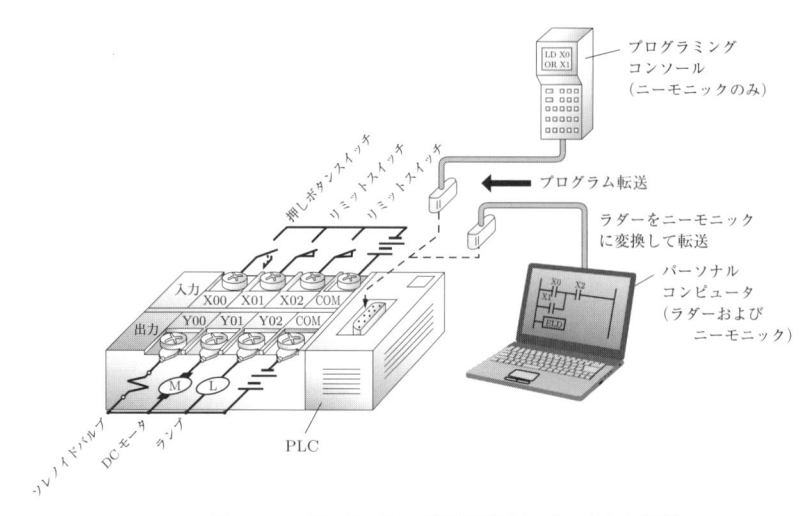

図 5.30 プログラミング周辺機器とプログラム転送

に転送することになる．当然，ニーモニックを直接編集することも可能である．パソコンを使わない場合は，プログラミングコンソールを使って直接ニーモニック用の専用コマンドをコンソールの各キーを使って打ち込んで行く．ニーモニック言語に習熟していれば比較的簡単かつ速く入力することができる．なお，プログラミングコンソールを使った入力方法では，PLC 本体に直接書き込む方式がほとんどであるため，PLC 本体が無ければプログラミングの作業ができない．

以下，ラダー図とニーモニックの基本およびプログラミングについてみていくことにする．

5.6.2 PLC で使用される命令の種類

PLC のプログラミングで使用できる命令は，基本命令と応用命令に分類できる．なお，命令の種類や数はメーカや PLC の機種によって異なる．

(1) 基本命令

基本命令は，シーケンス制御を実行するのに欠かせない論理演算命令で，ビット処理を行う．機能は基本機能と拡張機能がある．基本機能としては，たとえば，接点の ON/OFF 情報に従って，論理積，論理和や論理否定などの論理演算を行い，出力の ON/OFF を決定して出力する．また，タイマやカウンタなどの命令もある．一方，拡張機能としては，セット命令やリセット命令などがある．

(2) 応用命令

応用命令は，数値演算を行う命令で，ワードデータ間の論理演算を行う．機能としては算術機能と応用機能がある．算術機能は四則演算，比較演算やワードデータ

の転送などである．応用機能としてはワードデータ論理演算やコード変換（BCDからBINへ変換するなど），平均値演算などのデータ処理やデータシフトなどの機能がある．また，パルス出力などの特殊な信号を発生させる機能や故障診断機能などもある．

これらの命令はラダー図およびニーモニック言語で記述できる．

5.6.3 ラダー図で使用される基本命令

ラダー図で使用される基本命令の要素は，基本的には表5.1（p. 68参照）に示したようにa接点 ─| |─, b接点 ─|/|─ およびコイル ─〇─ の3種類である．**表5.3**はラダー図で使用される基本的な内部リレーの種類と作動形態を，本書で使用する表記方法で表したものである．なお，PLCのメーカや機種により，リレーの表記方法は若干異なるので注意を要する．

一方，パルス信号を出力させるPLS（他機種ではDIFUやDIFなど）命令やカウンタのカウント値をリセットするRST（他機種ではRSETなど）命令などの応用命令は，コイルの記号 ─〇─ では記述せず，応用命令出力として ─□─ の中に命令を記述して用いる．

5.6.4 ラダー図の表記と実行形態

ラダー図はリレーシーケンス図である電気回路をソフトウェアで表現したものである．したがって，できるだけリレーシーケンス図と同様の動作が実行できるよう

表5.3 基本的な内部リレーの種類と作動形体

	コイル	接点		作 動 形 体
		a接点	b接点	
入力リレー		X** ─| |─	X** ─|/|─	入力コイルは仮想的なもので実際には存在しない．入力端子に接続された入力機器がONすると，その状態が接点に反映される．
出力コイル	(Y**)	Y** ─| |─	Y** ─|/|─	出力ユニットの端子番号に対応する接点（Y**─| |─ や Y**─|/|─）はプログラム内のみで使用する．
補助リレー	(M**)	M** ─| |─	M** ─|/|─	プログラム内のみで使用でき，入出力を伴わない内部リレー．
タイマリレー	(T**) K**	T** ─| |─	T** ─|/|─	プログラム内のみで使用でき，入出力を伴わない内部リレー．オンディレイタイマで，コイルがON状態になってK**で指定された時間を経過すると，接点がON状態となる．
カウンタリレー	(C**) K**	C** ─| |─	C** ─|/|─	プログラム内のみで使用でき，入出力を伴わない内部リレー．コイルにON信号が入るたびに，その数をカウントしていき，K**で指定されたカウント値以上になると接点がON状態となる．

に工夫されている．

図 5.31(a)のリレーシーケンス図では左の制御母線にプラスの電圧が，右の制御母線にはマイナスの電圧がかかっていて，押しボタンスイッチ(PB)またはリミットスイッチ(LS)が押されると，対応するリレーコイルが ON または OFF 状態となる．このとき，スイッチが押される時間的な順番とは無関係に，押されたら対応するコイルが通電し ON 状態となる．すなわち，回路の場所に関わらずに論理が成立した回路が実行されるという並列処理を行っているのである．

図 5.31(b)はリレーシーケンス図に対応するラダー図を示している．入出力の割付と配線が必要となるが，リレーシーケンス図に対応するラダー図は，基本的には同じ表現となっている．なお，ラダー図に記述する回路では，入力側母線には接点が接続され，コイルや応用命令出力は出力側母線にだけ接続される．これは，コイルの直前の接点で構成された論理で，コイルや応用命令出力の ON/OFF 指令を出力母線側に出力するためである．一般のコンピュータのプログラムなどでは，プログラムはプログラム命令の上から下まで実行すれば，それで終了してしまうが，ラダー図の場合，見かけ上，リレーシーケンス図と同様な並列処理が実行できるように工夫されている．ラダー図の実行も順に上から下まで実行されるが，下まで行くとまた上に戻るというようなサイクリックな演算処理を行っている．つまり，リレーシーケンス図の実行形体とほぼ同じとなっている．したがって，ラダー図を読むときは，パルス出力などの特殊な場合を除いて，ラダー図の入力側母線にプラスの電圧，出力母線にマイナスの電圧がかかっているものとして，電気回路を読む要領で

入出力の割付け			
入力部		出力部	
入力機器	入力ポート	出力機器	出力ポート
PB	X0	R1	Y10
LS	X1	R2	Y11

(a) リレーシーケンス図　　　　　　(b) ラダー図

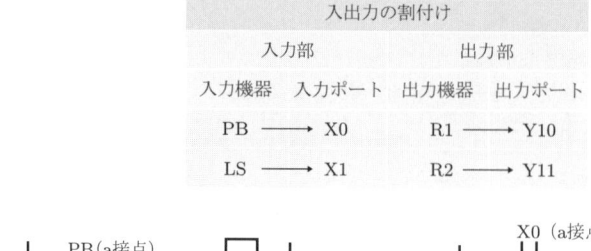

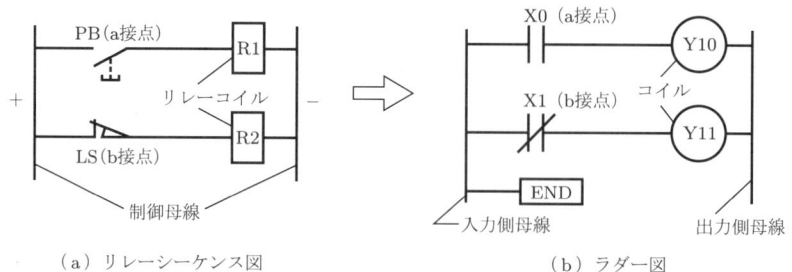

図 5.31　リレーシーケンス図とラダー図の比較

5.6 PLC のプログラムとプログラミングの基本

実行順序を確認すれば，その動作を理解することができる．

5.6.5 基本的なシーケンス命令(ニーモニックとラダー図)

PLC のラダー図は専用のニーモニック言語で表現できる．基本命令の中で，代表的なニーモニック命令の一部を**表 5.4** に示す．ニーモニックもメーカや PLC の機種によって若干その表現が異なる．

次にラダー図と対応するニーモニックの関係について，表 5.4 の A 機種の表現を用いて説明する．

(1) OUT 命令

ラダー図で出力側母線に接続するコイル出力には **OUT 命令**を使う．**図 5.32** の場合，出力コイル Y10 と M0 が並列に記載されているので，OUT Y10 に続けて OUT M0 と記述する．

表 5.4 代表的なニーモニック命令(一部)

a, b 接点の別	ニーモック A 機種	B 機種	C 機種	意味
a 接点のとき	LD (ロード)	LD (ロード)	LD (ロード)	演算の開始を意味する
b 接点のとき	LDI (ロードインバース)	LD NOT (ロードノット)	LDB (ロードバー)	
a 接点のとき	AND (アンド)	AND (アンド)	AND (アンド)	接点の直列接続を意味する
b 接点のとき	ANI (アンドインバース)	AND NOT (アンドノット)	ANB (アンドバー)	
a 接点のとき	OR (オア)	OR (オア)	OR (オア)	接点の並列接続を意味する
b 接点のとき	ORI (オアインバース)	OR NOT (オアノット)	ORB (オアバー)	
直列ブロック接続	ANB (アンドブロック)	AND LD (アンドロード)	ANL (アンドロード)	ブロック間の直列接続を意味する
並列ブロック接続	ORB (オアブロック)	OR LD (オアロード)	ORL (オアロード)	ブロック間の並列接続を意味する
出力命令	OUT (アウト)	OUT (アウト)	OUT (アウト)	演算結果をコイルに出力する
リセット命令	RST (リセット)	RSET (リセット)	RES (リセット)	カウンタのカウント値などのデバイスをリセットする

( ) はニーモニックコードの呼び方を表す．

[ラダー図]　　　　　　　　[ニーモニック]

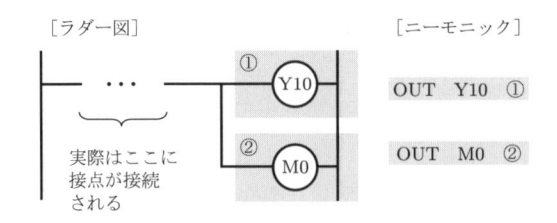

① Y10　　OUT　Y10　①
② M0　　 OUT　M0　 ②

実際はここに接点が接続される

図 5.32　OUT 命令

(2) LD，LDI 命令（演算開始）

図 5.33 において，入力母線に X0 の a 接点が接続されている．これが演算開始を意味しているので，**LD 命令**を使い"LD X0"と記述する．また，X1 の b 接点が入力母線に接続されている場合は，**LDI 命令**を使って"LDI X1"とする．

また，ANB，ORB でも示すように，分割された回路で最初に処理を行う接点にも演算開始ということで LD または LDI 命令で記述する．

[ラダー図]　　　　　　　　[ニーモニック]

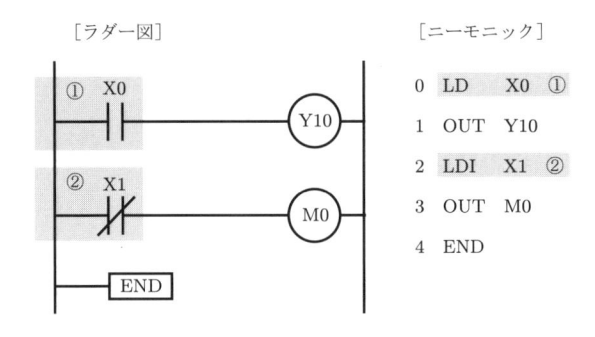

① X0 ─┤├─ Y10
② X1 ─┤/├─ M0
　　　　END

0　LD　　X0　①
1　OUT　Y10
2　LDI　X1　②
3　OUT　M0
4　END

図 5.33　LD，LDI 命令

[ラダー図]　　　　　　　　[ニーモニック]

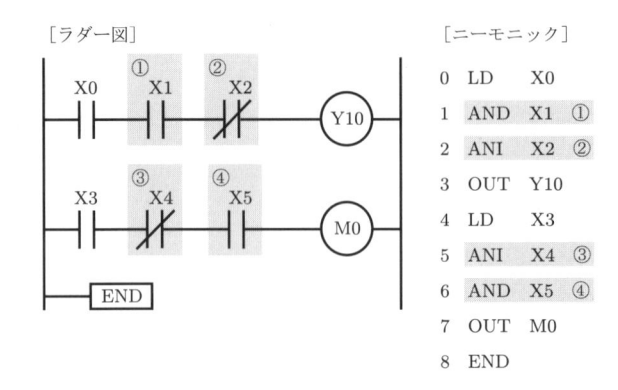

X0 ─┤├─ ① X1 ─┤├─ ② X2 ─┤/├─ Y10
X3 ─┤├─ ③ X4 ─┤/├─ ④ X5 ─┤├─ M0
　　　　END

0　LD　　X0
1　AND　X1　①
2　ANI　X2　②
3　OUT　Y10
4　LD　　X3
5　ANI　X4　③
6　AND　X5　④
7　OUT　M0
8　END

図 5.34　AND，ANI 命令

5.6 PLCのプログラムとプログラミングの基本

(3) AND, ANI 命令（直列接続）

図 5.34 において，a 接点を直列に接続するときは **AND 命令**を使用し，b 接点を直列に接続するときは **ANI 命令**を使う．

(4) OR, ORI 命令（並列接続）

図 5.35 において，a 接点を並列に接続するときは **OR 命令**を使用し，b 接点を並列に接続するときは **ORI 命令**を使う．

[ラダー図]　　　　　　　　　　　　　　　　[ニーモニック]

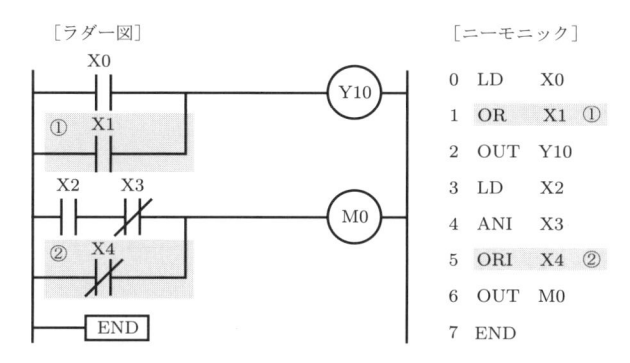

```
　X0
──┤├──────────────( Y10 )     0  LD   X0
①　X1                          1  OR   X1   ①
──┤├──                         2  OUT  Y10
　X2  X3                        3  LD   X2
──┤├──┤/├──────────( M0 )      4  ANI  X3
②　X4                          5  ORI  X4   ②
──┤/├──                        6  OUT  M0
     [END]                      7  END
```

図 5.35　OR, ORI 命令

(5) ANB 命令（回路ブロックの直列接続）

ラダー図が枝分かれして分岐したところから分岐が閉じるところまでを一つのブロックとみなす．また，図 5.36 の場合，ブロックⓑやⓓの最初の接点は新たな演算開始とみなして LD または LDI 命令を使用する．直列に配置されたブロック同士を接続する場合は **ANB 命令**を使う．

[ラダー図]　　　　　　　　　　　　　　　　[ニーモニック]

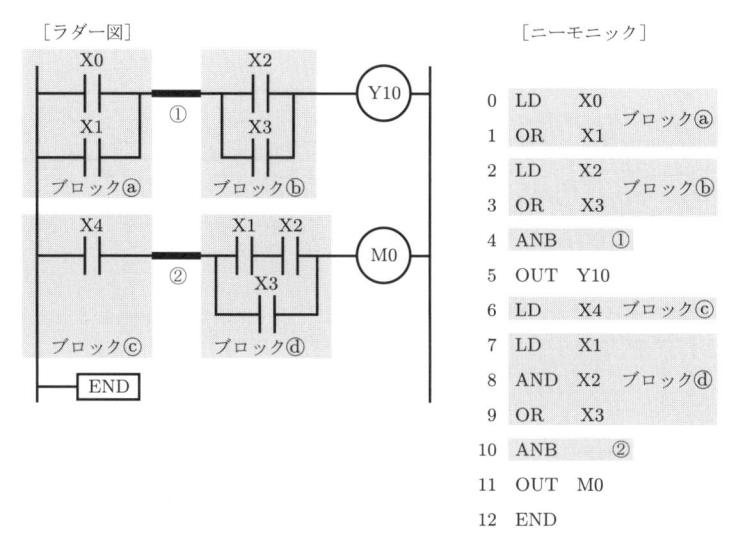

```
　X0        X2
──┤├──■──┤├──────( Y10 )      0  LD   X0
　X1   ①   X3                   1  OR   X1   ブロックⓐ
──┤├──    ──┤├──                2  LD   X2
ブロックⓐ ブロックⓑ             3  OR   X3   ブロックⓑ
　X4        X1  X2               4  ANB       ①
──┤├──■──┤├─┤├──( M0 )         5  OUT  Y10
       ②   X3                   6  LD   X4   ブロックⓒ
          ──┤├──                7  LD   X1
ブロックⓒ ブロックⓓ             8  AND  X2   ブロックⓓ
     [END]                       9  OR   X3
                                10  ANB       ②
                                11  OUT  M0
                                12  END
```

図 5.36　ANB 命令

(6) ORB 命令（回路ブロックの並列接続）

図 5.37 において，並列に配置されたブロック同士を接続する場合は **ORB 命令** を使う．

[ラダー図］　　　　　　　　　　　　　［ニーモニック］

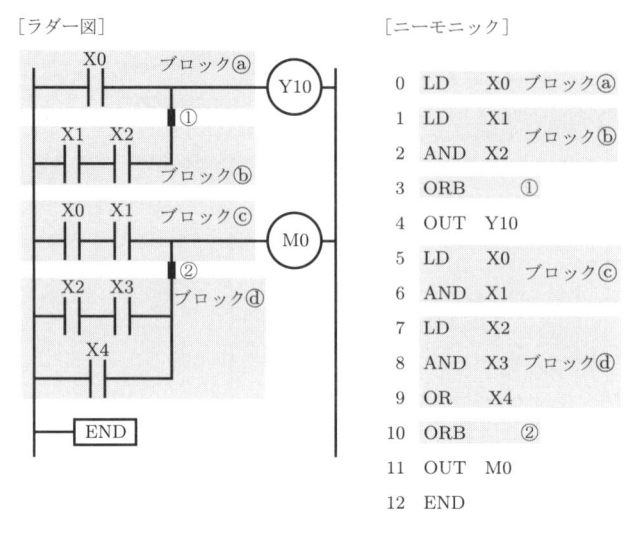

行	命令	オペランド	
0	LD	X0	ブロックⓐ
1	LD	X1	ブロックⓑ
2	AND	X2	
3	ORB		①
4	OUT	Y10	
5	LD	X0	ブロックⓒ
6	AND	X1	
7	LD	X2	
8	AND	X3	ブロックⓓ
9	OR	X4	
10	ORB		②
11	OUT	M0	
12	END		

図 5.37　ORB 命令

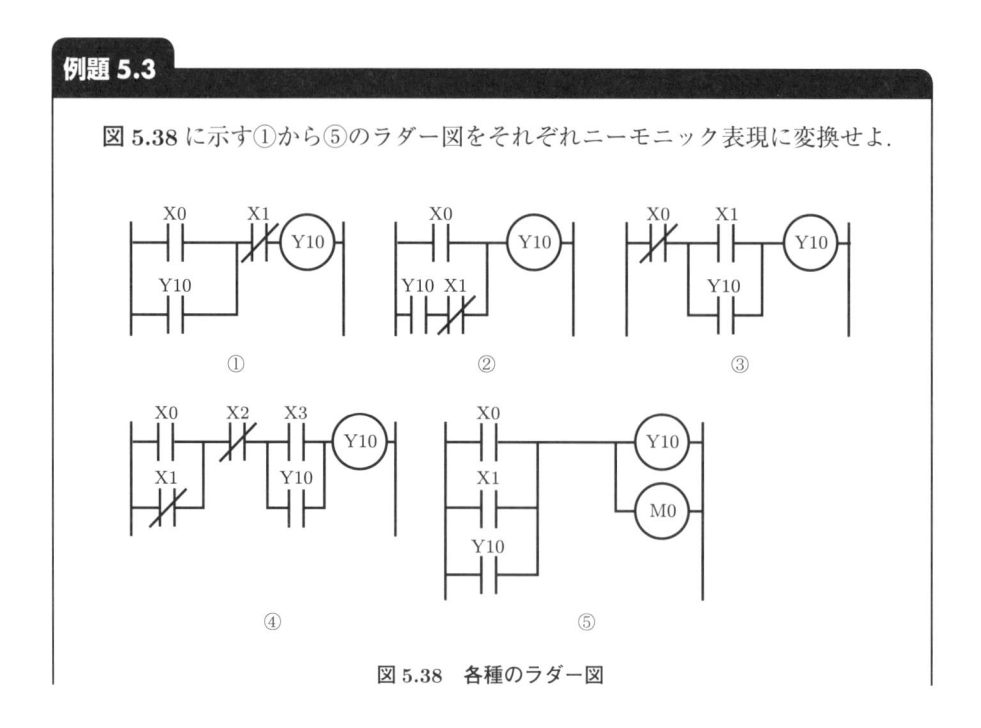

例題 5.3

図 5.38 に示す①から⑤のラダー図をそれぞれニーモニック表現に変換せよ．

図 5.38　各種のラダー図

解答

①	②	③
LD X0	LD X0	LDI X0
OR Y10	LD Y10	LD X1
ANI X1	ANI X1	OR Y10
OUT Y10	ORB	ANB
	OUT Y10	OUT Y10

④
LD X0
ORI X1
ANI X2
LD X3
OR Y10
ANB
OUT Y10

⑤
LD X0
OR X1
OR Y10
OUT Y10
OUT M0

図 5.39 ニーモニック表現

5.6.6 プログラムの演算順序とスキャン処理

PLC の動作は一見リレーシーケンス回路のように，ラダー図に記述されたコイルを基準とする一纏まりの回路が平行して同時に処理されているようにみえる．これはプログラムを処理する方法に秘密がある．プログラムを処理する方式として，リフレッシュ方式とダイレクト方式の 2 種類がある．

(1) リフレッシュ方式

図 5.40 に PLC においてプログラムを**リフレッシュ方式**で演算処理するときの概要を示す．たとえば，パソコンのラダー作成専用ソフトでラダー図をプログラミングする場合を考える．専用ソフトで作成したラダー図は「変換」キーを押すことでPLC が判読可能なニーモニック言語に翻訳されるので，それを PLC に転送すればよい．転送されてきたニーモニック命令群は PLC 本体のプログラムメモリに格納される．

PLC を RUN 状態にするとプログラムが実行される．ニーモニック命令が実行されるとき，まず，入力機器の状態を反映している入力リレーの ON/OFF 状態が入力部メモリに一括して取り込まれ入力処理が実行される．次にその状態を使ってニーモニック命令が上から下に（この場合，ステップ 0 からステップ 16 まで）順番に実行される．演算された出力リレーや補助リレーなどのコイルの ON/OFF 状態は逐次 OUT 命令によりそれぞれ出力部メモリやデータメモリなどに格納される．

第5章　PLCを使ったシーケンス制御

ラダー図

左から右へ演算

上から下へ演算

ステップ	ニーモニック命令	
0	LD	X0
1	OR	Y10
2	ANI	M0
3	OUT	Y10
4	LDI	X0
5	LD	X1
6	AND	X2
7	OR	X3
8	ANB	
9	OUT	M0
10	LD	X0
11	LD	X2
12	AND	Y11
13	ORB	
14	AND	M0
15	OUT	Y11
16	END	

処理の流れ（リフレッシュ方式）

入力処理：入力機器のON/OFF状態を取り込んで入力部メモリに反映させる

入力部メモリや出力部メモリ，またはデータメモリのON/OFF状態を基にしてニーモニック命令にしたがって演算，OUT命令などによる演算結果は出力部メモリやデータメモリに格納される

出力処理：出力部メモリの状態を出力（リレー）端子に出力して出力状態を切り替える

入力端子	X0	X1	X2	X3	X4	…	COM

入力部内部回路

入力メモリ部	X0	X1	X2	X3	X4	…
	0	1	0	0	0	…

プログラムメモリ

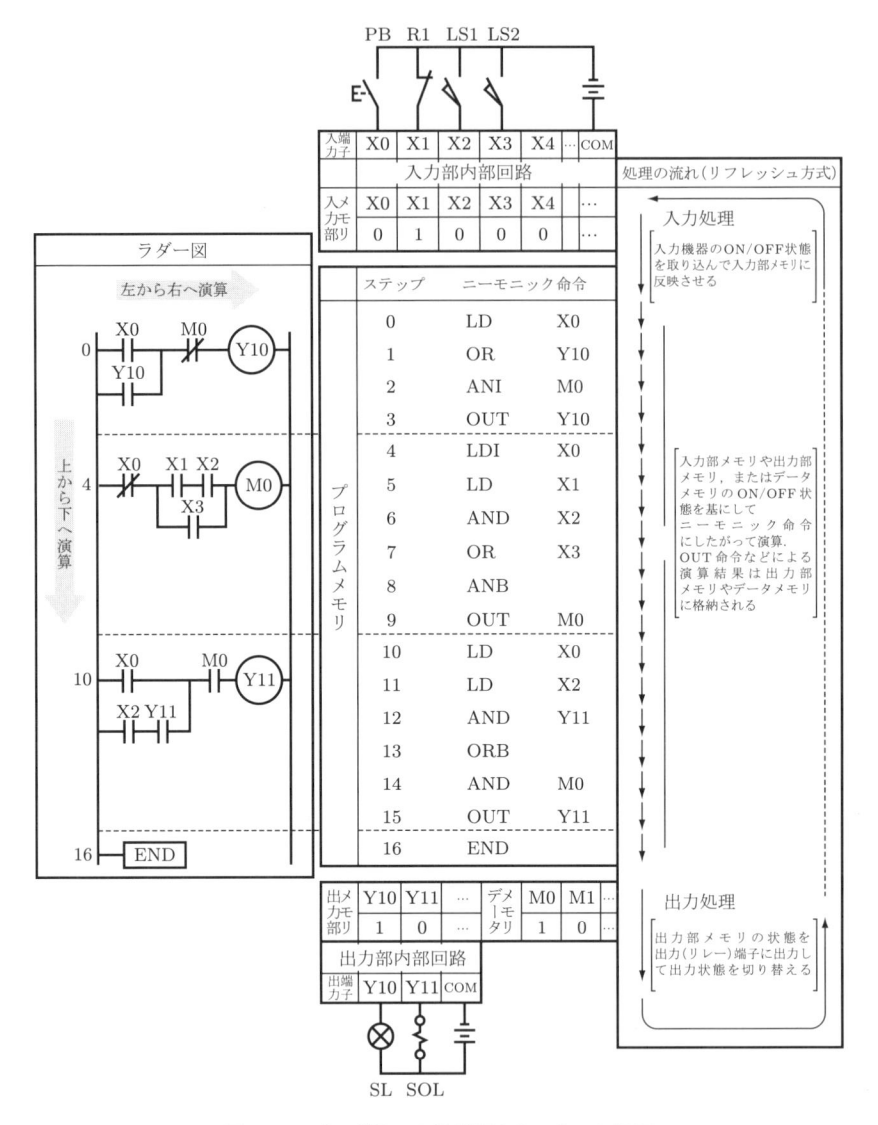

出力メモリ部	Y10	Y11	…	デモメモリ	M0	M1	…
	1	0	…	タリ	1	0	…

出力部内部回路

出力端子	Y10	Y11	COM

SL　SOL

図5.40　プログラムの演算順序とスキャン処理

プログラムがENDまで実行されて終了したら，出力部メモリのON/OFF情報が出力リレーに出力されて出力端子が切り替わるという出力処理が実行される．それが終了すると，ふたたび最初から実行が繰り返される．この入力処理からプログラムを実行して出力処理までの一連の実行処理を**スキャン**といい，1スキャンの実行にかかる時間を**スキャンタイム**という．PLCでは，このスキャンを高速かつ無限に実行しているのである．

5.6 PLCのプログラムとプログラミングの基本

(2) ダイレクト方式

ダイレクト方式は，入力処理と出力処理を一括して実行するリフレッシュ方式とは異なり，ニーモニックを実行していくさいに必要となる接点情報があればその都度メモリを参照し，出力もそのつど直接出力して出力端子の制御を行う．入出力の微妙なタイミングを出力に反映させる場合に用いられるが，使い方によっては出力にばらつきが生じてしまうことがある．

(3) スキャン処理の特徴

ごく普通のPLCでは一つのニーモニック命令を実行するのにLDやOUTなどの基本命令で$1.0\ \mu s$以下，速い機種で$20\ ns$程度であり，応用命令は基本命令の数倍から数百倍程度である．たとえば10000ステップで基本命令のみからなるプログラムであれば，スキャンタイムは$0.2\ ms$程度とかなり高速である．しかし，スキャンタイムはプログラムのステップ数にほぼ比例して長くなるので，高速なスキャンタイムが必要な場合はプログラムを短くするなどの工夫が必要である．

PLCのプログラムがスキャンにより並列実行されているため，複数のメカトロニクスをPLCで制御する場合，それぞれの動作シーケンスをラダー図で組んで一つのプログラムとしてPLC 1台で実行できる．すなわち，1台のPLCで**マルチタスク**が可能であり，このことがPLCの大きな特徴でもある．

5.6.7 ラダー図の基本回路

ラダー図の基本となる回路について説明する．

(1) AND回路とOR回路

図5.41にAND回路の例を二つ示す．

これらの回路ではX0，X1，X2の接点が直列に接続されている．このような回路を**AND回路**という．すべての接点が閉じているときに限り導通して出力のコイルY10がON状態となる．図5.41(a)の場合，すべてa接点であるから，入力

[ラダー図]　　　　　　　　　　　　　[ニーモニック]

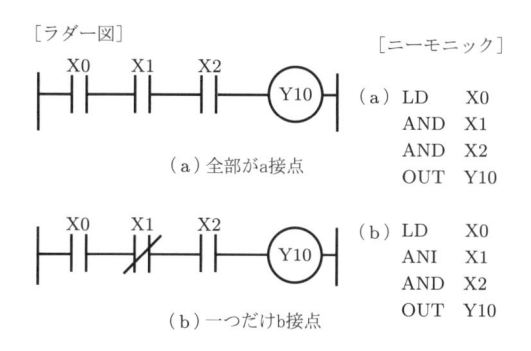

```
   X0   X1   X2
  ─┤├─┤├─┤├─(Y10)    (a) LD   X0
                              AND  X1
    (a) 全部がa接点            AND  X2
                              OUT  Y10

   X0   X1   X2
  ─┤├─┤/├─┤├─(Y10)    (b) LD   X0
                              ANI  X1
    (b) 一つだけb接点          AND  X2
                              OUT  Y10
```

図5.41　AND回路の例

X0, X1, X2のすべてに入力があったときに限りコイルがONとなる．また図5.41(b)の場合，X1だけがb接点である．b接点は入力が無い(OFF)ときは閉じて導通状態であり，入力が入る(ON)と開いて非導通状態となる．したがって，X0とX2に入力があり，X1に入力が無いときに限りコイルがONとなる．

図5.42にOR回路の例を二つ示す．

これらの回路ではX0, X1, X2の接点が並列に接続されている．このような回路を**OR回路**という．どれか一つでも接点が閉じていると導通して出力のコイルY10がON状態となる．図5.42(a)の場合，すべてa接点であるから，入力X0, X1, X2の少なくともいずれかの一つに入力があるとコイルがONとなる．また図5.42(b)の場合，X1だけがb接点である．したがって，X0またはX2に入力があるか，またはX1に入力が無いときにコイルがONとなる．

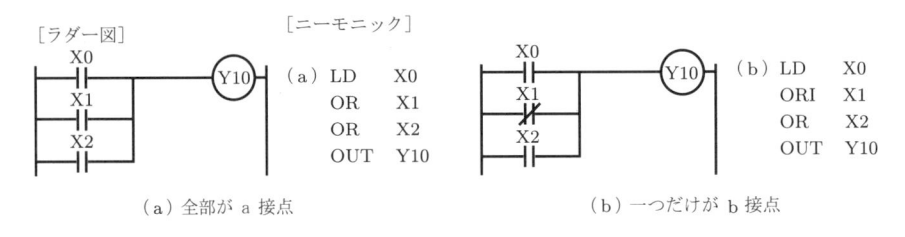

```
[ラダー図]              [ニーモニック]
  X0                                     X0
 ─┤├─┬─(Y10)   (a) LD   X0         ─┤├─┬─(Y10)    (b) LD   X0
  X1  │             OR   X1          X1  │              ORI  X1
 ─┤├─┤              OR   X2         ─┤/├─┤              OR   X2
  X2  │             OUT  Y10         X2  │              OUT  Y10
 ─┤├─┘                              ─┤├─┘

  (a) 全部がa接点                    (b) 一つだけがb接点
```

図5.42　OR回路の例

(2) 自己保持回路

自己保持回路については4.3節(リレーを使った電気回路)の4.3.2項(自己保持回路)で，電気回路の場合についてすでに述べている．ラダー図の場合も回路構成に関してはまったく同様の形体となる．**図5.43**にラダー図で組んだ自己保持回路を示す．

回路の特徴は，左肩部に自己保持の開始条件をa接点で記述し，自己保持したいコイルが右端に来る．リセット優先回路とするのかセット優先回路とするのかで，解除条件を配置する場所が異なる．

図5.43(a)は**リセット優先回路**である．解除条件を右肩部にb接点で配置する．開始条件と解除条件の両方が同時に成立したときに解除条件のb接点が開くので，コイルはOFF状態となり自己保持の解除(リセット)が優先される．

図5.43(b)は**セット優先回路**である．解除条件を左足部にb接点で配置する．開始条件と解除条件の両方が同時に成立して解除条件のb接点が開いても，開始条件がON状態であるからコイルはON状態となり自己保持の成立(セット)が優先される．

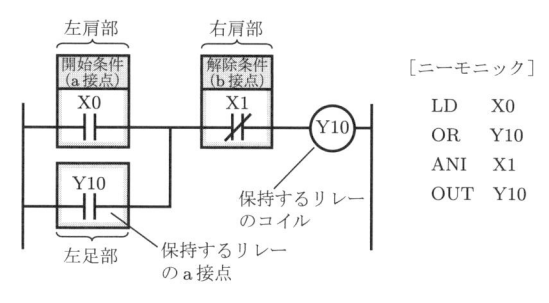

5.6 PLCのプログラムとプログラミングの基本

(a) リセット優先回路

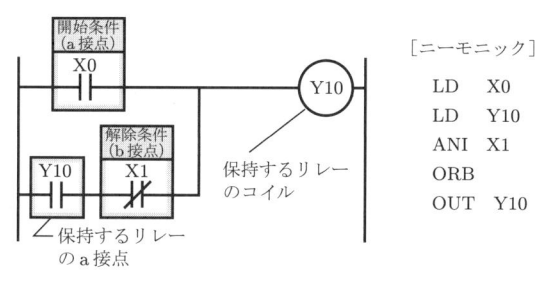

[ニーモニック]
LD X0
OR Y10
ANI X1
OUT Y10

(b) セット優先回路

[ニーモニック]
LD X0
LD Y10
ANI X1
ORB
OUT Y10

図5.43　自己保持回路

(3) タイマ回路

PLCのプログラムで単に**タイマ**といった場合は，一般に**オンディレイタイマ**を指す．表5.3(p. 99参照)にも示したが，PLCのタイマは**タイマリレー**であり，**タイマコイル**と**タイマ接点**(a接点とb接点)から構成される．補助メモリと同様，仮想的なリレーであるため，外部機器との直接のやり取りは行わない．PLCでは0.1秒タイマと0.01秒タイマが用意されていることが多い．

タイマを用いたラダー図と動作状態を表したタイムチャートを**図5.44**に示す．

図5.44では0.1秒タイマを使用している．タイマコイルT0の横にK30(他の機種では#30などと設定)とあるが，これは時間の設定で(0.1秒×30 = 3.0秒)を意味している．すなわち，タイマの設定時間は3秒ということになる．タイマコイルがON状態になるとタイマが作動開始し，あらかじめ設定された設定時間(3秒)が経過した後にタイマ接点が作動する．すなわち，接点がONとなり，a接点であれば閉じて導通した状態となりb接点であれば開いて非導通の状態となる．その後，タイマコイルがOFF状態となると接点もOFFとなり，a接点であれば開いて非導通状態となりb接点は閉じて導通状態となる．もし，タイマコイルが設定時間になる前にOFFしてしまった場合，タイマ接点は変化しない．

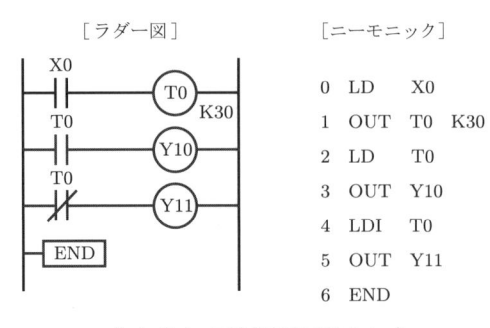

[ラダー図]

```
 X0
──┤├──────( T0 )
          K30
 T0
──┤├──────( Y10 )
 T0
──┤/├─────( Y11 )
         [END]
```

[ニーモニック]

```
0  LD   X0
1  OUT  T0  K30
2  LD   T0
3  OUT  Y10
4  LDI  T0
5  OUT  Y11
6  END
```

（a）タイマ回路（T0は0.1秒タイマ）

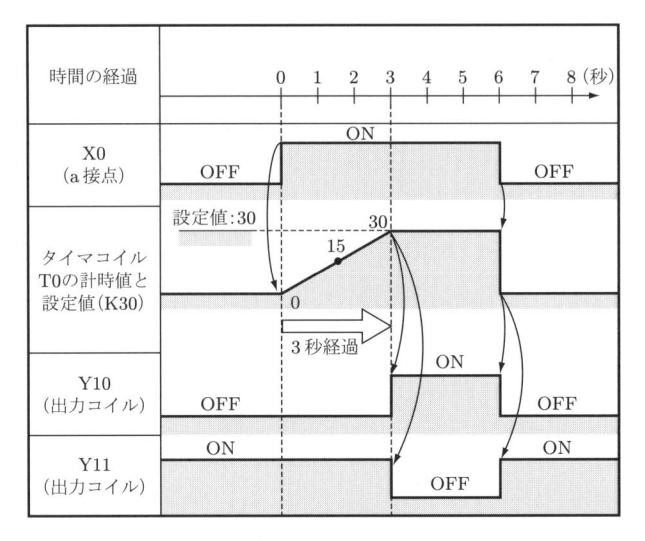

（b）タイムチャート

図 5.44　オンディレイタイマの回路とタイムチャート

　オンディレイタイマを用いてオフディレイタイマもラダー図で構成できる．オフディレイタイマとは，スイッチを OFF したときに実際にスイッチが切れる時間を遅らせるタイマである．**図 5.45** に**オフディレイタイマ**のラダー図とタイムチャートを示す．

　X0 を ON（閉）すると出力コイル（Y10）が ON 状態となる．その後 X0 を OFF（開）した瞬間からタイマが作動開始し，設定時間（3秒）が経過した時点で出力コイル（Y10）が OFF 状態となる．

5.6 PLCのプログラムとプログラミングの基本

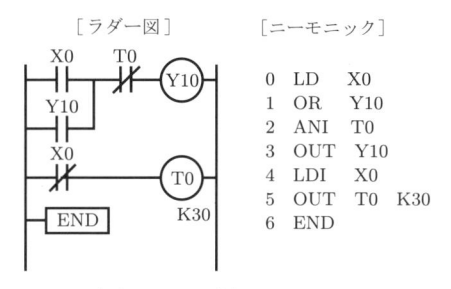

[ラダー図]　　　　　　　[ニーモニック]

```
0  LD   X0
1  OR   Y10
2  ANI  T0
3  OUT  Y10
4  LDI  X0
5  OUT  T0  K30
6  END
```

(a) タイマ回路(T0は0.1秒タイマ)

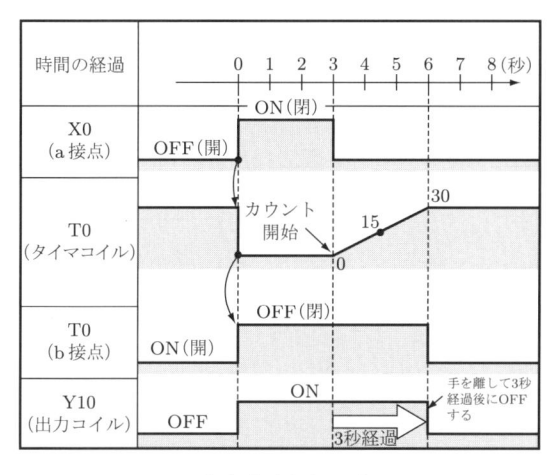

(b) タイムチャート

図 5.45　オフディレイタイマの回路とタイムチャート

(4) カウンタ回路

カウンタは入力信号がONした回数を計数して，設定値に達したときにカウンタの接点を作動させる．表5.3(p. 99 参照)にも示したが，PLCのカウンタもカウンタリレーであり，カウンタコイルとカウンタ接点(a接点とb接点)から構成される．タイマと同様，仮想的なリレーであるため，PLCの外部機器との直接のやり取りは行わない．

カウンタを用いたラダー図と作動状態を表したタイムチャートを**図5.46**に示す．

カウント値の設定はカウンタコイルに並記する．図5.46の場合は"K4(他の機種では#4などと設定)"でカウント値を4回に設定している．入力信号X0がON/OFFを繰り返しているが，OFFからONに変化した回数を計数している．計数値が設定値に達したら，カウンタ接点がONとなり，a接点であれば閉じて導通し

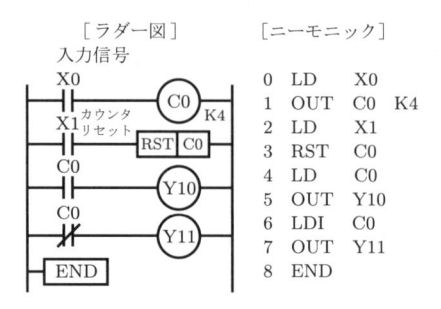

```
[ラダー図]                [ニーモニック]
入力信号
 X0                      0  LD   X0
─┤├────────────(C0)       1  OUT  C0  K4
       カウンタ    K4
 X1   リセット            2  LD   X1
─┤├──[RST C0]            3  RST  C0
 C0                      4  LD   C0
─┤├───────────(Y10)      5  OUT  Y10
 C0                      6  LDI  C0
─┤/├──────────(Y11)      7  OUT  Y11
        [END]            8  END
```

（a）カウンタ回路

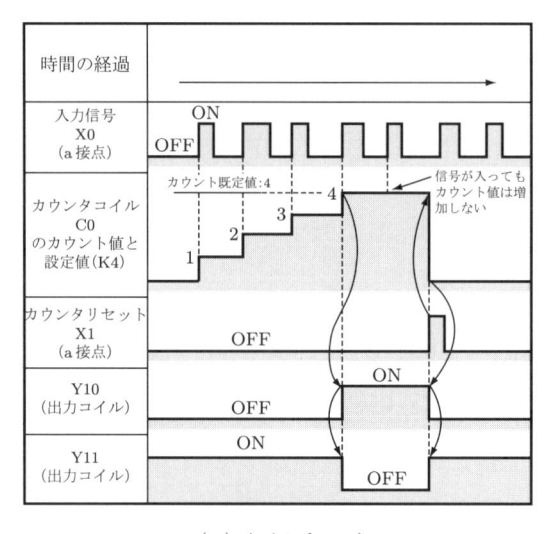

（b）タイムチャート

図 5.46　カウンタの回路とタイムチャート

た状態となりb接点であれば開いて非導通の状態となる．その後，入力信号X0が入り続けても計数値は設定値のままで，かつカウンタの接点もON状態のままである．カウンタの計数値を0に戻してカウンタ接点をOFF状態にしたいときは，カウンタコイルをリセット命令（RST）でリセットする．このリセット命令は応用命令であるから応用命令出力で表記する．なお，他の機種ではカウンタのプログラムを図 5.47のように表記するものもある．

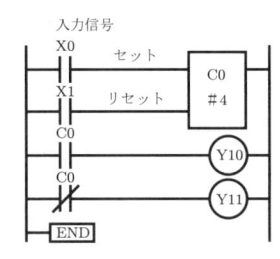

図 5.47　カウンタ回路(他機種)

5.6.8　プログラミングの制限

ラダー図のプログラミングを行う上で，いくつかの制限事項があるので注意が必要である．

(1) 入力側母線へのコイルの接続

図 5.48 に示すように，入力側母線にコイルを直接接続することは通常は禁止されている．入力側母線には必ず接点を接続しなければならない．このような場合は，「常時 ON」の接点が用意されているのでその接点を用いる．

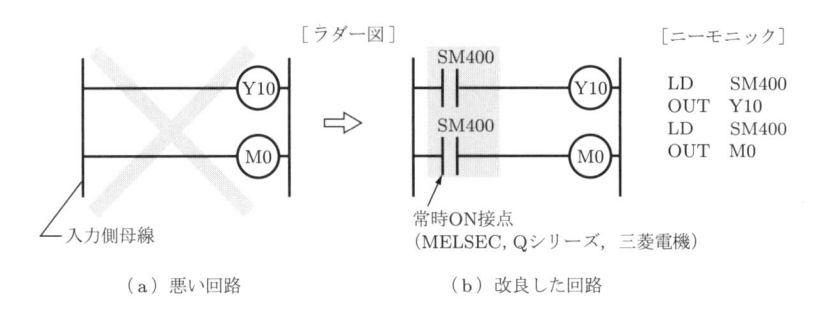

（a）悪い回路　　　　　　（b）改良した回路

図 5.48　入力側母線へのコイルの接続

(2) 出力側母線への接点の接続

図 5.49 に示すように，出力側母線に接点を直接接続することは禁止されている．出力側母線には必ずコイルや応用命令を接続しなければならない．

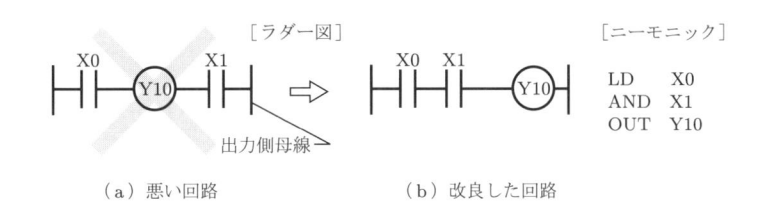

（a）悪い回路　　　　　　（b）改良した回路

図 5.49　出力側母線への接点の接続

(3) 出力命令に入力リレーのコイルを使用

図 5.50 に示すように，入力リレーのコイルは外部入力機器の信号によってのみ ON/OFF するので，それを出力命令として使用することはできない．

図 5.50　出力命令に入力リレーのコイルを使用

(4) 多重出力

同じ番号のコイルを複数重複して使用すると問題が生じる．リフレッシュ方式の場合，同一番号のコイルの演算結果が ON/OFF となる度に出力部メモリを書き換えている．したがって，最後に演算したコイルの ON/OFF の状態が出力部メモリに反映されるため，回路のもっとも下にあるコイルの状態が優先される．また，ダイレクト方式では，一つのコイルの演算が終了すると同時に，出力部メモリからインタフェースを介して出力される．したがって，同一番号の ON/OFF 状態が演算と同時に出力されるため，たとえば一瞬だけ ON してしまうなどの現象が生じる．なお，機種によっては，コイルの複数使用（多重コイルの使用）の場合プログラムエラーとして処理されるものもある．

このような場合は図 5.51 のようにコイルを一つにし，コイルの ON/OFF を指定する条件を並列に接続すればよい．

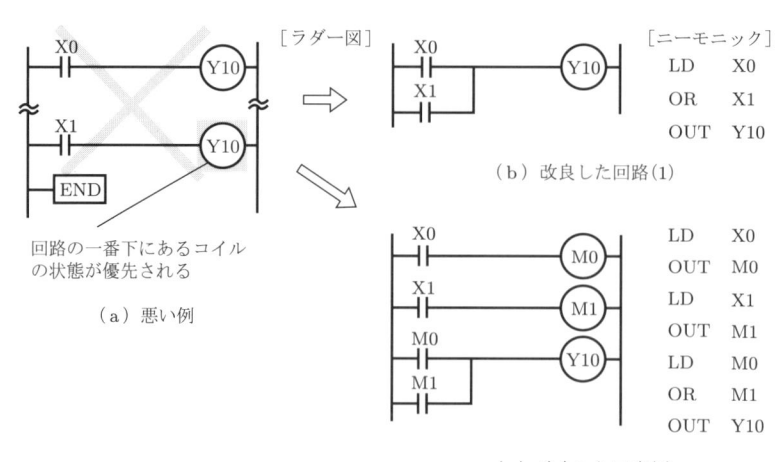

図 5.51　多重コイルの出力

(a) 悪い例　回路の一番下にあるコイルの状態が優先される

(b) 改良した回路(1)

［ラダー図］　　　［ニーモニック］
LD　X0
OR　X1
OUT　Y10

(c) 改良した回路(2)

LD　X0
OUT　M0
LD　X1
OUT　M1
LD　M0
OR　M1
OUT　Y10

5.6 PLCのプログラムとプログラミングの基本

例題 5.4

図 5.52 のように PLC の入力ユニットに 3 個の押しボタンスイッチ，および，出力ユニットにランプと DC モータが接続されている．次の動作を行うラダー図を作成せよ．

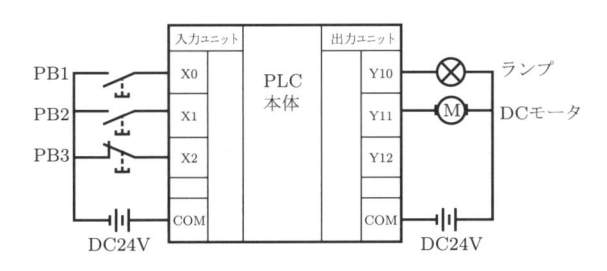

図 5.52　入出力機器が接続された PLC

（1）PB1 を押している間だけランプが点灯する．
（2）PB2 を押している間だけランプが消灯する．
（3）PB1 と PB2 の両方を同時に押したときだけランプが点灯する．
（4）PB1 または PB2 を押せばランプが点灯する．
（5）PB1 を押すとモータが回転を始め，その後 PB1 を離してもモータは回転を持続する．PB3 を押すとリセットされモータが停止する．ただし，リセット優先回路とする．
（6）(5)と同じ動作をする．ただし，セット優先回路とする．
（7）PB1 を押すとモータが回転を開始し，その後 PB1 を離してもモータは回転を持続する．PB2 を押すとモータは停止する．また，モータが回転している状態のとき，PB3 を押している間だけ回転が停止する．
（8）PB1 を押し続けて 3 秒経過したときにランプが点灯し，PB1 を離すとランプが消灯する．ただし，0.1 秒タイマ T0 を用いること．
（9）PB1 を押して(その後離しても良い)3 秒経過したときに，ランプが点灯する．PB2 を押せばランプが消灯する．ただし，0.1 秒タイマ T0 を用いること．
（10）PB1 を 5 回押すとランプが点灯し，モータが回転を開始する．PB2 を押せば両方の負荷とも OFF となる．

解答

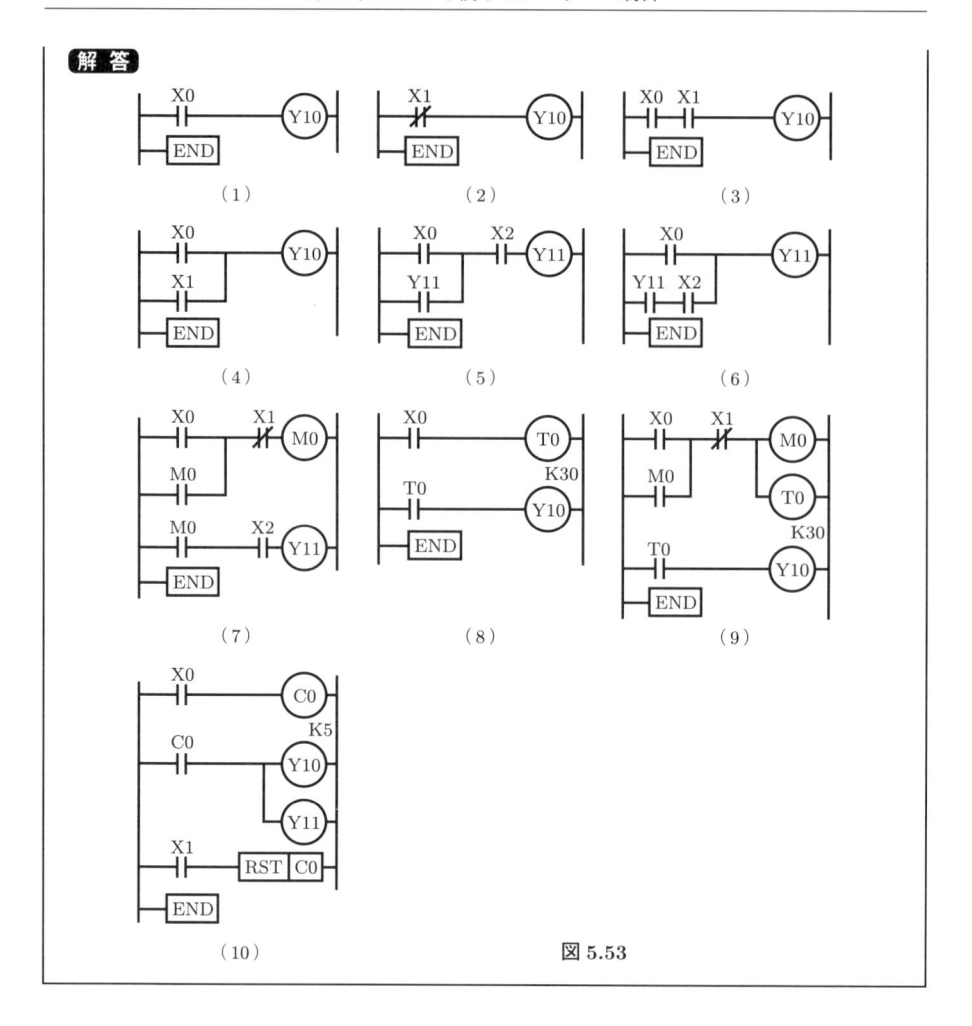

(ラダー図 (1)〜(10))

図 5.53

5.6.9 フローチャートによる順序制御回路

　制御対象の動作をシーケンス制御するためにラダー図を組むことになるが，ラダー図のプログラミング自体にかなりの柔軟性があるため，組む人によってそれぞれ異なったプログラムとなってしまう場合が多い．しかし，後のトラブルシューティングや，追加，動作変更などの事態が発生したときに，プログラムの解読に手間取っていては好ましくない．そこで，誰がみてもわかるようなラダー図にしておく必要がある．そのようなことを念頭に置いて，ここでは，シーケンス制御が基本的には動作が順番に進行して行く順序制御であることに着目し，視覚的にもわかりやすい**フローチャート**を利用したラダー図の作成方法を紹介する．

　なお，PLCのプログラムとして他に**SFC**(Sequential Function Chart)がある．これは，まさに動作の順序であるフローチャート自体をプログラミングし，その時々

5.6 PLCのプログラムとプログラミングの基本

の判断や実行処理の部分をラダー図で表現するものである．ただし，日本国内ではあまり普及していないため，本書ではラダー図のみによる順序制御回路の構成方法に的をしぼって解説する．

さて，わかりやすくするためにシリンダ2本の空気圧シリンダの制御対象をもとにして説明する．

(1) 制御対象モデルの例と動作のフローチャート

対象とする制御モデルは図 5.54 に示す空気圧回路である．また，図中に PLC の入出力を割付した外部接続の状態も並記している．

シリンダの動作順序は以下の通りとする．

①シリンダAのドグが後退端にある(LS1がON)状態でスタートスイッチを押

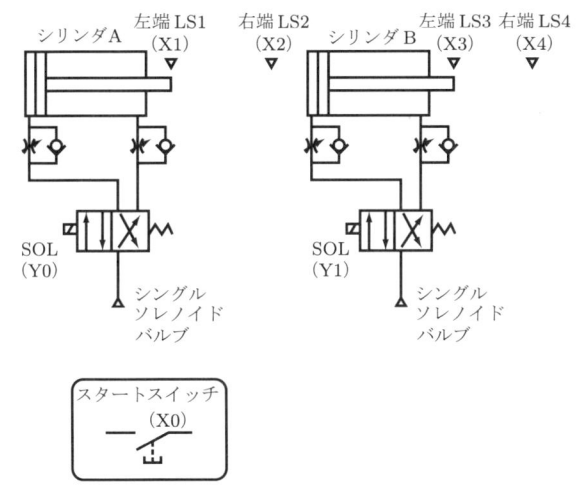

(a) 空気圧回路と外部入力機器

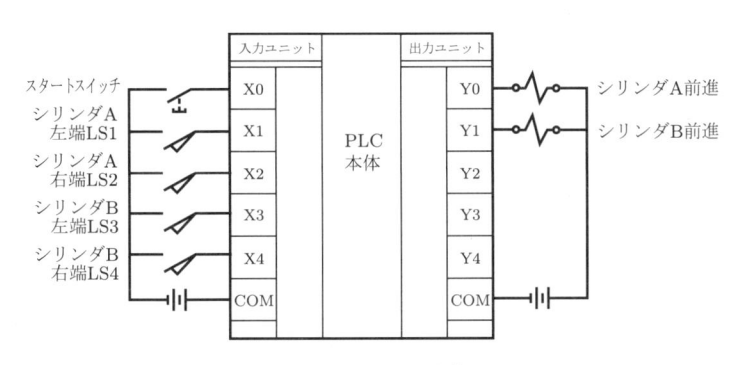

(b) PLC入出力の外部接続図

図 5.54　シリンダ2本を用いた空気圧制御系のシステム構成

すとシリンダ A のピストンロッドが前進(シリンダ A 前進)する．
② シリンダ A のドグが前進端に到着(LS2 が ON)すると，シリンダ A はその状態を持続したまま，シリンダ B のピストンロッドが前進(シリンダ B 前進)する．
③ シリンダ B のドグが前進端に到着(LS4 が ON)すると，シリンダ B はその状態を持続したまま，シリンダ A のピストンロッドが後退(シリンダ A 後退)する．
④ シリンダ A のドグが後退端に到着(LS1 が ON)するとシリンダ B のピストンロッドが後退(シリンダ B 後退)する．

以上のシーケンス動作をフローチャートで記載する．ここで使用するフロー

図 5.55　フローチャートのシンボル

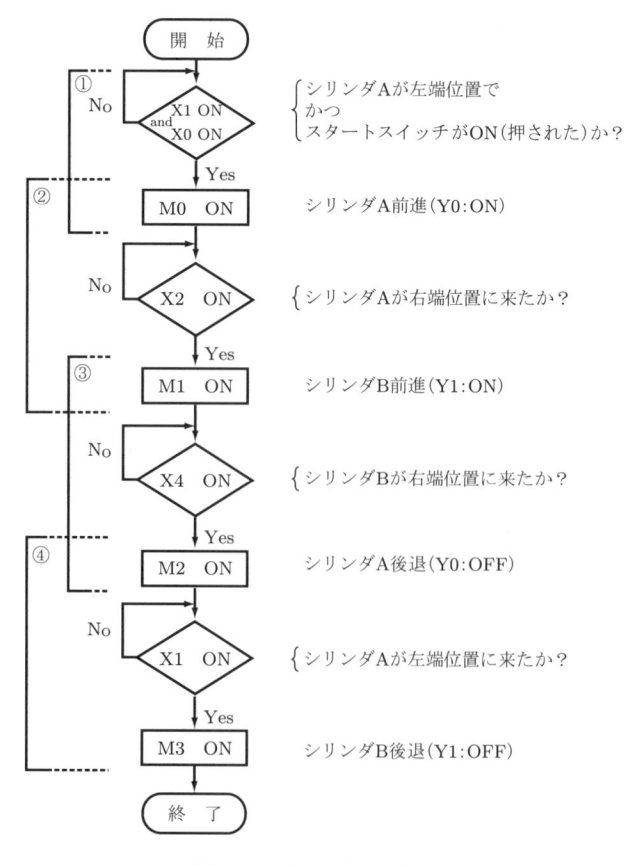

図 5.56　フローチャート

5.6 PLCのプログラムとプログラミングの基本

チャートのシンボルを図 5.55 に示す.◇は判断を表す分岐であり,□は処理を意味するステップである.流れ線には矢印を付して実行の向きを指定する.

図 5.56 にシリンダの動作順序にしたがったフローチャートを示す.◇の判断部分では,枠の内側に書かれている条件が成立するまで,繰り返し条件を確認している.その様子を,流れ線に"No"を付して表している.条件が成立した状態を"Yes"と付して表すとともに,次のステップに移行して□で指定された処理を行う.この場合,補助コイル(M*)を ON にするが,その状態が出力に反映される.基本的には補助コイルが上から下に順番に ON になりながら移行することで,動作が順番に進んでいくように表す.

(2) フローチャートを利用したラダー図作成法

フローチャートが完成したら,今度はフローチャートをラダー図に変換する.図 5.57 はその要領を示している.ラダー図は動作の順序を上から下へ移行しながら表して行く**動作順序制御部**と,出力コイルを制御する**出力制御部**に分かれる.

図 5.57(a)の動作順序制御部に関しては,基本的には動作の順序を表す補助コイル(M1)を ON にするとともに自己保持を形成して ON を持続させるように回路を組む.このとき,自己保持が形成される条件は開始条件と成立条件の両方が ON となることである.

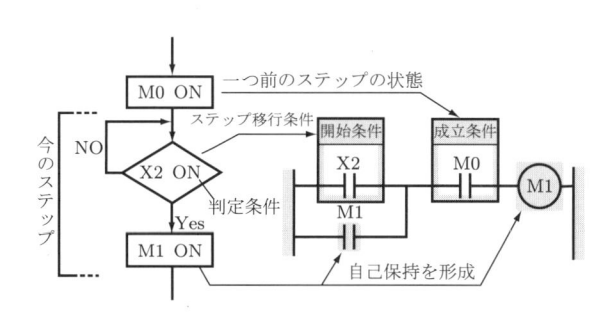

(a) 動作順序制御部

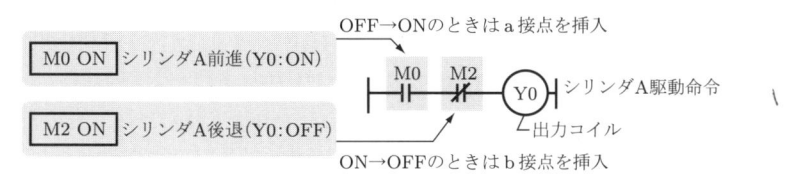

(b) 出力制御部

図 5.57 フローチャートからラダー図への変換

なお，4章で述べたリレーシーケンス制御の場合の自己保持回路(図4.10)において，回路の右部の解除条件は自己保持を解除させるための条件という意味で「解除」という言葉を使用したが，この場合は逆で，自己保持を成立させるための条件という意味で「成立条件」という言葉を使用している．

図5.57の場合，今のステップの判定条件(X2がONか否か)が自己保持の開始条件となり，一つ前のステップでM0がONであることが自己保持を成立させるための成立条件となる．つまり，一つ前のステップの補助コイル(M0)がONであるときに限り次のステップに進めるようにしているのである．開始条件と成立条件の両方が成立したら，次のステップ処理としてM1をONにするとともに自己保持を形成する．

出力制御部はフローチャートのステップ処理(M0：ONやM2：ONなど)のところに記述してある出力命令(シリンダA前進(Y0：ON)やシリンダA後退(Y0：OFF)など)は図5.57(b)のように指定された出力コイル(図5.57の場合はY0)の左

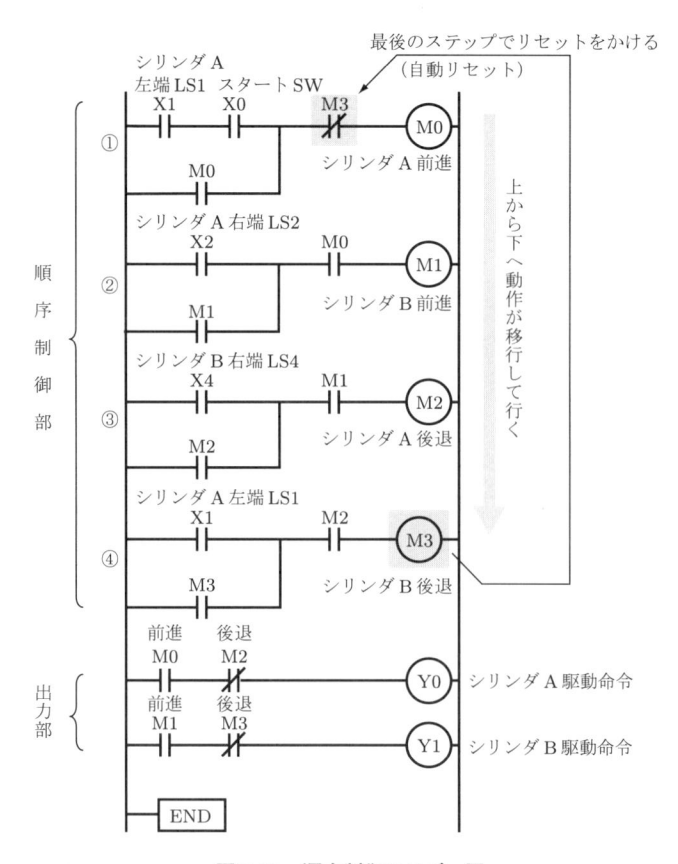

図5.58　順序制御のラダー図

5.6 PLCのプログラムとプログラミングの基本

側に補助コイルのa接点またはb接点として挿入する．たとえば，フローチャートのステップ処理(M0：ON)では「シリンダA前進(Y0：ON)」が出力命令であるから，出力コイル(Y0)の左部に補助コイル(M0)のa接点を挿入する．また，ステップ処理(M2:ON)では「シリンダA後退(Y0：OFF)」が出力命令であるから，出力コイル(Y0)の左部に補助コイル(M1)のb接点を挿入する．

このようにして組んだ順序制御のラダー図を図5.58に示す．出力コイルのラダー図は下の出力部のところにまとめて記述すると見やすいし間違えにくい．

前述したように，プログラムの実行は補助コイルM0からM3まで，上から下へ動作が移行して行くにしたがって順番に自己保持されて行く．そして，最後のステップM3で一連の動作が終了するので，そのM3でM0をリセットする．その結果，M1からM3までのすべての自己保持された補助コイルがリセットされて初期状態に戻る．これを**自動リセット**という．もし，回路をリセットして初期状態としなければ，次回にスタートSWを押しても空気圧回路は動作しない．

例題 5.5

図5.59に示した送りねじ機構において，次のシーケンス動作を繰り返し行わせたい．フローチャートを描きラダー図を完成せよ．ただし，ブロックの原点は右端リミットスイッチ(LS1)の位置とする．

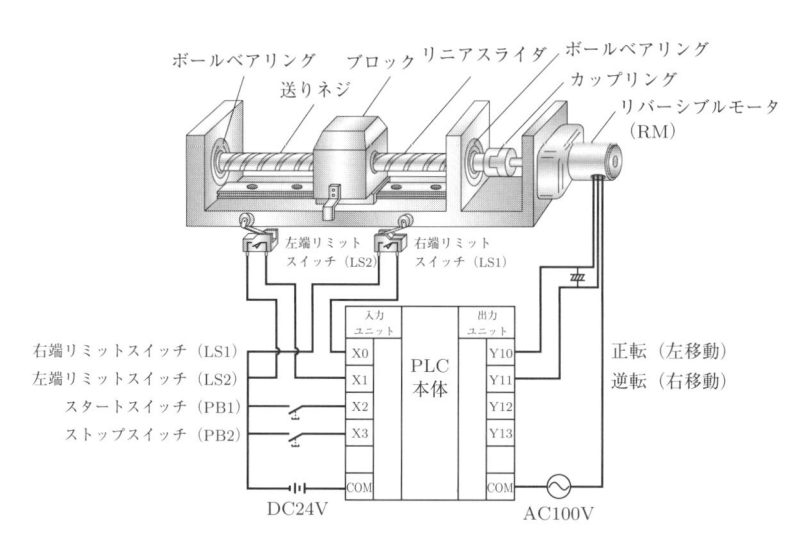

図5.59　機器構成および入出力の割付

[シーケンス動作]

① スタートスイッチ(PB1)を押したとき，ブロックが原点位置にあれば制御を開始し連続運転指令を出す．
② ブロックを左方向へ移動させる．
③ 左端リミットスイッチ ON でブロックを停止し，タイマのカウントを開始する．
④ 1秒経過した後，ブロックを右方向へ移動させる．
⑤ 右端リミットスイッチ ON でブロックを停止し，タイマのカウントを開始する．
⑥ 1秒経過した後，自動リセットを行い，②からの一連の動作を実行繰り返す．

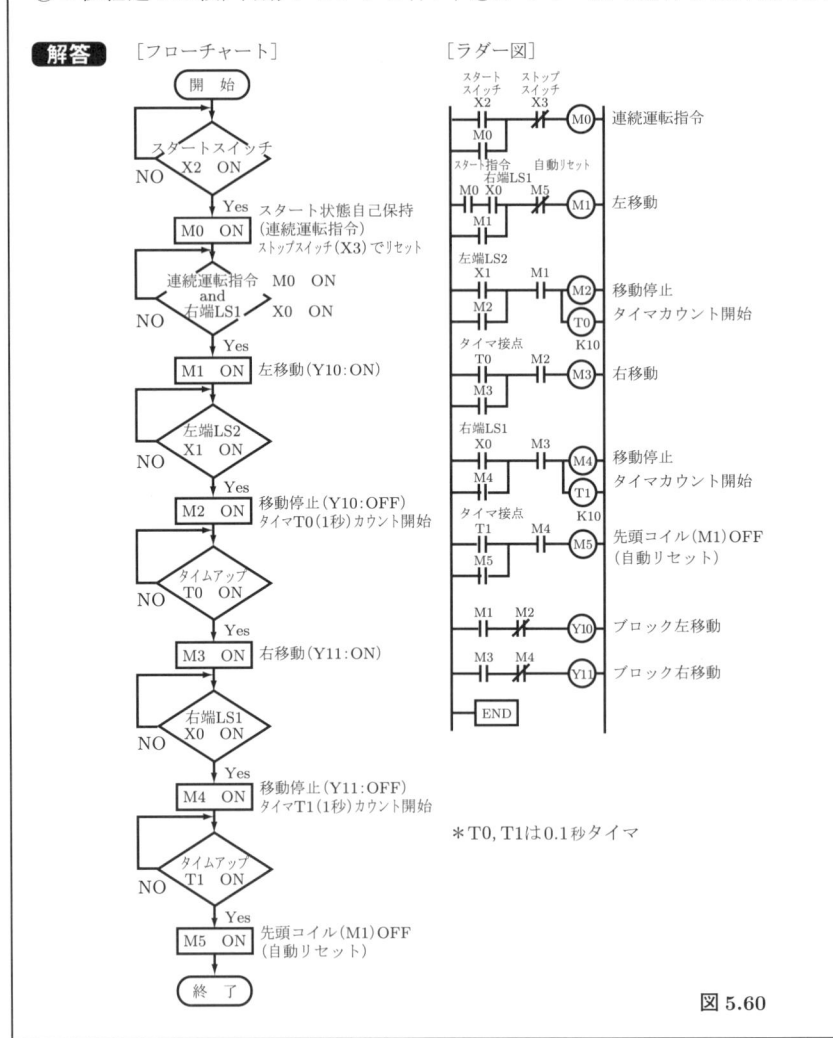

解答　[フローチャート]　　　　　　　　　　[ラダー図]

```
開始
  ↓
スタートスイッチ
 X2 ON ── NO
  ↓ Yes
 M0 ON ── スタート状態自己保持
           (連続運転指令)
           ストップスイッチ(X3)でリセット
  ↓
連続運転指令 M0 ON
   and
 右端LS1 X0 ON ── NO
  ↓ Yes
 M1 ON ── 左移動(Y10:ON)
  ↓
左端LS2
 X1 ON ── NO
  ↓ Yes
 M2 ON ── 移動停止(Y10:OFF)
          タイマT0(1秒)カウント開始
  ↓
タイムアップ
 T0 ON ── NO
  ↓ Yes
 M3 ON ── 右移動(Y11:ON)
  ↓
右端LS1
 X0 ON ── NO
  ↓ Yes
 M4 ON ── 移動停止(Y11:OFF)
          タイマT1(1秒)カウント開始
  ↓
タイムアップ
 T1 ON ── NO
  ↓ Yes
 M5 ON ── 先頭コイル(M1)OFF
          (自動リセット)
  ↓
終了
```

ラダー図：

- スタートスイッチX2・ストップスイッチX3̄・M0 → (M0) 連続運転指令
- スタート指令M0・右端LS1 X0・自動リセットM5̄・M1 → (M1) 左移動
- 左端LS2 X1・M2 → (M2) 移動停止・タイマカウント開始 (T0 K10)
- タイマ接点T0・M3 → (M3) 右移動
- 右端LS1 X0・M3̄・M4 → (M4) 移動停止・タイマカウント開始 (T1 K10)
- タイマ接点T1・M4̄・M5 → (M5) 先頭コイル(M1)OFF (自動リセット)
- M1・M2̄ → (Y10) ブロック左移動
- M3・M4̄ → (Y11) ブロック右移動
- END

＊T0, T1は0.1秒タイマ

図 5.60

5.7 PLCを用いた自動化の例

それでは，PLCを用いた自動化の例としてプレス装置とピック＆プレイス自動機についてみていくことにする．

5.7.1 プレス装置のシーケンス制御

図5.61に示すように，a, b 二つのワークを仮組みしたものをプレス装置を使ってしっかりと圧入する作業を行いたい．PLCを使ってこの装置を制御するための実験を行ってみよう．

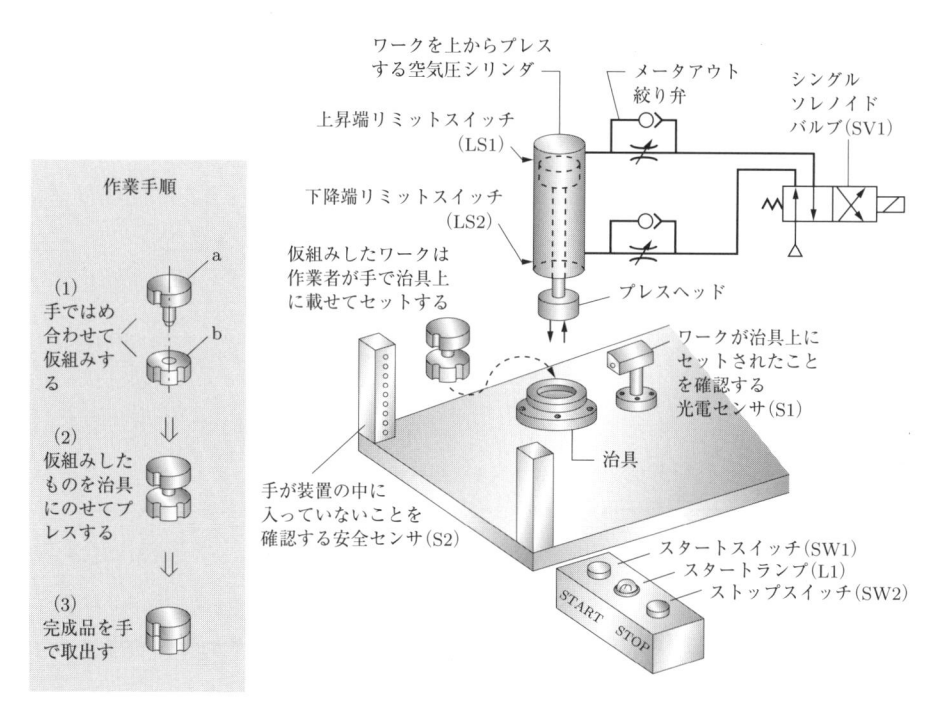

図5.61 プレス装置の機略構成図と作業手順

実験1 もっとも簡単な動作回路

もっとも簡単に動かすには，スタートスイッチ(SW1)とソレノイドバルブ(SV1)をPLCに接続して，SW1を押している間だけSV1に通電してプレスヘッドを下降させればよい．図5.62にPLC入出力部の外部接続図を示す．この場合，単にSW1を押せば出力Y10をON，離せばOFFとすればよいので，ラダーは図5.63のようにすればよい．

もちろん，前述したフローチャートによる順序制御回路を構成してもよい．

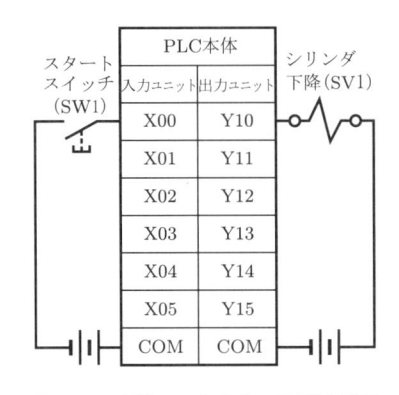

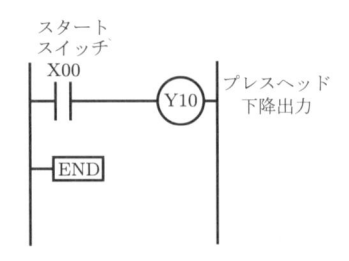

図 5.62　実験 1 の入出力の外部接続図

図 5.63　実験 1 のラダー図

（a）フローチャート　　　　　　　　（b）ラダー図

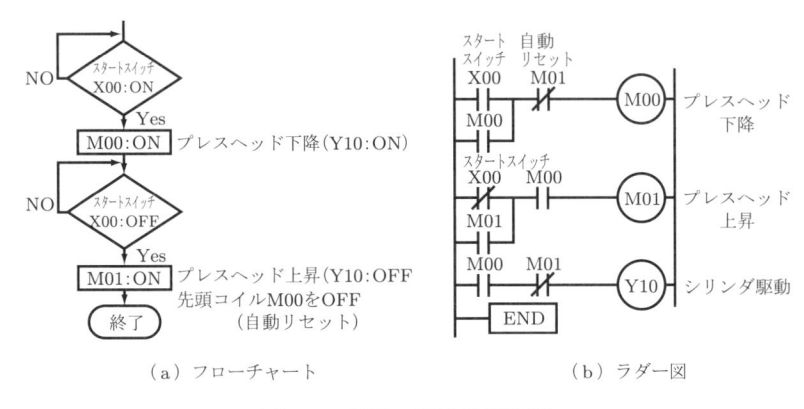

図 5.64　実験 1 の順序制御回路

図 5.64 にフローチャートとそれをラダーに変換した例を示す．この図からもわかるように順序制御回路の方がかなり複雑になっている．したがって，この実験のように単純な制御のときは，順序制御回路にこだわらない方がかえってすっきりとしてわかりやすいラダー図となる．

実験 2　**スタートスイッチで自動的に 1 往復する回路**

スタートスイッチ(SW1)を押したらプレスヘッドが下降し，下降端のリミットスイッチ(LS2)が ON して 3 秒後したらプレスヘッドが上昇する．

図 5.65 に PLC 入出力部の外部接続図を示す．この場合の順序制御回路のフローチャートとラダー図の例を図 5.66 に示す．

なお，同じ動作をもっとコンパクトにしたラダー図の例を図 5.67 に示す．この程度であれば，ラダー図を解読して実際のプレス装置の動作を把握するのは容易である．

5.7 PLCを用いた自動化の例

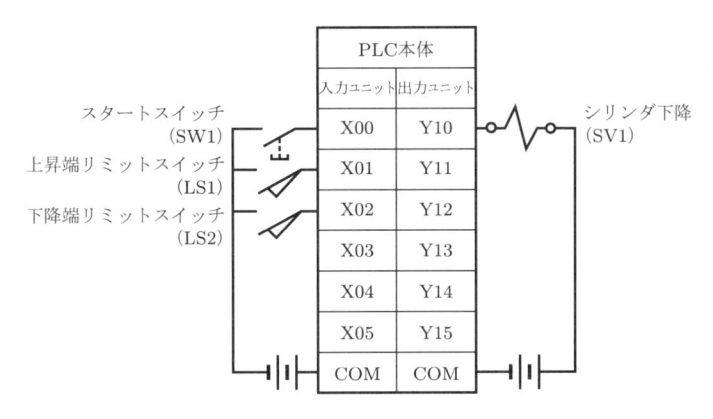

図 5.65　実験 2 の入出力の外部接続図

（a）フローチャート　　　（b）ラダー図

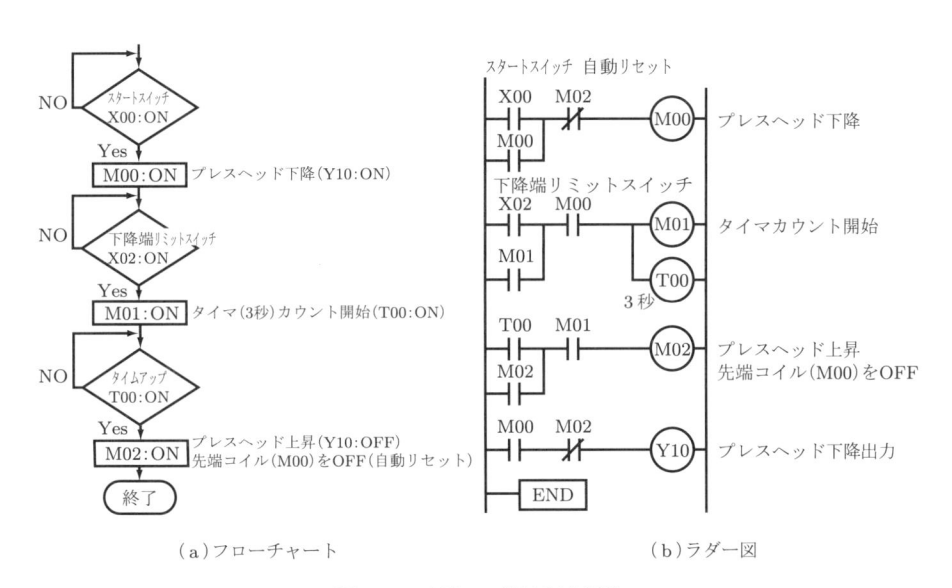

図 5.66　実験 2 の順序制御回路

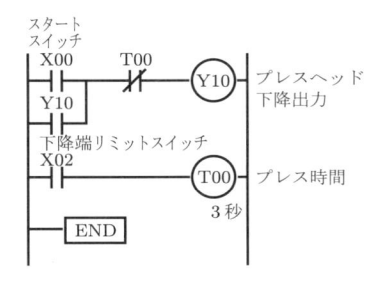

図 5.67　実験 2 のラダー図

第 5 章　PLC を使ったシーケンス制御

実験 3　センサを使った動作禁止

スタートスイッチ(SW1)を押したらプレスヘッドが下降するとともにスタートランプが点灯する．下降端のリミットスイッチ(LS2)が ON して 3 秒後にプレスヘッドが上昇するとともにスタートランプが消灯する．さらに，治具にワークがセットされないとき(光電センサ(S1)が OFF のとき)にはスタートしないようにする．また，安全センサ(S2)が ON したら無条件にプレスヘッドが上昇するように非常停止を入れる．

図 5.68 に PLC 入出力部の外部接続図を示す．この場合の順序制御回路のフローチャートとラダー図の例を図 5.69 に示す．

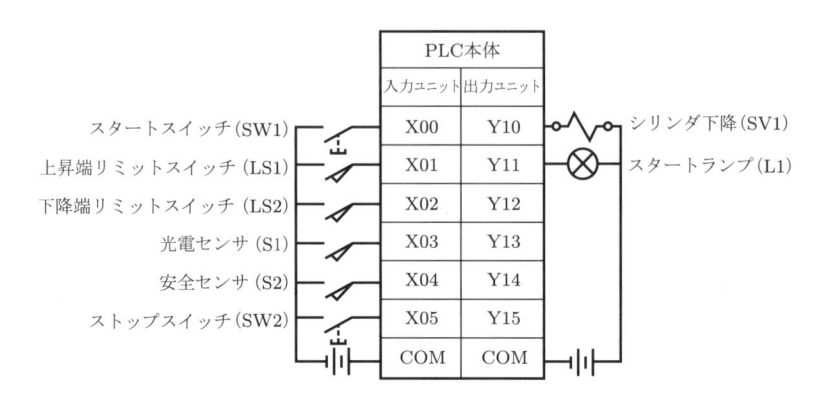

図 5.68　実験 3 の入出力の外部接続図

（a）フローチャート　　　（b）ラダー図

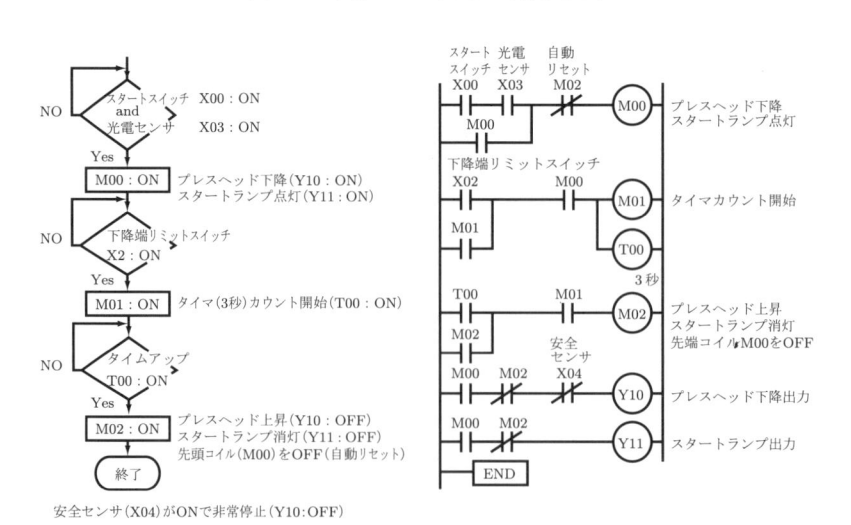

図 5.69　実験 3 の順序制御回路

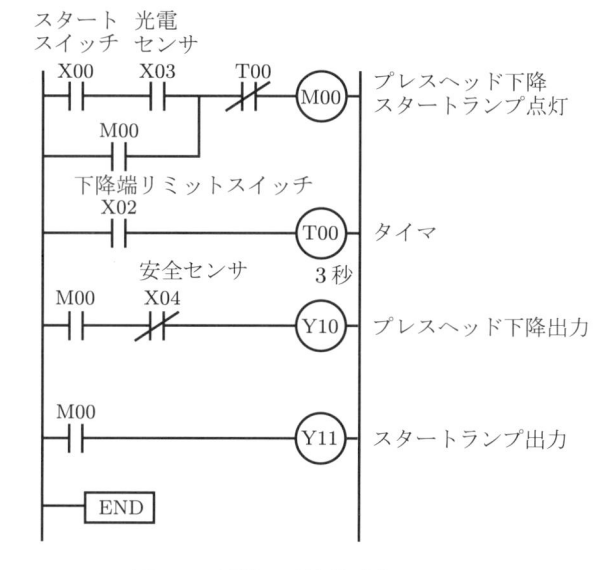

```
                スタート  光電
                スイッチ  センサ
                  X00    X03    T00
                ──┤├────┤├────┤/├────(M00)     プレスヘッド下降
                         │                      スタートランプ点灯
                         M00
                ────────┤├──┘

                     下降端リミットスイッチ
                           X02
                ─────────┤├─────────────(T00)   タイマ
                                                 3秒

                         安全センサ
                  M00    X04
                ──┤├────┤/├─────────────(Y10)   プレスヘッド下降出力


                  M00
                ──┤├────────────────────(Y11)   スタートランプ出力


                          ┌─────┐
                          │ END │
                          └─────┘
```

図 5.70　実験 3 のラダー図

なお，同じ動作を行うがもっとコンパクトにしたラダー図の例を図 5.70 に示す．実験 2 と比較して，補助コイル (M00) でプレスヘッドを制御するようにしている．これは，非常停止をかけたときに，動作途中の回路がリセットされないようにするためである．

実験 4　自動運転回路

スタートスイッチを 1 回押すと自動運転モードになって，ワークが治具上にセットされて，かつ安全センサが OFF してから 2 秒後にプレスヘッドが自動的に下降して 3 秒間プレスして上昇する．自動運転になっているときはスタートランプを点灯する．以上を正常動作とする．これに対し，万一，シリンダが下降したときに，下降し始めてから 10 秒間経過しても下降端 (LS2) に達しないときには異常としてシリンダを上昇して自動運転は停止する．これを異常動作とする．PLC 入出力部の外部接続図は図 5.68 のものをそのまま利用する．

実験 4 の順序制御回路のフローチャートとラダー図の例をそれぞれ図 5.71 と図 5.72 に示す．この場合，正常動作と異常動作の処理のいずれかを実行することになるので，フローチャートは図 5.71 のように並列に表現する．

なお，同じ動作を行うが順序制御回路に拘らずコンパクトにしたラダー図の例を図 5.73 に示す．この場合，ラダーの解読がやや難しくなることがわかる．

第5章　PLCを使ったシーケンス制御

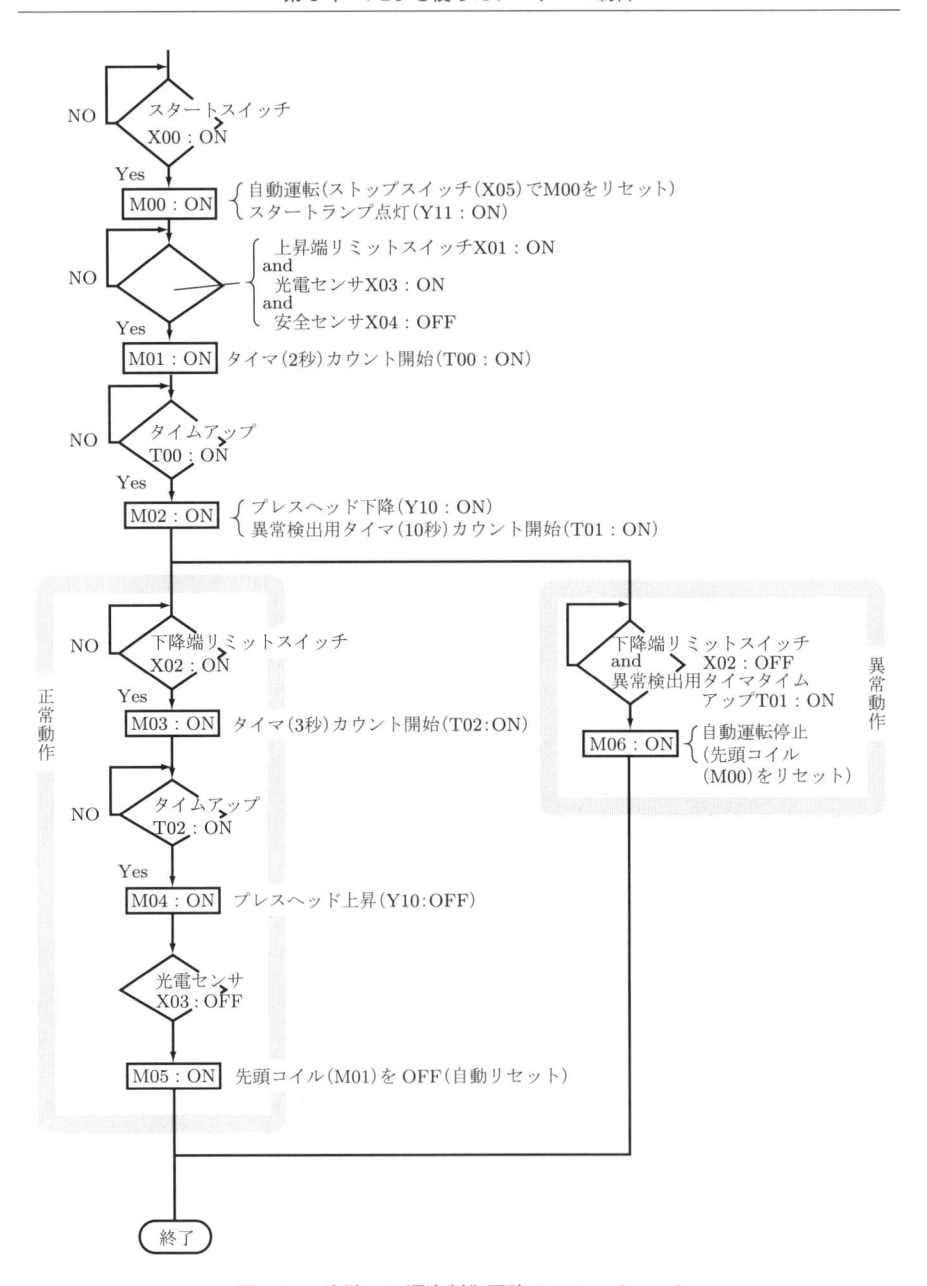

```
         ┌──→ スタートスイッチ
    NO ──┤    X00 : ON
         └──
              │ Yes
              ▼
         ┌─────────┐ ┌ 自動運転(ストップスイッチ(X05)でM00をリセット)
         │ M00:ON  │ ┤
         └─────────┘ └ スタートランプ点灯(Y11 : ON)
              │
              ▼          ┌ 上昇端リミットスイッチX01 : ON
         ┌──→          │ and
    NO ──┤   判定      ┤   光電センサX03 : ON
         └──           │ and
              │ Yes      └ 安全センサX04 : OFF
              ▼
         ┌─────────┐
         │ M01:ON  │  タイマ(2秒)カウント開始(T00 : ON)
         └─────────┘
              │
              ▼
         ┌──→ タイムアップ
    NO ──┤    T00 : ON
         └──
              │ Yes
              ▼
         ┌─────────┐ ┌ プレスヘッド下降(Y10 : ON)
         │ M02:ON  │ ┤
         └─────────┘ └ 異常検出用タイマ(10秒)カウント開始(T01 : ON)
              │
      ┌───────┴──────────────────────────────┐
      │ 正常動作                             │ 異常動作
      ▼                                      ▼
 ┌──→ 下降端リミットスイッチ      ┌──→ 下降端リミットスイッチ
NO ──┤  X02 : ON                  │       X02 : OFF
 └──                          NO ──┤  and
      │ Yes                        │    異常検出用タイマタイム
      ▼                            └──  アップT01 : ON
 ┌─────────┐                              │ Yes
 │ M03:ON  │ タイマ(3秒)カウント開始(T02:ON)  ▼
 └─────────┘                         ┌─────────┐ ┌ 自動運転停止
      │                              │ M06:ON  │ ┤ (先頭コイル
      ▼                              └─────────┘ └  (M00)をリセット)
 ┌──→ タイムアップ
NO ──┤  T02 : ON
 └──
      │ Yes
      ▼
 ┌─────────┐
 │ M04:ON  │ プレスヘッド上昇(Y10:OFF)
 └─────────┘
      │
      ▼
     光電センサ
     X03:OFF
      │
      ▼
 ┌─────────┐
 │ M05:ON  │ 先頭コイル(M01)をOFF(自動リセット)
 └─────────┘
      │
      ▼
    ( 終了 )
```

図 5.71　実験 4 の順序制御回路のフローチャート

5.7 PLCを用いた自動化の例

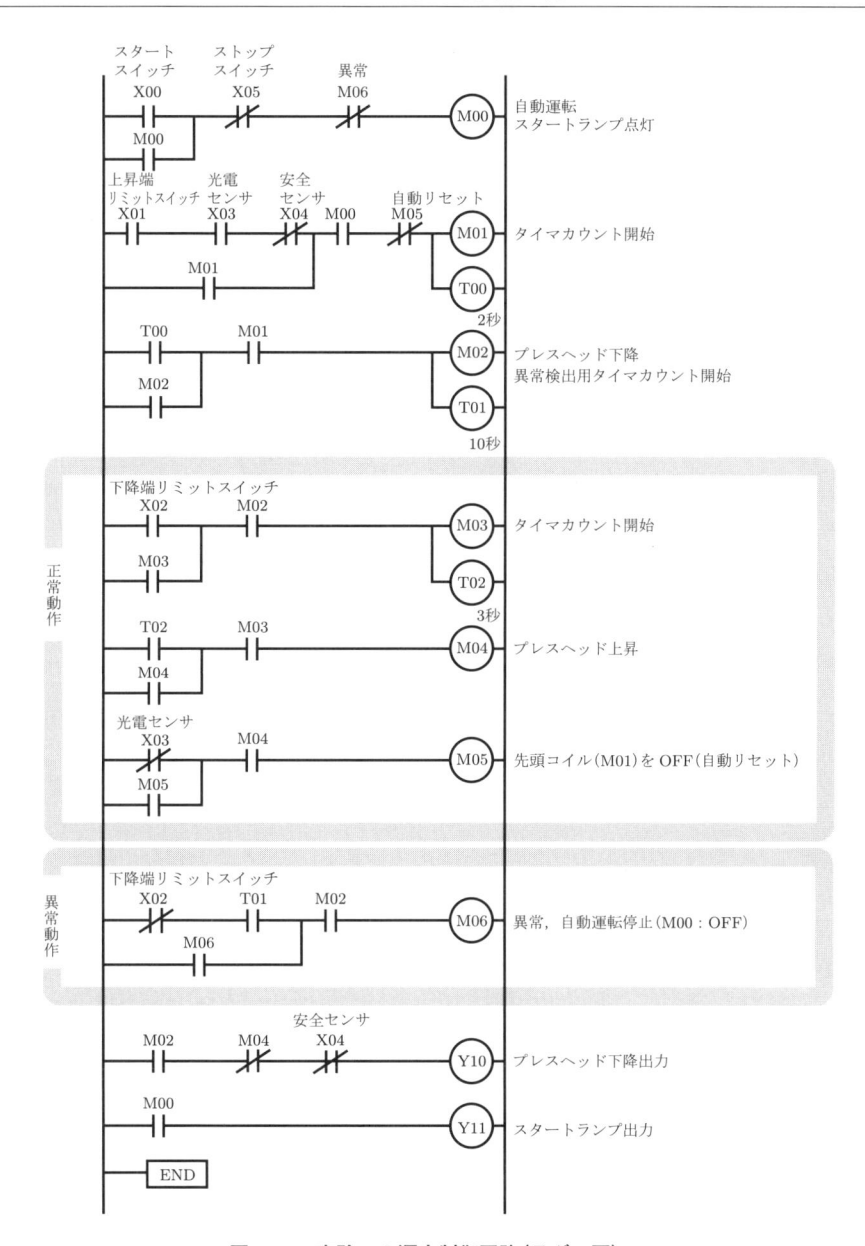

図5.72 実験4の順序制御回路(ラダー図)

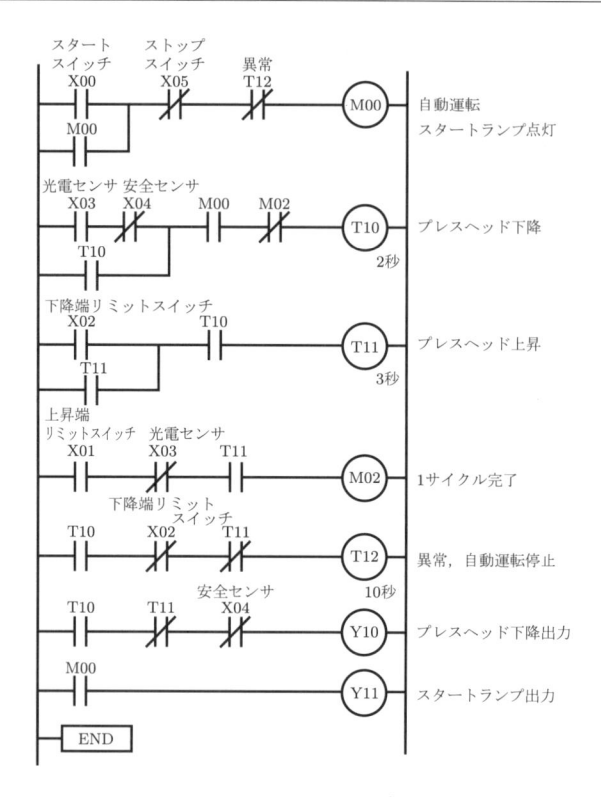

図 5.73　実験 4 のラダー図

5.7.2　ピック & プレイス自動機のシーケンス制御

　ピック & プレイス自動機のシーケンス制御を行ってみる．図 5.74 に対象となる自動機の概略構成図を示す．また，図 5.75 に空気圧回路を，図 5.76 に PLC 入出力部の外部接続図を示す．動作の順序を次のようにしたい．

　　ワークが所定の位置へ来る→ワーク停止→シリンダ下降→ワークをチャック→シリンダ上昇→左移動→シリンダ下降→ワークをアンチャック→シリンダ上昇→右移動（原点）

このような順序動作を**ピック & プレイス**という．

　このピック & プレイス自動機のメカニズムはワーク搬送部とピック & プレイス部とから構成されている．

5.7 PLCを用いた自動化の例

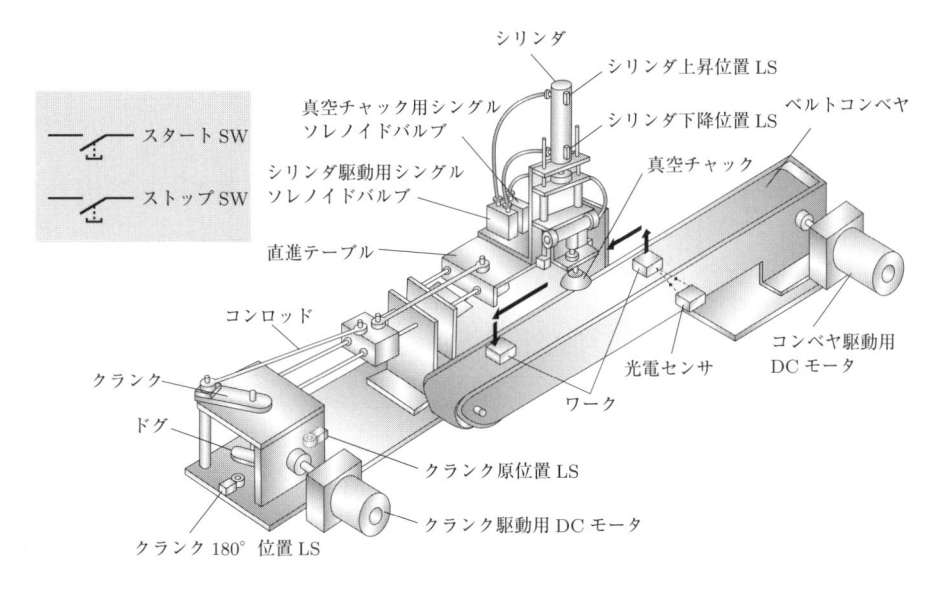

図5.74 ピック&プレイス自動機の概略構成図

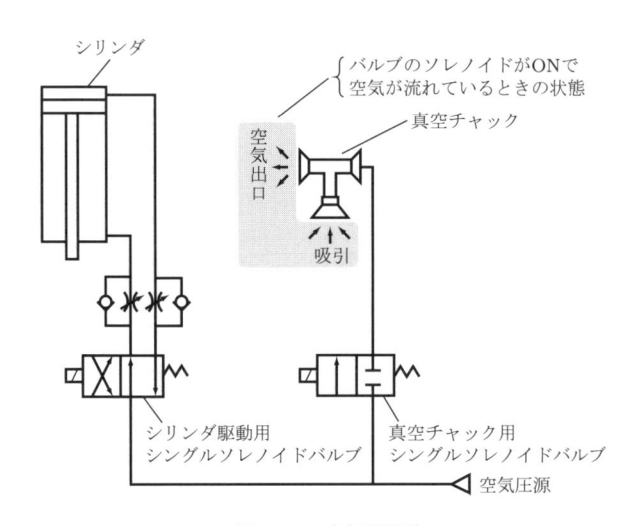

図5.75 空気圧回路

(1) ワーク搬送部

図5.74に示すように，ベルトコンベヤでワークを搬送する．ベルトコンベヤはコンベヤ駆動用のDCモータで駆動する．ワークを停止させる場所にワーク検出用の光電センサが配置されている．

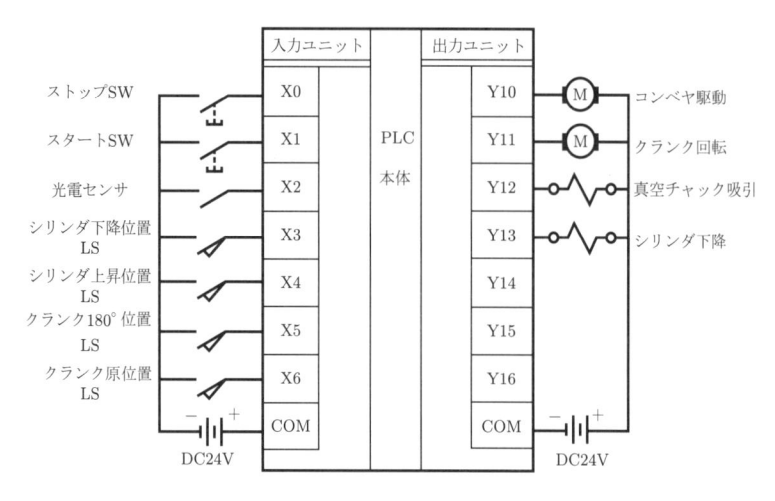

```
入力ユニット                    出力ユニット
ストップSW      ─/ ─    X0       Y10   ─(M)─  コンベヤ駆動
スタートSW      ─/ ─    X1       Y11   ─(M)─  クランク回転
光電センサ      ─/ ─    X2  PLC  Y12   ─/\/\─ 真空チャック吸引
シリンダ下降位置 ─/ ─   X3  本体  Y13   ─/\/\─ シリンダ下降
  LS
シリンダ上昇位置 ─/ ─   X4       Y14
  LS
クランク180°位置 ─/ ─   X5       Y15
  LS
クランク原位置  ─/ ─   X6       Y16
  LS
                COM              COM
             -│+              -│+
             DC24V            DC24V
```

図 5.76　PLC 入出力の外部接続図

(2) ピック & プレイス部

図 5.74，5.75 に示すように，ピック & プレイス部はワークをチャックまたはアンチャックしたりシリンダを上昇または下降させたりするワークハンドリングロボットの部分と，ワークハンドリングロボットを左右へ移動させるロボット移送部に分けられる．

① ワークハンドリングロボット部

ワークのチャッキングには真空吸引による真空チャックを使用していて，チャックの ON/OFF はシングルソレノイドバルブを使用している．シリンダの上昇・下降はシングルソレノイドバルブで作動する復動シリンダで行う．シリンダのピストンの原点位置は上位置であり，上昇端と下降端はシリンダに取り付けられたリードスイッチで検出する．

② ロボット移送部

ワークハンドリングロボットは左右に移動する直進テーブルに取り付けられている．クランクの回転はコンロッドを介して直進テーブルの直進運動に変換される．クランクの回転はクランク駆動用の DC モータで駆動される．ワークハンドリングロボットの原点は右位置で，ちょうど光電センサがワークを検出する場所である．ワークハンドリングロボットの位置はクランク軸に取り付けられたドグがリミットスイッチを押すことにより検出される．ワークハンドリングロボットの原点位置がクランク軸の角度 0 度に，左位置がクランク角度 180 度になるように調節されている．

動作順序は次の通りである．

1. スタートスイッチ（スタート SW）を押すと，ベルトコンベヤが動き出し一連のシーケンス制御を実行する．ストップスイッチ（ストップ SW）を押すと，一連の動作が終了した後に停止する．
2. ワークがベルトコンベヤ上を送られてきて光電センサを ON するとコンベヤが停止しシリンダが下降する．
3. 下降端で真空チャックがワークを吸引し確実（0.5 秒後）に吸着した後，上昇する．
4. 上昇端に達した後，クランクが半回転することで直進テーブルがコンベヤの進行方向と逆方向である左位置に移動して停止する．
5. ふたたび真空チャックが下降し，確実（0.5 秒後）にワークが外れた後，上昇する．
6. 上昇端でふたたびクランクが半回転し，直進テーブルが右方向に移動して原点位置で停止する．
7. 再びベルトコンベアが走行をはじめ，2 から一連の動作を繰り返す（連続運転）．

　次に順序制御によるラダー図について述べる．図 5.77 にフローチャートと，それに対応するラダー図の連続運転指令と順序制御の部分を示す．

　連続運転指令のスタート SW をひとたび ON すると，連続運転指令を指定する補助リレー M0 の接点が ON 状態で持続する．そのため，次の行の「コンベヤ駆動」の回路の開始条件が常に ON 状態となる．このことより，順序制御の部分で一連の動作が終了し，すべての自己保持されたコイルがリセットされて初期状態となったとしても再度スタートするので，連続運転が実現できる．最後尾の補助コイル M10 でリセットされるのは順序制御開始のコイル M1 のみであり，M0 はリセットされない．コイル M1 の自己保持が解除されればコイル M2，M3 と順次自己保持が解除されて，芋づる式に順序制御内の補助コイルがすべてリセットされる．

　図 5.78 に出力部も含めた全ラダー図を示す．とくに出力部の"クランク回転"と"シリンダ下降"においては，多重コイルを避けるため，コイルの ON/OFF を指定する接点の条件を並列（OR 回路）で記述していることに注意されたい．

第 5 章　PLC を使ったシーケンス制御

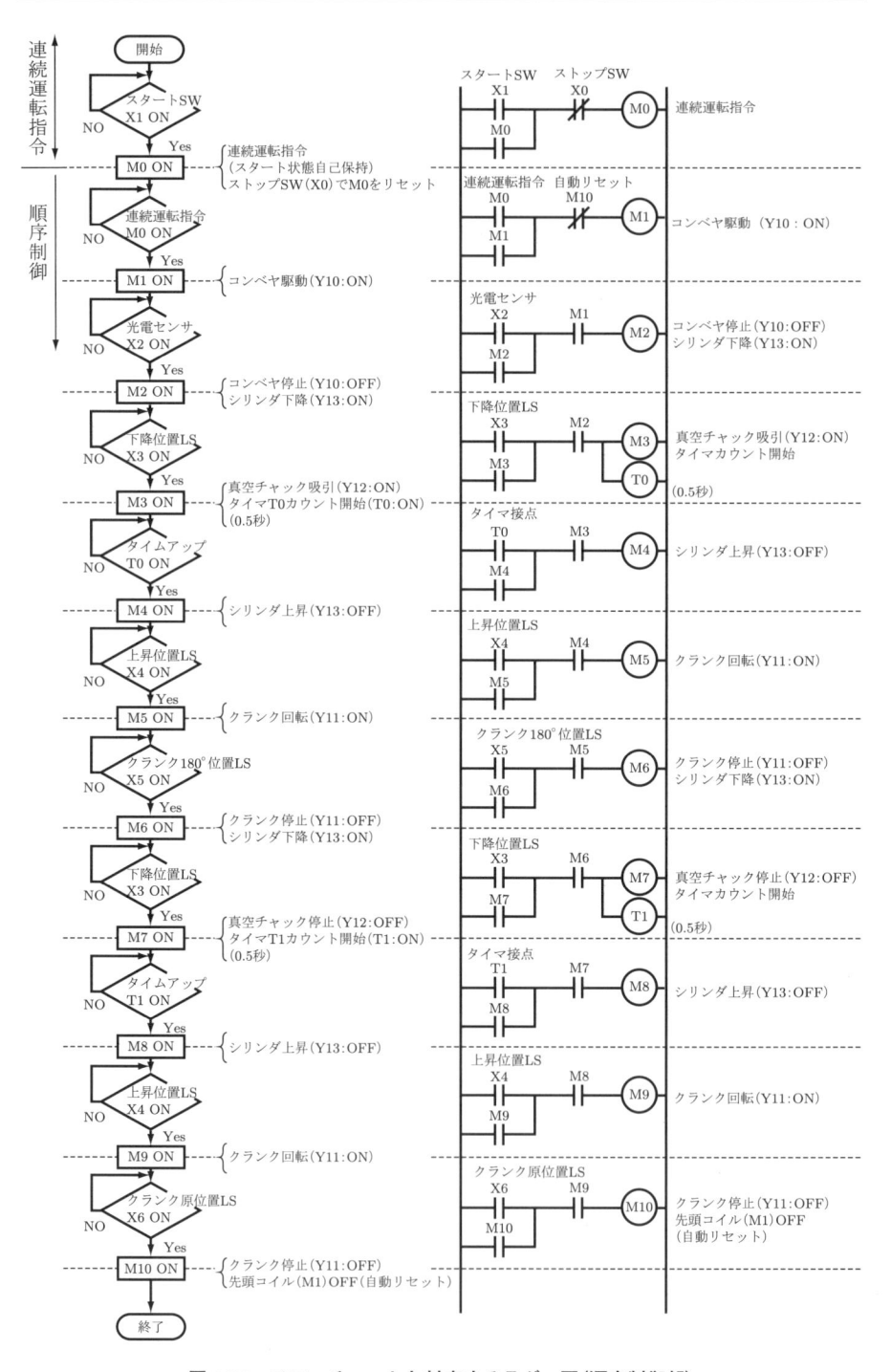

図 5.77　フローチャートと対応するラダー図（順序制御部）

5.7 PLCを用いた自動化の例

連続運転指令

スタートSW　ストップSW
X1　X0
─┤├──┤/├──（M0）　連続運転指令
M0
─┤├─

順序制御

連続運転指令　自動リセット
M0　M10
─┤├──┤/├──（M1）　コンベヤ駆動
M1
─┤├─

光電センサ
X2　M1
─┤├──┤├──（M2）　コンベヤ停止
M2　　　　　　　　シリンダ下降
─┤├─

下降位置LS
X3　M2
─┤├──┤├──┬─（M3）　真空チャック吸引
M3　　　　│　　　　タイマカウント開始
─┤├─　　　└─（T0）
　　　　　　　0.5秒

タイマ接点
T0　M3
─┤├──┤├──（M4）　シリンダ上昇
M4
─┤├─

上昇位置LS
X4　M4
─┤├──┤├──（M5）　クランク回転
M5
─┤├─

クランク180°位置LS
X5　M5
─┤├──┤├──（M6）　クランク停止
M6　　　　　　　　シリンダ下降
─┤├─

下降位置LS
X3　M6
─┤├──┤├──┬─（M7）　真空チャック停止
M7　　　　│　　　　タイマカウント開始
─┤├─　　　└─（T1）
　　　　　　　0.5秒

タイマ接点
T1　M7
─┤├──┤├──（M8）　シリンダ上昇
M8
─┤├─

上昇位置LS
X4　M8
─┤├──┤├──（M9）　クランク回転
M9
─┤├─

クランク原位置LS
X6　M9
─┤├──┤├──（M10）　クランク停止
M10　　　　　　　先頭コイル(M1)OFF
─┤├─　　　　　　（自動リセット）

出力部

M1　M2
─┤├──┤/├──（Y10）　コンベヤ駆動

M5　M6
─┤├──┤/├──┬─（Y11）　クランク回転
M9　M10　│
─┤├──┤/├──┘

M3　M7
─┤├──┤/├──（Y12）　真空チャック吸引

M2　M4
─┤├──┤/├──┬─（Y13）　シリンダ下降
M6　M8　　│
─┤├──┤/├──┘

[END]

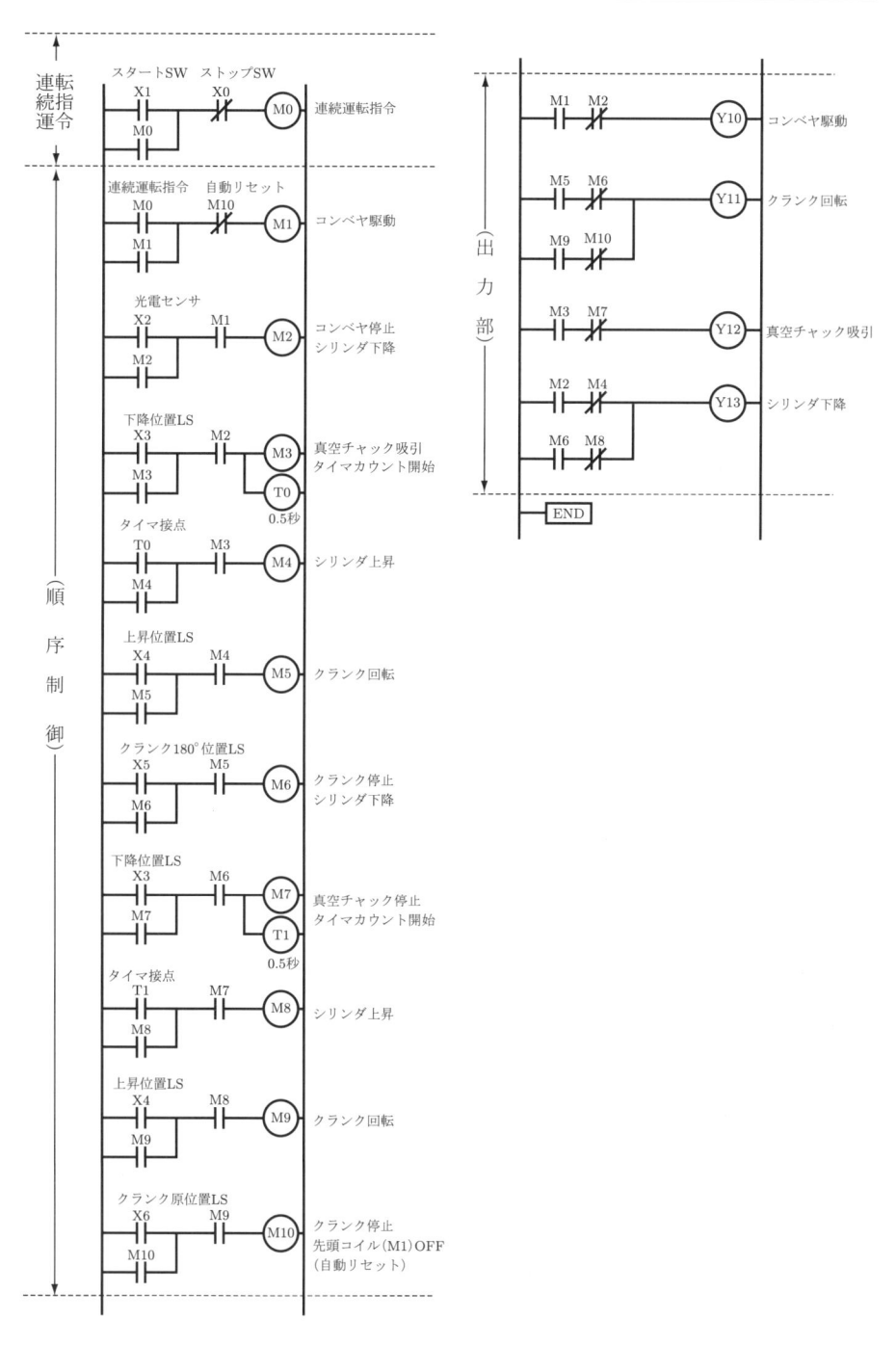

図5.78　全制御ラダー図

5章のポイント

- PLCは入力ユニットと出力ユニットを有するマイクロコンピュータ応用機器である．
- 入力ユニットにはDC入力タイプとAC入力タイプがあり，さらにDC入力タイプにはシンクタイプとソースタイプがある．
- DC入力表示灯付きなどの入力機器の場合は，極性が指定してあるので，支持された通りに接続する．その場合，漏れ電流が発生するので注意を要する．
- 一般の入力ユニットにはTTLやCMOSなどのIC出力は直接接続できないので，それらに対応する入力ユニットを使用するか，インタフェース回路を適用する必要がある．
- 出力ユニットにはリレー接点出力タイプとトランジスタ出力タイプおよびトライアック出力タイプがあり，さらにトランジスタ出力タイプにはシンクタイプとソースタイプがある．
- PLCのプログラムを実行するとき，一括して入力情報を取り込みプログラム演算後に出力状態を実行するリフレッシュ方式と，プログラムの命令により逐一入出力を実行するダイレクト方式がある．プログラムの1回の処理をスキャンという．
- PLCのプログラムは，電気回路であるリレーシーケンス図を模擬したラダー図で組むが，ラダー図のままではPLCが判読できないので，ニーモニック言語に変換した後にPLCに転送しなければならない．
- プログラムの編集は外付きのパーソナルコンピュータやプログラミングコンソールで行う．
- 制御対象に順序動作を行わせる場合は，フローチャートを利用した順序動作回路でラダー図を組めば，動作の順序が明確でわかりやすい．

第3編
PLCの高機能化と応用技術

　PLCを使った制御システムでは，その規模やデータ管理の有無，あるいは接続する外部機器の種類によって構築方法が変わってくる．システムによっては，PLCの高度な機能を活用して最適な制御システムを構築するために，PLCネットワーク，アナログ計測や位置決め制御などの高機能ユニット，イーサネット通信などを利用することも検討しなくてはならないこともある．

　とくに大きなシステムになると，構成する要素が多くなるので，各要素をきちんと整理して，わかりやすい構成にしておくことが必要になる．このためには，大きなシステムを分割して，いくつかの独立した部分の集合体であるというように分けて考えるとよい．そのとき，分割した各部分に対してPLCのI/Oの割付や，プログラムを作る上でのメモリの割付を，できるだけわかりやすいような形にしておく必要がある．さらに，何台のPLCを使うのか，PLC間や各要素とのデータの受け渡しにはどういう方法を選択するか，といった計画を練って効率の良いシステム作りをしなくてはならない．

　このようにシステム構成に合わせた最適なPLCの構成を作るためにはPLCの高度な機能や，ネットワーク，アナログ制御，位置決め制御，通信などといったPLCを使って制御できる機能を理解しておくことが重要である．

　本編では，PLCを使ったシステム化の考え方と，PLCの高度な機能を上手に使ってシステム構築するための指針について述べる．

第6章 システム制御のための PLC応用手法

　本章では，PLCを使った制御システムを上手につくるための考え方について述べる．大規模なシステムを制御するときに必要となるネットワークやタッチパネルなどを使ったシステム構成についても解説する．

6.1　システム制御のためのI/O割付

　PLCを使ったシーケンス制御を行うときにはまず，機械や操作パネルの信号をPLCのどの入出力番号に接続するかを決めて，その接続の回路図を作成する必要がある．この番号の割り振りをPLCのI/O割付（入出力割付）とよんでいる．プログラマはこのI/O割付とPLCのメモリマップを元にしてラダー図を作成する．

　このI/O割付はできるだけ制御する部分ごとにまとめてわかりやすい割付をすることが望ましい．

　図6.1にはそのようなI/O割付の例を示す．

　この機械システムはワーク搬送ユニット［ユニットA］，ワーク検査ユニット［ユニットB］，ワーク取出しユニット［ユニットC］の三つの部分と［操作パネル］に分かれていると考えることができる．そこで，それぞれの部分がまとまったかたちになるように分割してPLCの入出力に割り付ける．このようにしておくと後でプログラミングがしやすくなる．

6.2　プログラム用メモリの割付

　プログラムを作成するときには，このI/O割付のほかにプログラムで使う補助リレー，タイマ，カウンタ，データメモリなどをユニットごとに前もって振り分けておくとよい．どの番号のリレーやメモリを使ってプログラムするかはまったく自由であるが，プログラムをする前に，各ユニットごと，あるいは制御ブロックごとに使用するメモリ番号の割付計画をしておくとプログラムが読みやすくなる．表6.1にはプログラムのためのメモリ割付をした例を示す．

　このようにメモリ割付の計画をしておくと，プログラム上でのデータメモリやコイルの多重使用を避けることができる．また，ユニットの動作異常のときに確認す

6.2 プログラム用メモリの割付

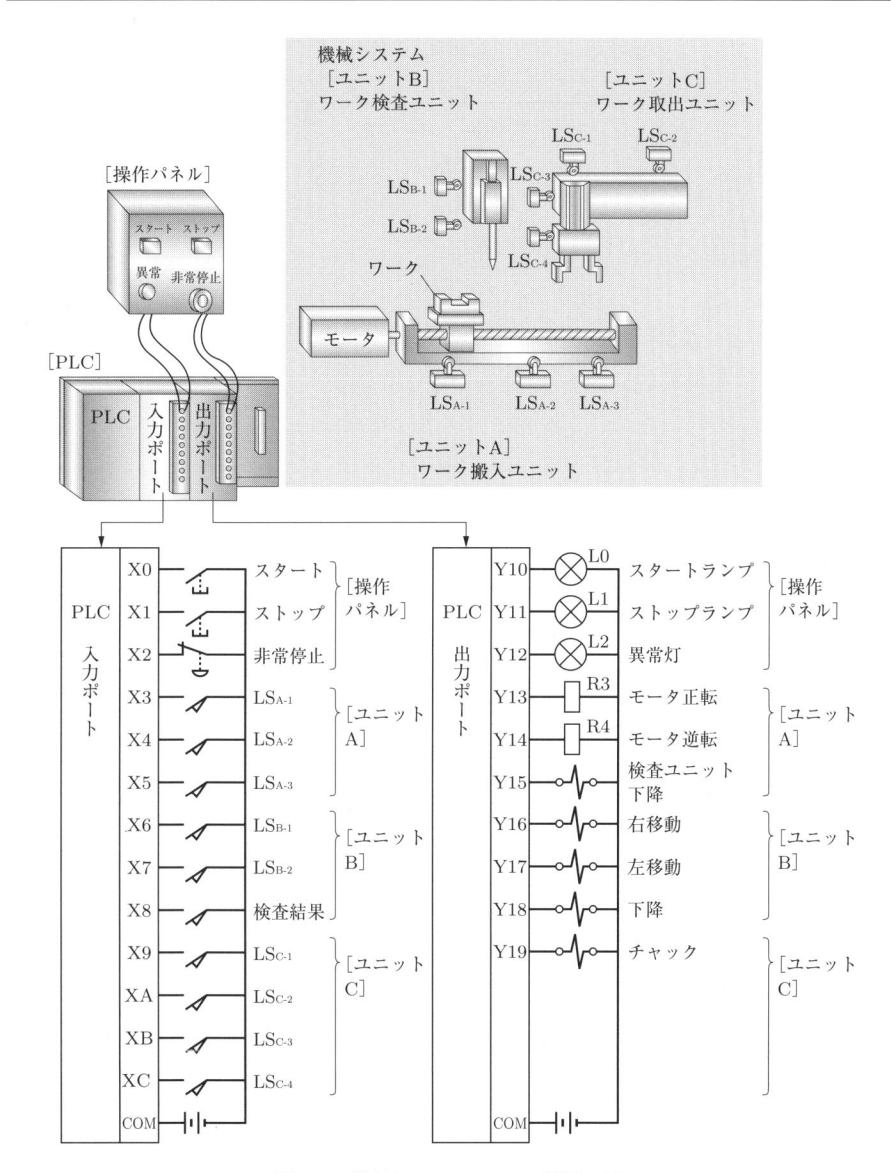

図 6.1 機械システムの I/O 割付の例

るべきリレー番号が限定されるので，プログラムのデバッグがしやすくなる．

たとえば，システムのラダー図を作ったときに，M100，M200，M300 をそれぞれユニット A，ユニット B，ユニット C の起動リレーとして，動作中はこのリレーがオンしているようにプログラムしたとする．すると各ユニットが動作中であるかどうかを確認するに，M100，M200，M300 のリレーがオンしているかをチェック

表 6.1　プログラム作成上のメモリ割付の例

	補助リレー	タイマ	カウンタ	データメモリ
操作パネル	M0 ～ M99	T0 ～ T29	C30 ～ C39	D100 ～ D199
ユニット A	M100 ～ M199	T100 ～ T129	C130 ～ C139	D1000 ～ D1500
ユニット B	M200 ～ M299	T140 ～ T159	C160 ～ C169	D2000 ～ D2500
ユニット C	M300 ～ M399	T170 ～ T199	C200 ～ C219	D3000 ～ D3500

すればよいことになる．また，全自動運転の起動リレーを M0，非常停止信号用のリレーを M1，異常表示を M10 ～ M30 などとしておくとプログラムが見やすくなる．

このように各ブロックごとにプログラムを上手にまとめると，そのユニットの状態をみたり，デバッグしたりするときに便利である．

6.3　分散化されたシステムの制御

機械システムが大きくなると，I/O 点数が増え，機械の配置も距離的に離れてくるので，配線の手間やデータの共有などを考えて制御システムを考える必要がある．

たとえば，図 6.2 のようにシステム①～システム④の複数のシステムが集まって一つの機械装置を構成している場合，それぞれのシステムがたくさんの入出力を専有するようなときにはどのように管理すればよいのだろうか．

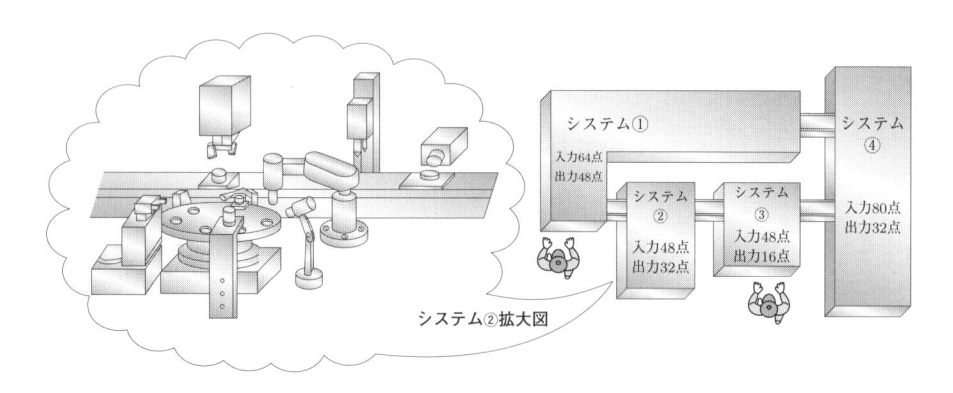

図 6.2　入出力点数の多いシステムの例

6.3.1　すべての I/O を 1 台の PLC に集中配線する方法

もっとも単純な方法は図 6.3 のように集中配線をする方法である．この方法ではすべての入出力がひとつの PLC にまとめて配線されるので，全データを一括して管理できるメリットがある．

ただし，全システムの入力の信号や制御出力信号を PLC の I/O に直接配線しな

6.3 分散化されたシステムの制御

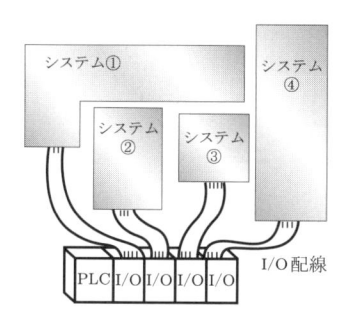

図 6.3 集中配線による I/O 接続

くてはならないので，たくさんの長いケーブルがユニット間を渡って配線されて煩雑になり，制御盤も大きくなってしまう．配線が煩雑になると，誤配線をチェックするときや，調整作業，あるいはメンテナンスをするときなどの作業効率が悪くなる．

また，PLC を 1 台しかもたないと操作パネルも一つになるのが普通なので，操作パネルから離れた場所のシステムを運転するときや，メンテナンスで操作パネルを操作しながら機械の調整をするときなどの操作性もよくない．

6.3.2 リモート I/O を使った配線の分散化

図 6.4 では PLC は一台であるが，PLC 本体から離れたところにリモート I/O とよばれる遠隔入出力専用のユニットを設置して入出力を行っている．リモート I/O ユニットは通信によって遠隔制御のできる I/O ユニットで，接続した入出力は PLC 本体から制御できるようになっている．リモート I/O ユニット同士，および，リモート I/O と PLC 本体間は通信ケーブルで接続しているので，この間の配線作業量を少なくできる．また，運搬などのためにシステムを分離するときにも通信ケーブルを外すだけでよいので便利である．

このように入出力ユニットだけを離れた場所に設置して，PLC 本体との間を通信によって情報を受け渡すようにしたものがリモート I/O である．この例でも図 6.3 と同様に PLC は一つだけなのでデータは一括して管理できることになる．配線は各システムごとにそれぞれのリモート I/O ユニットにまとめて配線すればよいので配線の距離も短くて済む．

なお，この場合も操作パネルが PLC 本体の近くに一つしかないとすると，図 6.3 と同様に操作性やメンテナンス性は改善されていない．一方，1 台のリモート I/O のマスタユニットに接続できる入出力の点数は制限されている．たとえばオムロン製 CS1 シリーズの CompoBus/S リモート I/O では 1 台のマスタ局に対して接続できるリモート I/O の点数は 256 点までで，1 台の PLC に最大 8 台のマスタ局を

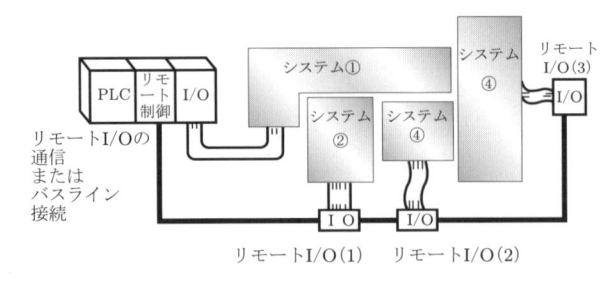

図6.4 リモートI/Oによる分散されたI/O接続

装着できるようになっている．三菱電機製のMelsec QシリーズのCCリンクのリモートI/O機能では，マスタユニット当たり最大64局，2048点までの接続が可能である．

6.3.3 複数のPLCによる分散化

図6.5のように複数のPLCとネットワークを使って全体を分割して制御することもできる．この例ではPLCの台数を減らすため，近くにあるシステム②と③はまとめて一つのPLCに配線してある．PLCを分散して設置することで，システムごとに独立した形で配線や調整作業を完了させられるので全体のシステムを早く立ち上げることができるようになる．この例のように，PLCを各システムに近い場所に設置できると，メンテナンスやオペレーションなどの作業性が改善される．操作パネルをPLCごとに設置してシステムを別々に操作できるようにしておくとさらに操作性がよくなる．

しかし，PLC本体と制御盤および操作パネルが増える分，装置の製造コストは高くなってしまう．一方，PLCを分散化するとPLCどうしのデータの共有の問題が出てくる．たとえば，システム全体を統括管理したり，前工程の情報を後工程に送ったり，システム間でのデータのやり取りをするときにはPLC間でのデータの受け渡しが必要となる．数点の信号のやり取りであれば，PLCどうしの入出力信号を相互に直接接続して数ビットの信号の受け渡しをすればよいが，データ量が多い場合はPLC間の通信やネットワークを使う方法がとられることが多い．

また，PLCの台数が増える分それぞれに制御盤が必要になるし，ネットワークに必要なユニットも増設しなくてはならなくなるので設備費用は増える．プログラムとしては，1台のPLCで制御していれば初期化処理などを共通部分として処理できるが，この場合，分散しているすべてのPLCに対して処理を記述しなくてはならなくなる．当然ネットワーク部分のプログラムも必要になってくる．ただし，PLCがシステムごとに独立しているので，一部のシステムが停止しても他のシステムを動かしておくことができるというメリットがある．

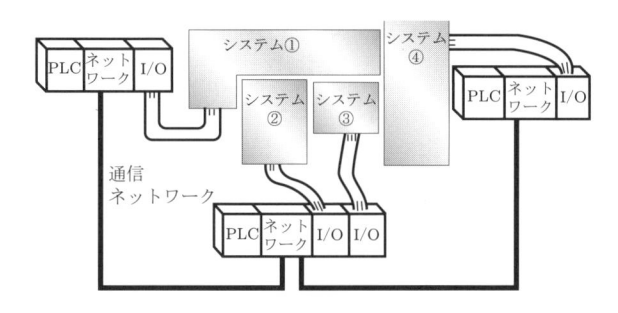

図 6.5　PLC ネットワークによる分散

6.4　シーケンス制御のネットワーク化

PLC を用いたシーケンス制御で，大規模なシステムをコントロールするときには PLC の分散化とネットワーク化が鍵になる．前節でも複数の PLC を配備したときに，データの共有をするために PLC ネットワークを使う例を紹介したが，ここではもう少し具体的にネットワークの種類とその応用について見てゆくことにする．

6.4.1　PLC データリンク

PLC で利用できるネットワークにはシリアル通信，イーサネット通信，PLC 間データリンクなどがあるが複数の PLC 間でプログラム上のリレーのオンオフ信号を受け渡したり，大容量のデータを PLC 間で受け渡すには PLC 特有の PLC 間データリンク機能を利用することが多い．

PLC データリンクは複数の PLC で同じデータを共有するために高速でサイクリックに PLC 間の通信を行い，共有するデータをリアルタイムに書き換えている．PLC 間の接続には，光ファイバ，同軸ケーブル，ツイストペアケーブルなどのノイズ対策が施された結線が利用されている．

PLC 間データリンクを構成するには専用のネットワークユニットを PLC のスロットに装着するのが一般的である．ネットワークユニットを装着したら局番と通信速度の設定をする．

局番とは，同一ネットワークに存在する他のネットワークユニットと区別するために使われる自局の番地（アドレス）で，ノードアドレスとよばれることもある．局番はたとえばホスト局の局番を 01 として PLC ①を局番 02，PLC ②を局番 03，というように重複しない番号を設定する．ホスト局の局番は必ず 0 や 1 にしなくてはならない機種もある．ネットワークに参加できる局数には上限があり，ネットワークの種類によって異なるが，8 局から 64 局くらいのものが一般的である．通

信速度は同一ネットワーク上に存在するすべてのネットワークカードを同じ通信速度に設定しなくてはならない．

　ホスト局はネットワーク全体を管理するので管理局ともよばれる．ホスト局はネットワークの構成や各局に割り付けられたエリアを管理する機能をもっている．このような管理データの設定方法はPLCによって異なるが，ネットワークユニットのメモリエリアか，PLCのデータメモリの決められたエリアに数値データを書き込むことによって設定するのが一般的である．最近ではパソコンを使った専用のプログラミングツールで設定できるようになってきた．

6.4.2　ネットワークの構成例

　図6.6にはPLC間データリンクを使ったネットワーク構成例を示す．この例ではシステム①〜④にそれぞれ専用のPLCが1台ずつ配置してあり，PLC間の信号の受け渡しにはリンクリレーを使っている．リンクリレーはネットワーク通信専用に利用されるリレーで，PLC間データリンクのネットワークに接続されているすべてのPLCで共有されるリレーエリアである．この例では番号B0からB399までのリンクリレーが全PLCで共有されている．共有されているという言葉の意味は，それらのリンクリレーの接点の状態を各PLCで自由に読み取ることができるということである．

　したがって，B0〜B399のオンオフの状態をすべてのPLCで認識できるので，B0〜B399のリレー接点をプログラムで利用すると，他のPLCでオンオフされたリレーの接点を利用したプログラムを作成することができるようになる．

　一方，各PLCによってオンオフをすることができるリンクリレーのコイルは全エリアではなく，図の中の「書換可能エリア」と書いてある部分に限られている．この例ではPLC①はB0〜B99までのリンクリレーのコイルをオンオフすることができるが，その他のリンクリレーをオンオフすることはできない．したがってPLC①以外のPLCによってリンクリレーB0からB99が書き換えられることはない．この書込み制限によって，B0〜B99までのリレーの変化は必ずPLC①によって制御されていることになるので，このリレーエリアはPLC1に割り付けられたエリアであると表現する．

6.4.3　PLCによるデータの共有

　図6.6には記述していないが，リンクリレーの他にリンクデータメモリというものもある．リンクリレーは1ビットのオンオフ信号であるが，リンクデータメモリは通常1ワード（16ビット）のデータ長をもつデータとしてPLC間で共有される．リンクデータメモリも書き込み可能エリアを各PLCに割り付けて使用する．

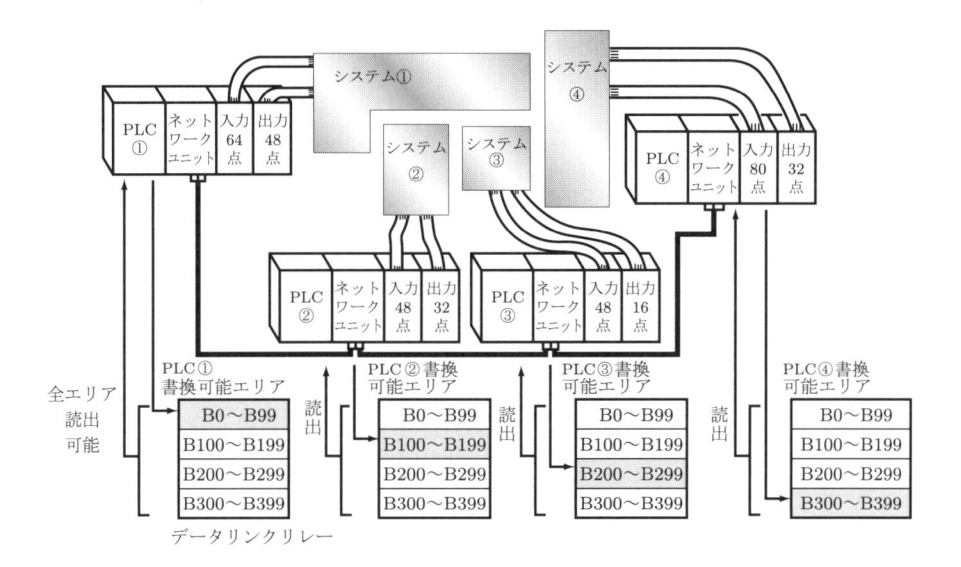

6.4 シーケンス制御のネットワーク化

> データリンクリレー B0〜B399 は全 PLC で共通の番号になっていて，どの PLC からも読み出すことが可能である．書き換えができるデータリンクリレーエリアは PLC ごとに重複しないように制限されている．

(a) ネットワーク図

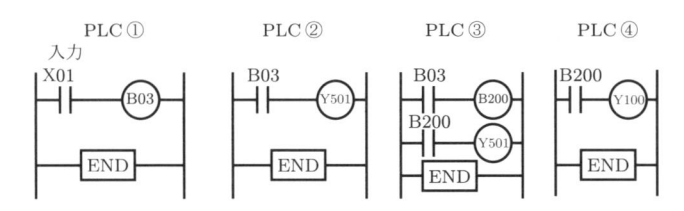

PLC①の入力 X01 が ON すると，PLC②，PLC③，の出力リレー Y501 と PLC④の出力リレー Y100 が ON するようになる．

(b) 各 PLC のプログラム例

図 6.6　PLC 間データリンクの例

　図 6.6 の下部には，リンクリレーを使った信号の受け渡しをするプログラム例を示した．PLC1 には，入力接点番号 X01 がオンするとリンクリレー B03 をオンするようなプログラムが書かれている．
　PLC②では，PLC①の入力接点 X01 を使うことはできないが，リンクリレー B03 の接点は自由に使うことができるので，これを使って PLC②の出力リレー Y501 をオンするようなプログラムが書かれている．
　PLC③では，B03 がオンしたら PLC③に割り付けられているリンクリレー

B200 をオンするようなプログラムが書かれている．さらに B200 の接点で PLC ③ の出力リレー Y501 をオンしている．この出力リレー Y501 は PLC ③ の出力リレーであり，PLC ② の Y501 のリレーとは別のものである．

PLC ④ では，リンクリレー B200 の接点で PLC ④ の出力リレー Y100 をオンしている．

このように，PLC 間リンクを利用すると，リンクリレーを使って各 PLC の信号をネットワーク上の他の PLC に送ることができる．このようなネットワークは一つとは限らず，複数の並列にならべたネットワークや階層構造のネットワークに対応している PLC もある．

PLC によってはリンクリレーやリンクデータメモリというネットワーク専用のエリアが用意されておらず，一般のリレーのエリアとデータメモリのエリアの一部を PLC 間で共有するというものもある．

6.5　操作パネルとタッチパネル

PLC は単体ではスイッチやランプなどの手動入力装置や表示装置はついていないので，作業に必要な操作スイッチや動作状態の表示ランプ，あるいは生産数を表示する数値表示器などは入出力端子に接続して利用することになる．

6.5.1　操作パネル

これらの押しボタンスイッチや異常表示などのランプ，カウンタなどをパネル表面に並べたものが操作パネルである．

このようなハードウェアを集めて作られた操作パネルの信号線は PLC の入出力端子に電気配線して使う．PLC との配線の簡単な例は図 6.7(a) の操作パネルのようになる．

6.5.2　タッチパネル

図 6.7(a) のような操作パネルは孔加工や機器の取り付け，配線などの手間がかかり，ランプやスイッチの追加には孔加工をしなくてはならない．

それに対して，操作画面をソフトウェアで構成できるタッチパネルを使って操作パネルの代わりにすることもある．後からスイッチやランプの追加や変更がある場合や，操作パネルに取り付ける部品の数が多くなるとソフトウェアで操作画面を作ったほうが有利になってくる．

タッチパネルは図 6.7(b) のようにシリアル通信で PLC の CPU ユニットと接続される．このため，PLC の通信ポートとタッチパネルの通信ポートの間のデータの送受信速度や通信手順を合わせるなどの設定をしておく必要がある．タッチパネ

6.5 操作パネルとタッチパネル

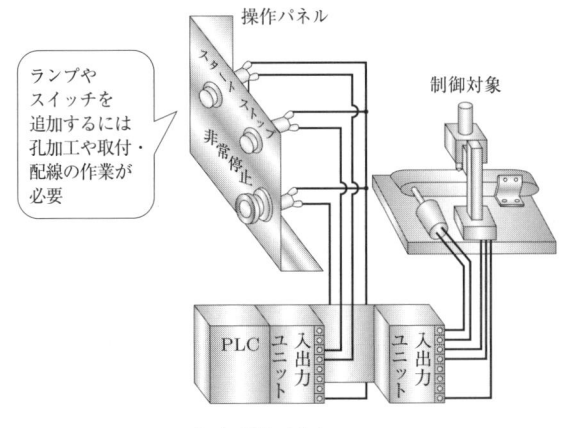

（a）操作パネル

ランプやスイッチを追加するには孔加工や取付・配線の作業が必要

（b）タッチパネル

ソフトウェアでスイッチやランプの配置やレイアウトを変更できる

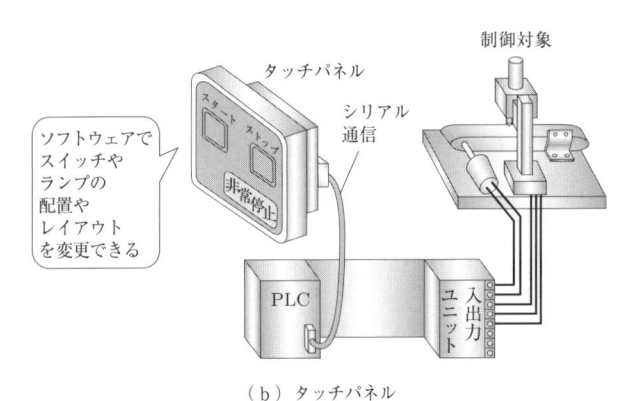

図 6.7　操作パネルとタッチパネル

ルの画面には，最初は何も描かれていないので，自分で画面を作りこむことになる．具体的には，専用の作画ソフトウェアを使ってスイッチや表示器などの部品を画面上に貼り付けて，部品と PLC 内部のリレーやデータメモリをリンクさせるようにプログラミングする．プログラムの入ったタッチパネルを PLC と通信接続して起動すると，入出力やデータをパネル面で操作したり，表示したりできるようなる．

　タッチパネルは PLC と常時サイクリックにデータを交換していて，タッチパネル画面のスイッチが押されるとそのスイッチに割り付けられている番号に相当するリレーのコイルのオンオフが制御される．逆に PLC プログラムで制御しているリレーの状態によってタッチパネル画面のランプの色を変化させるようにすると，表示灯として利用できる．また，タッチパネルにワード表示器を配置して PLC のデータメモリに格納されている数値データや文字列を表示したり，タッチパネルに数値入力器を配置してタッチパネルで入力した数値を PLC のデータメモリに転送する

こともできる.

このように，タッチパネルを利用することでスイッチ，ランプ，カウンタ，表示器などのハードウェアの実装が省略できるので，操作パネルに取り付ける部品点数を少なくすることができる．また，通常，タッチパネルは何十ページもの画面を登録できるようになっているので複雑な生産品種の設定や機械動作のモニタなどに有効に活用できる．

ただし，タッチパネルはPLCと通信で接続されているので，通信の異常があると操作できなくなるという欠点がある．たとえば図6.7(b)の例ではタッチパネルの通信に異常があると非常停止信号も受け付けなくなる．そこで安全にかかわる部分などには機械的な接点をもった操作スイッチと併用することが多い．

タッチパネルは高機能化が進んでいるが，本来の目的はPLCの操作パネルのソフトウェア化であるので，データ管理機能や演算機能あるいはファイル管理機能などは備えていないのが普通である．

表6.2には，タッチパネル画面に貼り付けることができるオブジェクトとその設定や制御できる項目の例を示す．このうちのいくつか機能をタッチパネルの画面に表示した例を**図6.8**に示す．

表6.2 タッチパネルのオブジェクト(抜粋)

オブジェクト	設定・制御できる項目
①スイッチの配置	スイッチの形・サイズ・変化させるリレー接点番号・表示色・スイッチの形式（モメンタリ・オルタネイト・トグルなど）・表示文字列
②ランプの配置	ランプの形・サイズ・リンクするリレー接点番号・リレー接点ON/OFFに対応する表示色・表示文字列
③コメント固定表示（ラベル）	枠の形状・サイズ・背景色・フォント・表示文字列
④数値表示器	表示器の形・サイズ・色・表示桁数・表示するデータメモリ・表示数値の形式（10進数・16進数など）・小数点位置
⑤数値設定器	設定器の形・サイズ・色・設定桁数・設定するデータメモリ・設定数値の形式・小数点位置・数値入力キーボードの選択
⑥文字列表示器	表示器の形・サイズ・色・表示文字数・表示する文字が格納されているデータメモリ
⑦文字列設定器	設定器の形・サイズ・色・設定文字列数・設定するデータメモリ・文字入力キーボードの選択
⑧グラフ表示器	表示器の形・サイズ・色・表示するデータメモリ・表示するデータの色・グラフの形式
⑨特殊スイッチ・特殊機能	ページ切換え命令・グループ化設定・ネットワーク接続機能など

6.6 シーケンス制御とデータ管理

[ラベル]
タイトルなどを記述する

[ランプ付スイッチ]
ランプとスイッチが一体になっている

[ページ呼出スイッチ]
別の画面を呼出す

[ランプ]
割付られたリレー番号のON/OFFで色が変化する

[スイッチ]
タッチすることで割付られたリレー番号のON/OFFができる

メイン画面
スタート　ストップ　異常
生産数　1234　品種設定　001
メッセージボックス
起動準備完了しました

[数値設定器]
タッチすると下のような数値入力キーボードが表示される

```
7 8 9 + -
4 5 6 CLR
1 2 3
0 .    ↵
```

キー入力した数値が割付られたデータメモリにセットされる

タッチパネル拡大図

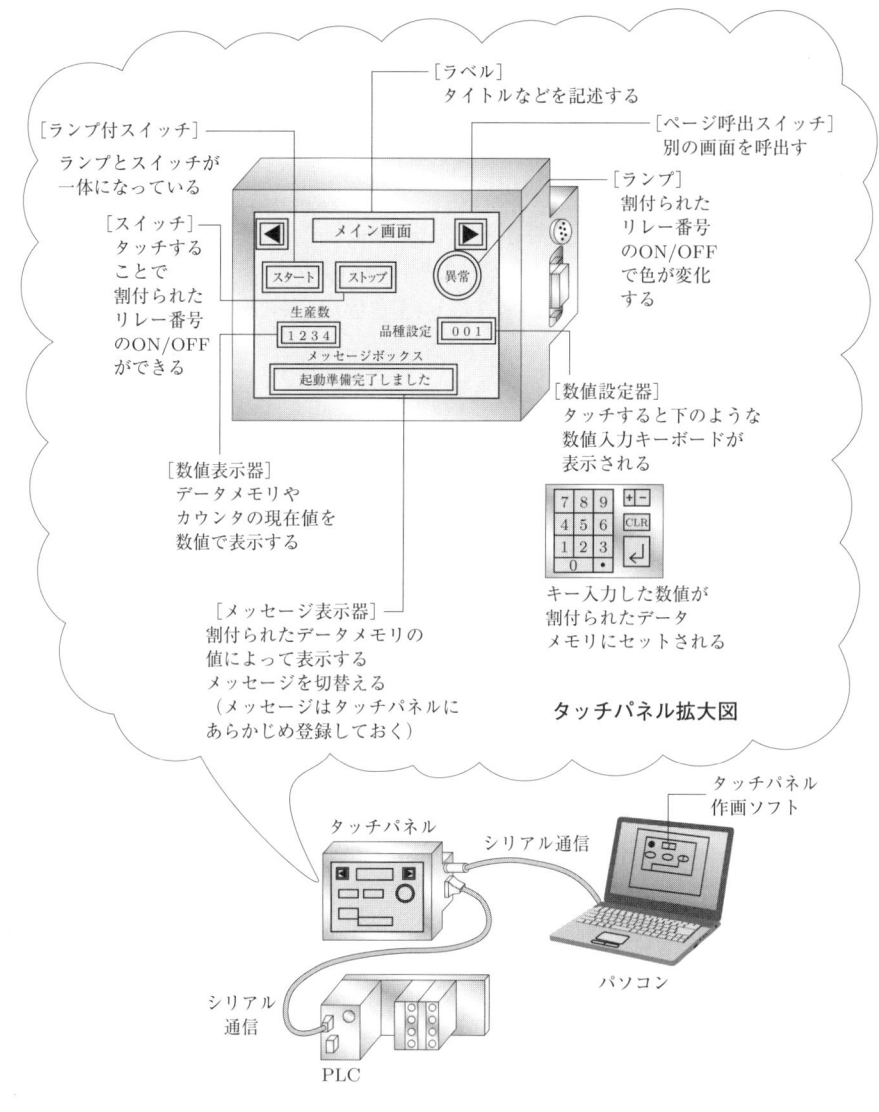

[数値表示器]
データメモリやカウンタの現在値を数値で表示する

[メッセージ表示器]
割付られたデータメモリの値によって表示するメッセージを切替える
（メッセージはタッチパネルにあらかじめ登録しておく）

タッチパネル　シリアル通信　タッチパネル作画ソフト　パソコン　シリアル通信　PLC

図 6.8　タッチパネルの画面

6.6　シーケンス制御とデータ管理

　PLCにおけるデータ管理としては，数量管理，計測データ管理，製品番号管理，不良品判定などのON/OFFデータ管理，稼働時間管理，異常履歴管理などがあげられる．データ管理には数値演算を伴うこともある．

6.6.1 データ管理

(1) 数量管理

数量管理は在庫数量や生産数量，仕分けした品物の数量や販売数量などといった数値でカウンタやデータメモリを使って管理するものである．

(2) 計測データ

計測データは重量，温度，電圧，抵抗値，流量，圧力などのセンサや計測器で測定した数値データで通常ワード単位で管理する．1ワード16ビットだから0～65535までの10進数の数値管理ができる．16進数だと0_H～$FFFF_H$になる．その桁数を超えるデータであれば2ワードを割り当てればよい．一方，測定データをBCDデータとして管理すると，1桁当たり4ビット必要になるから16ビットで4桁の10進数，32ビットで8桁の10進数で管理できる．この様子を図6.9に示す．

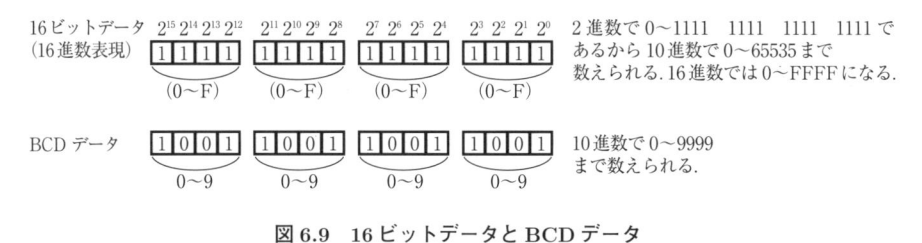

```
16ビットデータ    2^15 2^14 2^13 2^12  2^11 2^10 2^9 2^8  2^7 2^6 2^5 2^4  2^3 2^2 2^1 2^0   2進数で0～1111 1111 1111 1111で
(16進数表現)      [1 1 1 1]      [1 1 1 1]      [1 1 1 1]      [1 1 1 1]    あるから10進数で0～65535まで
                   (0～F)         (0～F)         (0～F)         (0～F)     数えられる．16進数では0～FFFFになる．

BCDデータ         [1 0 0 1]      [1 0 0 1]      [1 0 0 1]      [1 0 0 1]    10進数で0～9999
                   0～9           0～9           0～9           0～9        まで数えられる．
```

図6.9　16ビットデータとBCDデータ

(3) ON/OFFデータ管理

計測値をON/OFFデータとして管理する場合もある．計測値のオンオフデータとは閾値を使って2値化したデータで，キズの有無，充填量不足，良品・不良品などといったOK・NG信号のような1ビットのデータをプログラム中のリレーのオンオフで管理する．

(4) 稼働時間の管理

稼働時間は，PLCに内臓している積算タイマやPLCの時計機能を使って管理する．

(5) 異常履歴

システムの異常履歴は，機械的なトラブルや異常が発生した履歴を残すために使われる．異常を起こした場所と時刻，復旧時間，発生回数などを管理する．異常の内容は，異品種混入異常，圧力異常，検査異常，組付異常などあらかじめ想定される異常を設定しておいてその異常履歴にエラー番号を割り当てるなどして管理する．

(6) 製品番号管理

製品番号管理は製造順に番号を割符って製品の管理をするような方法である．製造番号を印刷するような製品にはこの管理番号を利用したりする．

6.6.2 生産管理の例

　ここで，一つの例として，次々に生産されてくる品物の数をセンサで数えて，その数量を生産数量としてカウントして，一定値になったところで生産終了表示をするようなケースを考えてみる．その構成を図 6.10 に示す．センサは PLC の入力 X1 に，リセット用もスイッチは X0 に接続してある．また，生産終了表示用のランプは出力 Y10 に接続してあるものとする．

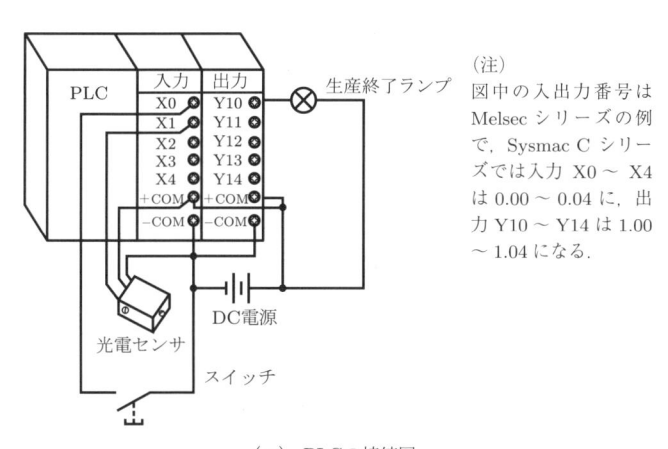

　図 6.10(b) はこの PLC の内部カウンタ C2 を使って生産数をカウントするプログラムの例である．カウンタの設定値を K200 と記述されているので，センサによるカウントの回数が 200 回に達すると C2 の接点が閉じて，生産終了信号 Y10 がオンする．この例では生産数は毎回 200 個に固定されることになる．K200 は整数の 200 を意味しているものとする．[RST C2] という命令はカウンタ C2 の現在値を 0 に戻すリセット命令である．図 6.11 には同じプログラムをオムロン Sysmac C シリーズでつくったときのプログラムである．

(a) PLCの接続図

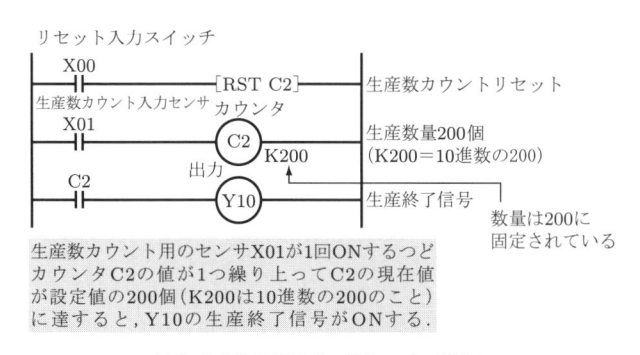

(b) 生産数量が固定の場合のプログラム

図 6.10　生産数をカウントするシステム例

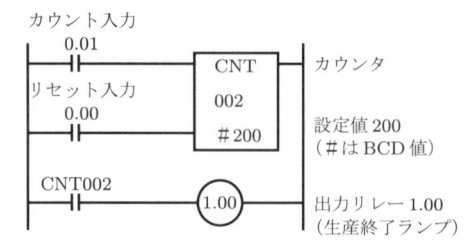

第6章　システム制御のためのPLC応用手法

```
  カウント入力
     0.01        ┌─────┐
  ───┤├─────────┤ CNT │────── カウンタ
                │ 002 │
  リセット入力   │     │        設定値 200
     0.00       │ #200│       （#はBCD値）
  ───┤├─────────┤     │
                └─────┘

   CNT002
  ───┤├──────────────( 1.00 )── 出力リレー 1.00
                                （生産終了ランプ）
```

（設定値を200に固定した場合）

図 6.11　Sysmac C シリーズのプログラム

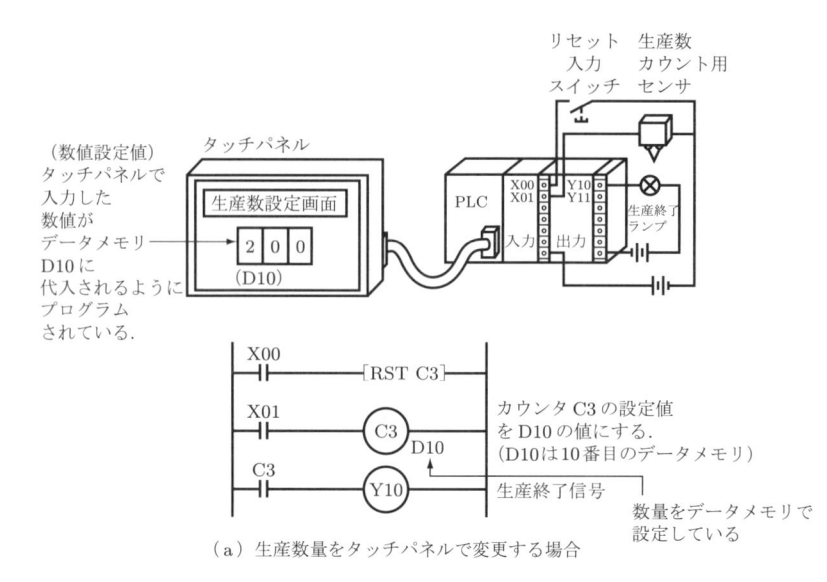

```
     X00
  ───┤├──────────────[RST C3]

     X01
  ───┤├──────────────( C3 )      カウンタ C3 の設定値
                        D10      を D10 の値にする．
                                 （D10は10番目のデータメモリ）
     C3
  ───┤├──────────────( Y10 )     生産終了信号
```

（a）生産数量をタッチパネルで変更する場合

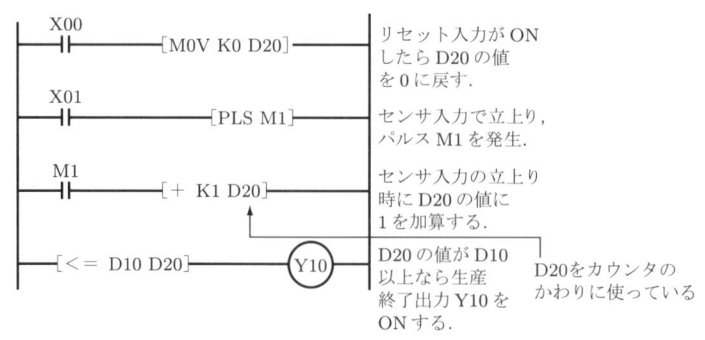

```
     X00
  ───┤├──────────────[MOV K0 D20]    リセット入力が ON
                                     したら D20 の値
                                     を 0 に戻す．
     X01
  ───┤├──────────────[PLS M1]        センサ入力で立上り，
                                     パルス M1 を発生．
     M1
  ───┤├──────────────[+ K1 D20]      センサ入力の立上り
                                     時に D20 の値に
                                     1 を加算する．

  ──[<= D10 D20]─────( Y10 )         D20 の値が D10
                                     以上なら生産      D20をカウンタの
                                     終了出力 Y10 を    かわりに使っている
                                     ON する．
```

（b）データメモリを使った生産数量管理

図 6.12　生産数量管理プログラムの例
（命令語は三菱電機 Melsec シリーズの PLC に準ずる）

6.6 シーケンス制御とデータ管理

図 6.12(a)の例ではタッチパネルを使ってデータメモリ D10 に生産数量を設定し，D10 の値をカウンタ C3 の設定値にすることで毎回の生産数をタッチパネルで変更できるようにしたものである．

図 6.12(b)は(a)と同じであるが，数量管理にカウンタを使わずにデータメモリを使って生産数量を計算しているものである．

［MOV K0 D20］という命令は，データメモリ D20 に 0 を代入するというデータ転送命令である．

［PLS M1］は，X01 がオンしたときに 1 スキャン分だけ内部リレー M1 がオンする命令である．

［+ K1 D20］は，D20 の値に 1 をプラスするという命令である．

［<= D10 D20 ］は，D10 と D20 の値を比較して，D10 <= D20 となっていたら導通（オン）になる演算子で，この例では生産数の現在値 D20 が設定値 D10 以上になったら Y10 をオンするように作用する．

これらの関数の書式は PLC の機種によって異なるので，実際に使用するときには PLC のマニュアルなどを参照いただきたい．

ちなみに，オムロン Sysmac シリーズの PLC を使った場合の(a)と(b)のプログラムは図 6.13(a)と(b)のようになる．このように，PLC を使った数値管理はカウンタやデータメモリを利用して行なわれる．

一方，PLC のプログラム上で生産管理に使われているカウンタの現在値やデータメモリの値をタッチパネルやパソコンなどでモニタすると，作業者が生産状況などを把握することができるようになる．PLC で動作している機械装置では，PLC の内部データとして装置の状態や生産情報をもたせることができるので，これを監視することでシステムを管理することもよく行なわれている．たとえば上述の例ではデータメモリ D20 に生産数量が格納されているので，これをタッチパネルの数値表示器で表示すれば，作業者が一目で生産数を確認することができる．

そのような管理データをパソコンを使って表示したり生産データをパソコンから設定する方法については次の節で解説する．

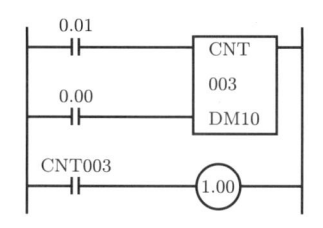

（a）カウント目標値をデータメモリ DM10 で指定した場合

図 6.13 生産数量管理プログラムの例（SysmacC シリーズ）（その 1）

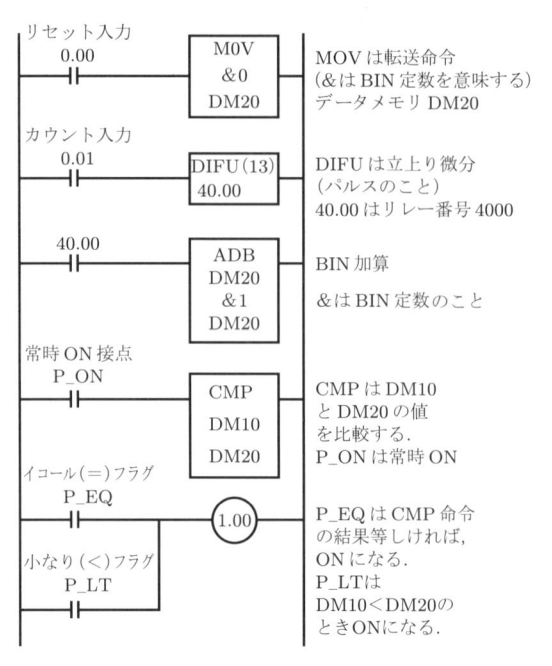

```
リセット入力
  0.00            MOV      MOVは転送命令
  ─┤├──────────┤  &0  ├── （&はBIN定数を意味する）
                  DM20     データメモリDM20

カウント入力
  0.01           DIFU(13)  DIFUは立上り微分
  ─┤├──────────┤  40.00 ├── （パルスのこと）
                          40.00はリレー番号4000

  40.00          ADB
  ─┤├──────────┤ DM20 ├──  BIN加算
                  &1       &はBIN定数のこと
                  DM20

常時ON接点
  P_ON           CMP       CMPはDM10
  ─┤├──────────┤ DM10 ├──  とDM20の値
                  DM20     を比較する．
                          P_ONは常時ON

イコール(=)フラグ
  P_EQ                    P_EQはCMP命令
  ─┤├──────────( 1.00 )── の結果等しければ，
                          ONになる．
小なり(<)フラグ              P_LTは
  P_LT                    DM10<DM20の
  ─┤├──                   ときONになる．
```

（b）カウンタのかわりにデータメモリを使った場合

図6.13　生産数量管理プログラムの例（SysmacCシリーズ）（その2）

6.7 データ管理パソコンの利用方法

　前節では，タッチパネルを使ってデータをPLCメモリに格納したり，PLCの内部データをタッチパネルに表示したりする機能を紹介した．通常のタッチパネルはPLCのデータの設定や表示はできるが，データをファイルとして保存したり表計算ソフトウェアに転送したりする機能は備えていない．

　このようなデータ管理やデータ表示機能が必要なときはパソコンがよく利用される．

　PLCで制御されているシステムでは，PLC内部に生産数量などのシステムの稼働状況のデータをつくっておいて，PLCのデータをパソコンに吸い上げて必要なデータに加工して表示するといった方法が一般的である．

6.7.1　シリアル通信

　図6.14はPLCにRS232Cなどのシリアル通信ユニットを装着してパソコンのシリアル通信ポートと接続した例である．

　C言語やVisual Basicなどの高級言語で作ったアプリケーションソフトウェアでPLCと通信してパソコンにデータを取り込むことができれば，市販の表計算ソフトウェアなどを使って様々な形にデータを加工できる．あるいは，Excelなどの

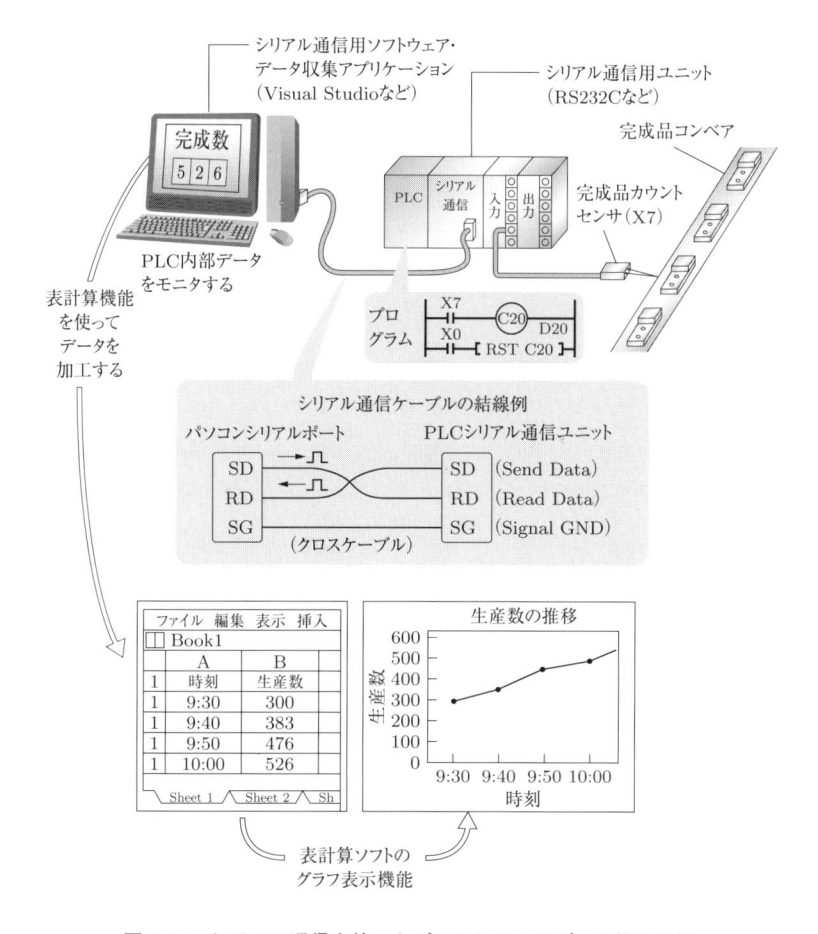

図 6.14　シリアル通信を使ったパソコンによるデータ管理の例

表計算ソフトにPLCと通信するためのソフトウェアをアドオンすれば，直接PLCのデータを表計算の画面に表示することもできる．PLCには専用の通信用のプロトコルが用意されていて，パソコンからそのプロトコルにあわせた問い合わせのメッセージを送ると，PLCからレスポンス(応答)が戻ってくる．この機能を利用すると，たとえばパソコンからカウンタやメモリデータの送信要求のメッセージを出せば，PLCからそのデータの値が戻ってくる．

6.7.2　PLCのネットワーク化

複数のPLCが存在する場合には，PLCをネットワーク化して，リンクリレーやリンクデータメモリを使ってホストPLCにリンクしている他のPLCのデータを反映させておく．そしてホストPLCの内部メモリをモニタすれば，リンクされ

ているすべてのデータを見ることができる．

6.7.3 生産システムの構築

図 6.15 は複数の PLC を使った場合に，PLC ネットワークを利用して生産システムを構成した例である．図の中の 1st～5st の作業ステーションごとに PLC を配置したもので，PLC 間のデータの共有は PLC データリンクを使っている．PLC データリンクでは各 PLC に割り付けられたリンクリレーとリンクデータメモリを使ってデータの受け渡しを行なう．この例では，PLC 局番 1, 2, 3, 4, 5 にそれぞれ，B100～B199，B200～B299，B300～B399，B400～B499，B500～B599 のリンクリレーと 16 ビットのリンクデータメモリ L1100～L1199，L1200～L1299，L1300～L1399，L1400～L1499，L1500～L1599 が割り付けてある．

これらのすべてのリンクリレーとリンクデータメモリはホスト PLC で読むこと

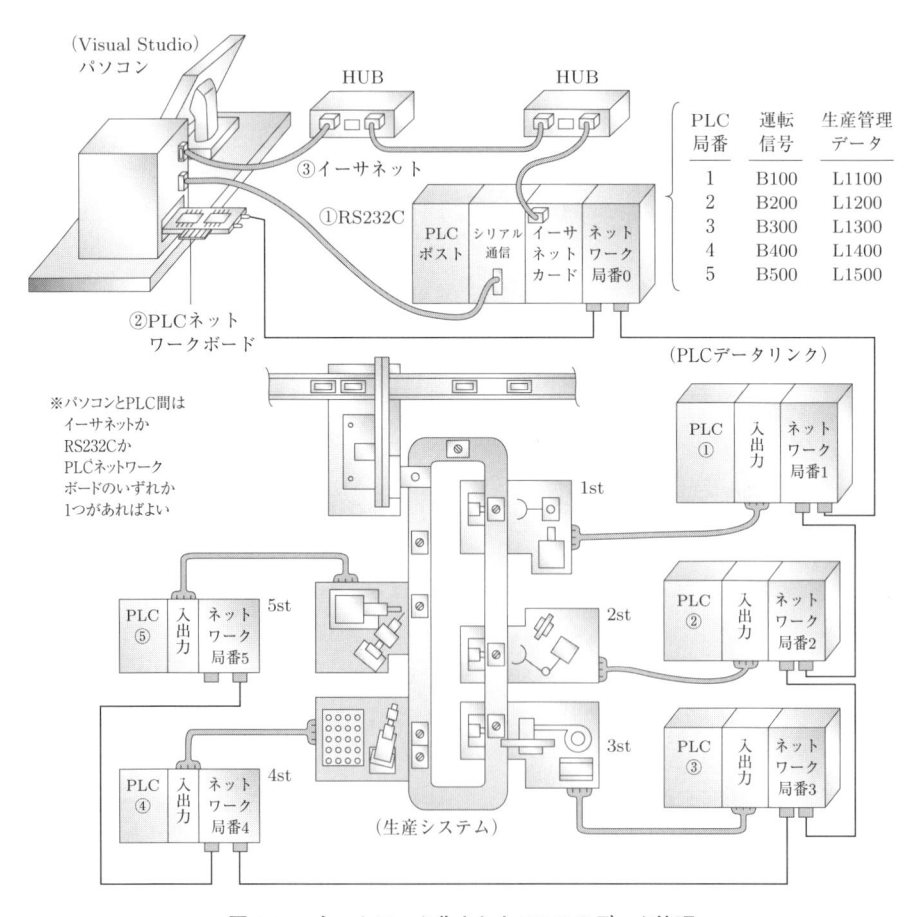

PLC 局番	運転信号	生産管理データ
1	B100	L1100
2	B200	L1200
3	B300	L1300
4	B400	L1400
5	B500	L1500

図 6.15 ネットワーク化された PLC のデータ管理

ができるので，ホストPLCとパソコンを通信接続しておけば，必要な各作業ステーションのデータをパソコンに取り込むことができる．

パソコンでPLCのデータを監視する方法として，①のシリアル通信による方法のほかに，②のPLCデータリンクや③のイーサネットなどを使う方法もある．パソコンにPLCデータリンクのネットワークに接続できるネットワークボードを装着してPLCと同じネットワーク上にパソコンを置くと，Visual Studio などのアプリケーションソフトを使って，ネットワークボードからリンクリレーやリンクデータメモリのデータを取得することができる．

最近ではイーサネットを使ったデータの送受信が増えてきた．イーサネットは同じネットワーク上であれば比較的簡単に接続できる．イーサネットのTCP/IPを使ってパソコンとPLCの通信を行うにはPLC側をホストにしてソケットを開き，パソコンのイーサネットポートから接続依頼を出してソケット接続を確立する．そして，PLCのもっているプロトコルにあわせたメッセージをパソコンから送ってレスポンス（応答）をもらうという形をとる．詳しくは第8章8.6「イーサネット通信」を参照頂きたい．

PLCメーカーなどから市販されている専用の通信ソフトウェアなどを利用すると，比較的簡単に高級言語で通信プログラムを作ることができる．また，イーサネットの通信はひとつのPLCイーサネットユニットに複数のパソコンからアクセスすることもできるのでRS232Cなどのシリアル通信に比べて便利な場合がある．

6章のポイント

- わかりやすいPLCプログラムをつくるために，I/Oの割付やメモリの割付を工夫して計画しておくとよい．
- リモートI/Oは離れた場所の入出力を通信を使って制御することができる．
- PLCデータリンクは，リンクしているPLC間でネットワークリレーやネットワークデータメモリを共有することができる．
- タッチパネルはPLCのデータを表示したり，PLCにデータを設定したりできる．操作パネルのかわりに使うことができる．
- PLCのデータ処理には，タイマやカウンタのほかにデータメモリが使われる．
- 大規模なシステムを構築するときは，操作性，作業性，メンテナンス性などを考慮して，PLCの台数や配線方法，ネットワークなどを含めた最適な構成を検討する必要がある．

第7章 シーケンス制御のためのプログラム構造

PLCを使って機械装置の制御プログラムを作るときには，システマティックにプログラミングできるようにプログラムの構造を考えておかなければならない．第2編では，シーケンス制御のプログラムをフローチャートを元にして作成する方法を詳細に解説した．そこで述べたのはいくつかのユニットの制御例であったが，ここでは一般的なプログラム構造について言及する．

7.1 機械システムのシーケンス制御

本書の冒頭にも述べたが，シーケンス制御とは定められた順序で制御する方法である．ここでは，定められた順序で制御するシーケンス制御を構成するための概念について解説する．

7.1.1 簡単な反射反応型シーケンス制御

もっとも簡単なシーケンス制御は，制御対象とする装置に何らかの状態の変化があったときにいずれかの出力を変化させるという単純な制御である．その例としては，スイッチを押したらブザーを鳴らすとか，センサで人間を感知したら照明灯を点灯するなどといった1対1対応の制御があげられる．

このようないわば反射反応的な動作制御による方法でも，ある程度の機械の順序制御は実現できる．たとえば，図7.1のようなラック&ピニオンとモータを組み合わせて往復運動をする装置を考えてみる．モータを右回転するとラックは前進して，左回転すると後退する．前進端と後退端にはそれぞれリミットスイッチがついている．この装置を使ってスタートスイッチを押すとラックが前進して，前進端リミットスイッチがオンすると後退し，後退端のリミットスイッチで停止するというシーケンス制御を作ってみる．

図7.2に制御のイメージを記述した．この図は次の①〜③の3段階の制御を表現している．

7.1 機械システムのシーケンス制御

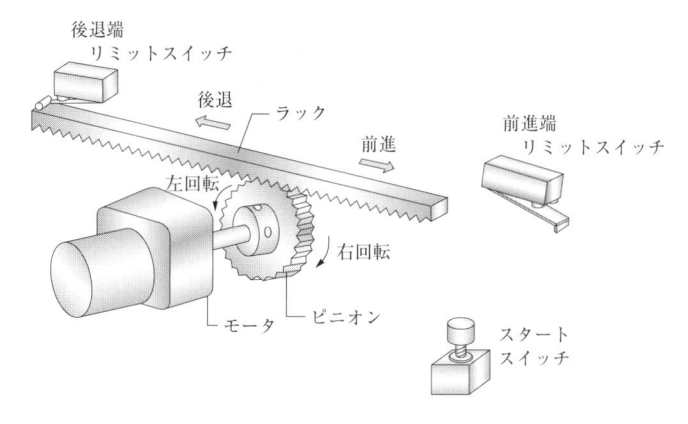

図7.1 モータによるラック＆ピニオンの往復制御システム

動作順序	シーケンス制御部		装置の動作
	【入力の変化】 →	【出力の変化】	〔ラックの動き〕
①	スタートスイッチON	モータ右回転開始	ラック前進
②	前進端リミットスイッチON	モータ右回転停止 モータ左回転開始	ラック後退
③	後退端リミットスイッチON	モータ左回転停止	ラック後退停止

図7.2 反射反応的な方法によるシーケンス制御

① スタートスイッチがONしたら右回転出力をセットする．
② 前進端リミットスイッチがONしたら右回転出力をリセットする．同時にモータ左回転出力をセットする．
③ 後退端リミットスイッチがONしたら左回転出力をリセットする．

このような動作をリレーシーケンス図で表現すると，**図7.3**のようになる．
　図中の①〜③の制御部は，スイッチによって単純に出力のON/OFFをしているだけのものであるが，スタートスイッチをONするとラックは自動的に予定通り次の順序で動作する．

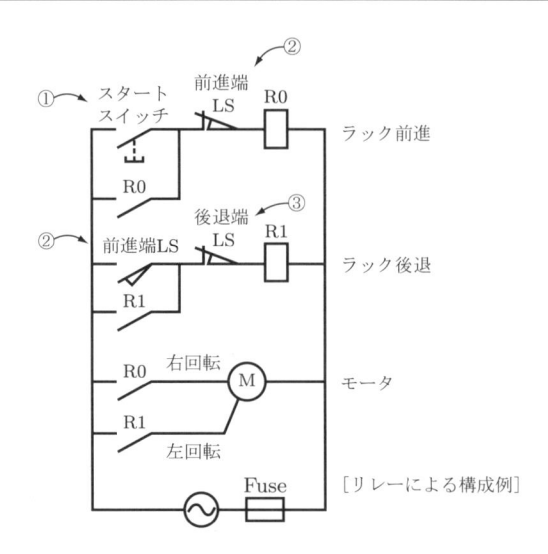

図 7.3 反射反応的な方法による制御をリレー回路で作った例

```
スタートスイッチ ON →ラック前進→前進端→ラック後退→後退端→停止
```

確かにラックの動きは往復動作するので順序通りに動作することになる．しかし，この制御方法には二つの問題点がある．

まず，モータが左回転してラックが後退しているときに再度誤ってスタートスイッチが押されると，①の制御部が有効になって，右回転出力がセットされてしまうことである．この場合，右回転と左回転の出力が同時にセットされることになるのでモータが焼け付いたりする事故が起こる原因になる．

二つ目は，停止している状態であってもラックを手で動かして，前進端のリミットスイッチがオンするまで移動すると，途端にモータは左回転を開始してラックが後退する．この場合，スタートスイッチが押されていなくても起動してしまうことになる．

すなわち，この制御ではモータの起動に関して次の(A)と(B)の二つの制御が独立して実行されていることになる．

```
(A) スタートスイッチが ON した時に右回転する．
(B) 前進端リミットスイッチが ON した時に左回転する．
```

本来(A)の後に(B)が実行されなくてはならないのに，この二つの制御の間に順序が存在していないことに問題がある．このような制御方法では，ある条件の下では予定通りの順序で動作するが，操作を誤ったときに異常動作が起こる可能性があ

るということになる．

　このような例外を含む回路構造でも正しい順序制御として認められるのかということに関しては議論が分かれる．

　このシーケンス制御回路を使った場合，装置のメンテナンスなどでうっかり前進端のリミットスイッチを押してしまったりするとモータが起動して作業者がケガをすることになりかねない．決められた順序どおりに動作することを目的とするシーケンス制御において，このような想定外の動作が起こるものは正しい順序制御ではないという考え方に立つと，この制御回路は正しくないということができよう．

　単に目的とする動作が得られればよいという場合もあるだろうが，想定外の動作の可能性があると，装置を破損する可能性や，構造によっては人的な事故を起こす可能性も出てくるので，そのようなシーケンス制御は実用的ではないと判断される場合も少なくない．

　一方，この例は一往復という単純な動作であったので反射反応的なシーケンスによって制御することができたともいえる．もし，スタートスイッチを押してから二往復して停止するシーケンス制御であるとすれば，一連の動作の中に機械的に同じ姿勢が2回ずつ発生することになるのでこの方法では上手く制御できない．すなわち，一番最初の状態ではラックが後退端にあってスタートスイッチ待ちの状態になっているが，一往復してきたところでラックが後退端にあるときにはスタートスイッチを待たずに再度前進しなくてはならない．つまり機械的に見るとラックが後退端にあるという同じ状態であっても，制御上は一回目と二回目では異なる状態であると判断しなくてはならないことになる．

　このように，制御における装置の状態とは，メカニカルな位置や装置の姿勢だけで決定できるものではなく，一連の動作において時系列的にどの状態にあるのかということが重要になる．

　機械の見た目の状態は機械についているセンサやリミットスイッチなどの入力状態で判断できるが，シーケンス回路を考えるときには，スイッチの状態の他に時間や回数などを考慮した別の次元の状態を併用して制御回路を作らなくてはならないのである．

7.1.2　状態を使ったシーケンス制御

　一連の動作を確実に決められた順番で行うことができる方法を考えてみよう．シーケンス制御は装置の動作順序が決められている制御であるということはすでに述べた．すなわち，Aという状態からBという入力があったときに必ずCという状態に変化するという順序が規定されているような制御であるといってよい．

　前項でも述べたようにここでいう状態とは，単なる機械の姿勢のようなメカニカ

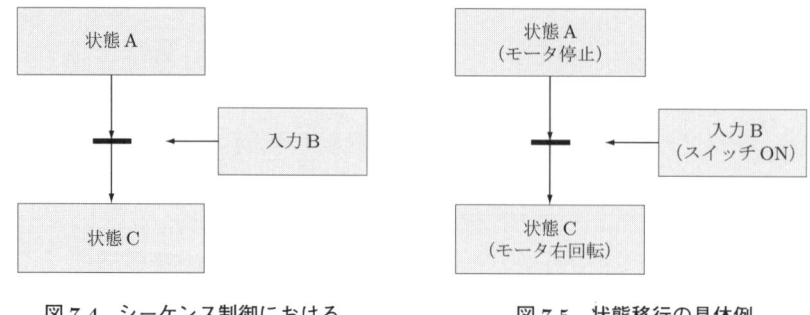

図7.4　シーケンス制御における
　　　　状態の移行のイメージ

図7.5　状態移行の具体例

ルな状態だけではなく，一連の時系列的な動作の中での状態を意味している．

　図7.4は動作順序を記述したイメージで，入力Bの条件が整うと状態Aから状態Cへ移行することを表しているものとする．状態AとCの間の横棒（━）は入力Bの条件が成立していないときは状態Aにとどまっていることを表現したものである．

　図7.5はそのイメージの具体的な例で，モータが停止している状態AからスイッチONという入力Bが認識されると状態Cに移行することを表している．状態Cに移行するとはこの場合，モータが右回転を開始するという状態に相当している．

　ここで，状態Aから状態Cへの移行について，次の点が重要である．

① 入力B以外の入力の変化では状態Aは変化しない．
② 状態Cに移行する条件は状態Aと入力BのAND条件になる．装置の状態が状態Aにあるときに，Bという入力条件が一瞬でも満足すると状態Aから状態Cに移行する．
③ 図7.5のケースではモータを回転するシーケンスは記述されているが，モータを停止するためのシーケンスは記述されていないので，このシーケンスだけでは，いったんスイッチがONするとモータを停止することはできない．
④ 図7.5の例では状態が移行するための入力Bはスイッチの入力になっているが，移行するための入力はこのような外部からの信号の変化に限らず，時間の経過や環境の変化など，制御側で認識できるものもあればそれを利用することができる．

　参考までに，図7.5をフローチャートで表すと，たとえば，図7.6のような表現ができる．

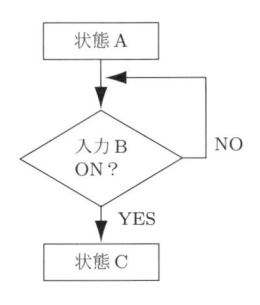

図7.6 図7.5をフローチャートで表現した例

7.1.3 連続したシーケンス回路の記述

前項では二つの状態の移行について議論したが，これを連結すると長いシーケンス制御も記述できるようになる．さらに，複数のシーケンスを並列して記述して同時に実行するようにすると大規模なシーケンス制御を行うことができる．

図7.7の(a)〜(e)はシーケンス制御の基本となる状態の移行に関する連結の方法を示したものである．

(a)の直列接続では，状態がP1-1 → P1-2 → P1-3という順序で移行する．

(b)の分岐では，状態P-2の状態から入力T2-1が入ればP2-1の状態に，T2-2が入ればP2-2の状態に移行することを示している．入力T2-1が入って状態P2-1に進んだ後でも入力T2-2が入れば状態P2から状態P2-2に並列して進むことができる．

(c)のOR結合は状態P3-1で入力T3-1が入るか，状態P3-2で入力T3-2が入るかのどちらかの条件が整えば状態P3に移行する．

(d)のAND結合はP4-1とP4-2の両方の状態が満足しているときに入力T4が入ると状態P4に移行する．

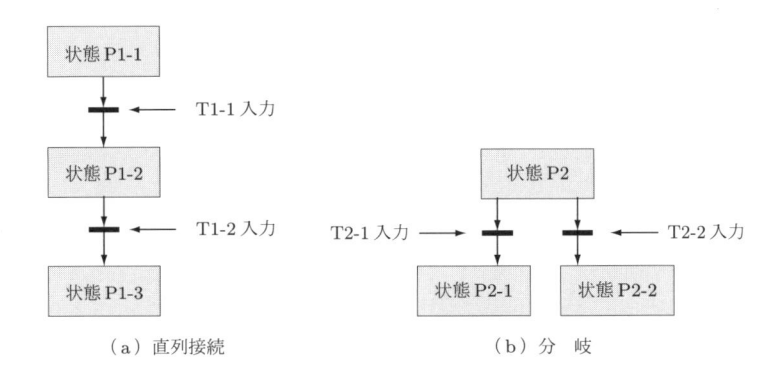

（a）直列接続　　　　（b）分　岐

図7.7　シーケンスの連結(その1)

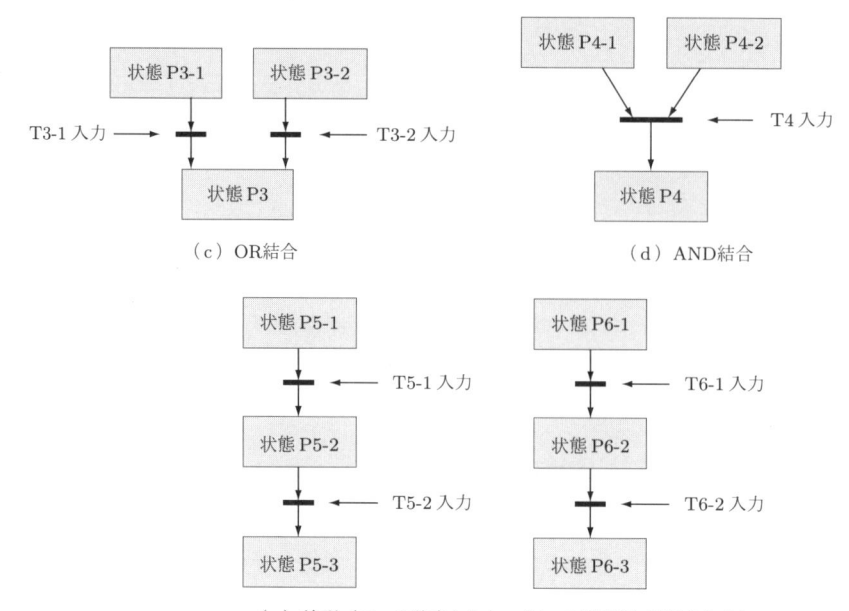

第7章 シーケンス制御のためのプログラム構造

（c）OR結合

（d）AND結合

（e）並列（二つの独立したシーケンスが同時に実行される）

図 7.7 シーケンスの連結（その2）

(e)の並列は二つの状態 P5-1 と P6-1 が同時に存在して，それらが独立して動作することを示している．二つの状態は並列処理される．

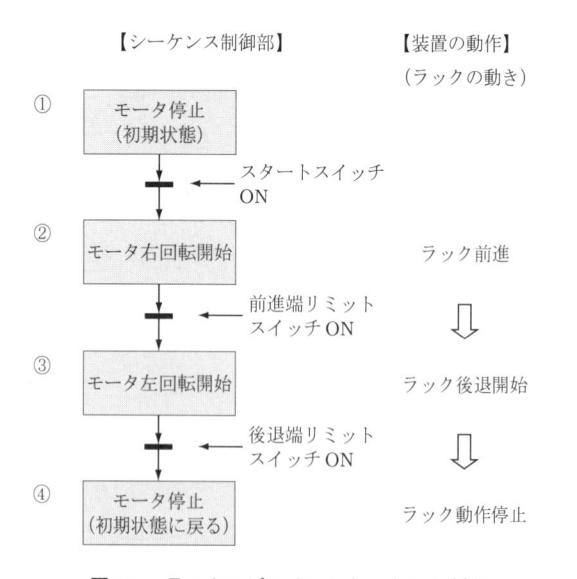

図 7.8 ラック＆ピニオンのシーケンス制御

上述したような状態を移行することを考えた制御方法によって先ほどのラック＆ピニオンの往復運動のシーケンス制御を記述したものが**図7.8**である．

このシーケンス制御では必ず①→②→③→④という順番に動作する．図7.8のシーケンスを実際のPLCプログラム（ラダー図）で表現したものを**図7.9**に示す．掲載した制御プログラム例は2種類あるが，いずれも同じ動作をする．

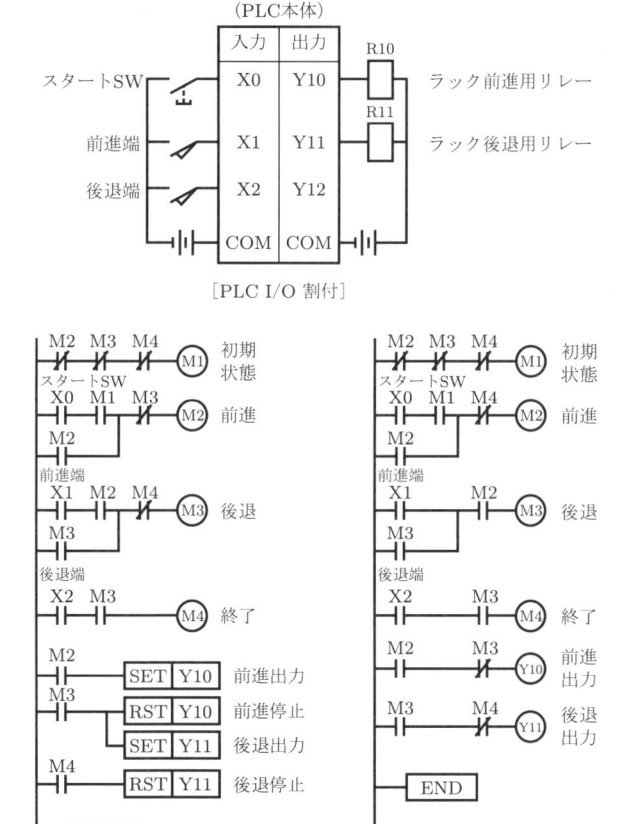

図 7.9 ラック＆ピニオンの往復の実際の PLC プログラム例

7.1.4 シーケンス制御の周期性・活性・可達性

シーケンス制御を構築する上での重要な要素として，周期性（初期状態に戻れること）と活性（デッドロックがないこと）と可達性（記述されているすべての部分に到達できること）とがあげられる．デッドロックとは行き止まりのことで，その状態から移行できなくなるような部分を意味する．

(a) 周期性のない回路　　　　(b) 周期性のある回路

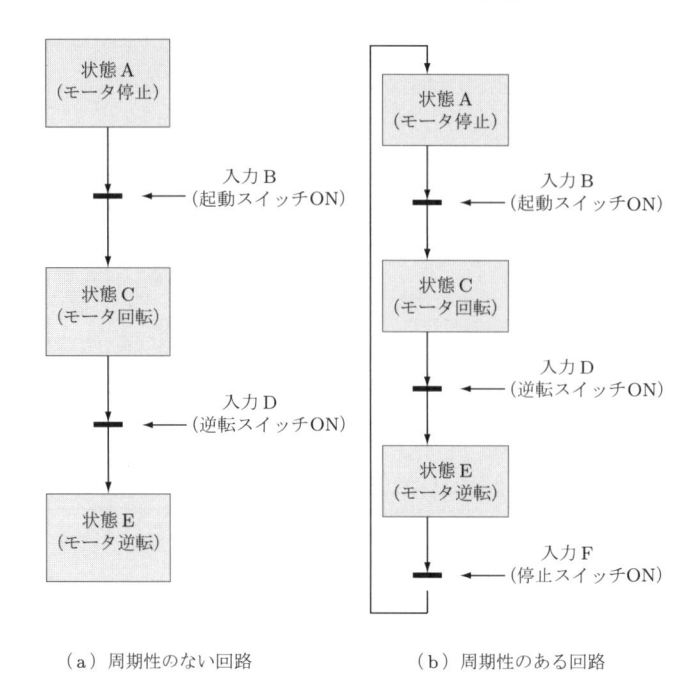

図 7.10　活性で周期性のあるシーケンス

図 7.10(a) のシーケンスでは状態 E に移行するとそこで行き止まりになり，デッドロックを生じているので活性ではない．また，初期状態に戻ることができないので周期性がない．しかし記述されているすべての部分に到達できるから可達である．

図 7.10(a) のシーケンスにモータを停止するスイッチを追加して，活性で周期性を持つようにしたものが図 7.10(b) である．(b) では状態 E のあと入力 F の入力があると必ず最初の状態 A に戻るので活性であり周期性があるといえる．

シーケンス制御が機械の繰返し運転などに利用される場合，一連の動作が完了すると元の状態に戻って同じ動作を繰り返さなくてはならないので，周期性をもつことは重要である．また，デッドロックがあるとそこで制御が停止して装置が動かなくなることになるということが起こるので，シーケンス制御で装置を制御するときには活性という点も十分に検証する必要がある．可達でない部分が存在する場合には，その部分が制御上必要でない部分であれば意味のない冗長部分が存在するということになり，必要な部分に到達できないのであれば機能や性能上の問題があるということになる．

7.1.5 並列動作回路

PLCを使ったシーケンス制御は複数の循環的な回路を組み合わせて構成されることが普通である．回路間で干渉がない場合にはお互いに独立して動作するように記述する．

一方，ある回路の状態が別の回路の動作に影響を及ぼすといった場合には，影響を及ぼす状態の条件の信号を受け渡すようにする．

図 **7.11** は二つの並列に実行される回路が記述されていて，さらにお互いの影響を及ぼす条件を受け渡している例である．この図は図 7.7 の (e) の並列の回路を周期性のあるシーケンスに変更し，一部の条件をお互いに受け渡す形にしたものである．図 7.11 の破線の矢印がその条件で，条件 A は状態 P6-1 のときにしか状態 P5-1 から P5-2 へ移行できないようにしたインターロックになる．

この例では，入力 T5-1 が ON する条件と条件 A の両方の条件が整ってはじめて状態 P5-1 から P5-2 へ移行することを意味する．条件 B の部分は，状態 P6-1 にある並列回路 2 は並列回路 1 の状態が P5-2 になっている間だけ入力 T6-1 を受け付けることを意味している．並列回路 1 が状態 P5-1 にあるときには，状態 P6-1 は P6-2 に移行できないことになる．

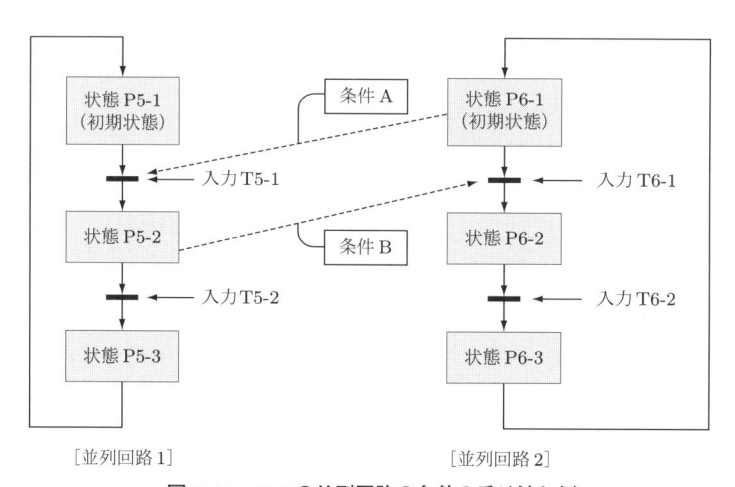

図 **7.11**　二つの並列回路の条件の受け渡し例

図 **7.12**(a) にはコンベアとシリンダで作った簡単な並列制御システムを示す．コンベア上に流れてくるワークをセンサで発見して，コンベアを停止した後，シリンダを前進してワークに横方向から捺印をする．これを，コンベアとセンサ部のシステムとシリンダ部の往復システムという二つの独立したシステムがあると考え，インターロックをとって制御してみる．

図 7.12(b) には各々のシステムの動作の状態変化とインターロックのための条件

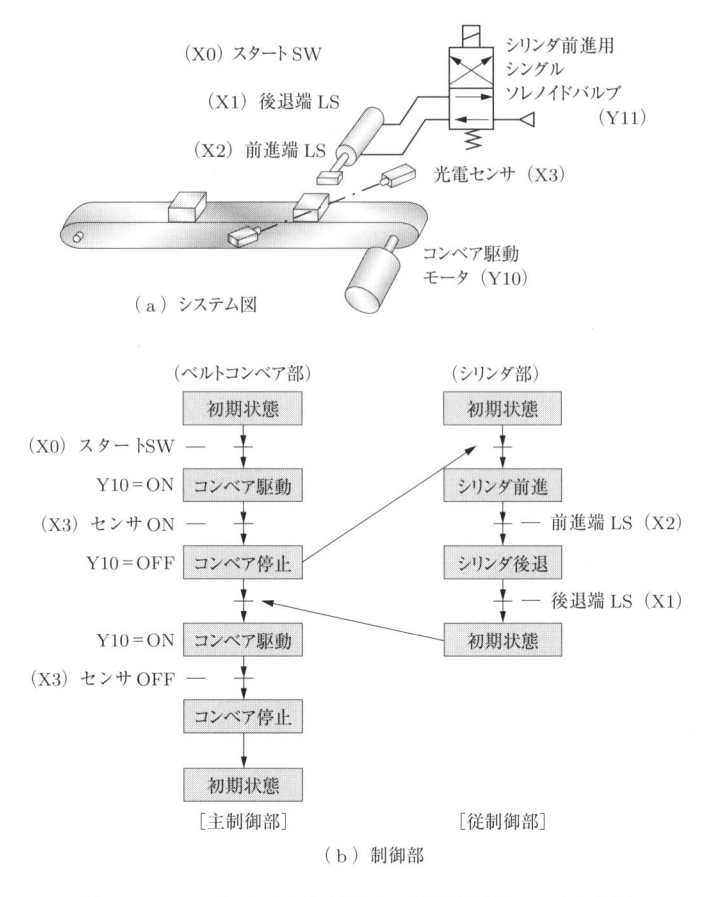

図 7.12　コンベアとシリンダを使った並列制御システムの例

の受け渡しの図を示す．ワークを発見してコンベアが停止している間にシリンダが一往復して原点に戻ると，またコンベアを動作してワークが通過するまでコンベアを動かすようにする．

図 7.13 はこの動作を実際のラダー図でプログラミングした例である．

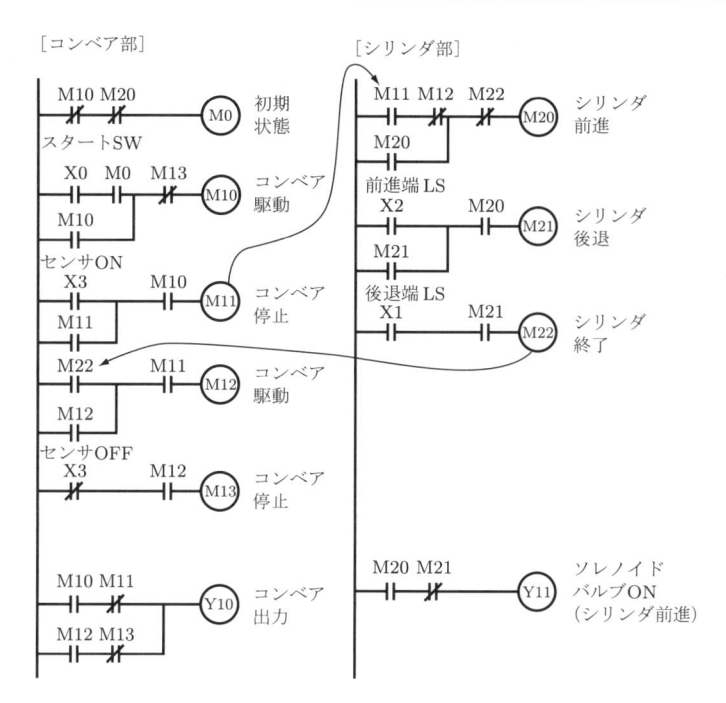

図 7.13　並列制御システムのプログラム例

7章のポイント

- シーケンス制御では機械的な状態のほかに時間や回数などの状態を制御の条件として考慮しなければならない．
- 時系列的な状態の変化に着目すると確実に決められた順序で制御できるようになる．
- シーケンス制御プログラムは，周期性・活性・可達性を満足している必要がある．

第8章 PLCの高機能を利用する

　PLCはON/OFF型のディジタル入出力ユニットを使った順序制御だけでなく，アナログ入出力，数値制御機能，ネットワーク機能や通信機能といった様々な制御機能を付加できるようになっている．これらの機能を利用するにはPLCのCPUに専用のユニットを増設するのが一般的である．

　ここではこれらの機能を有するユニットを総称して高機能ユニットとよぶが，インテリジェントユニット，拡張ユニットなどとよばれることもある．この拡張された機能の制御やデータの取得にはPLCの順序制御プログラムの他にラダー図を使ったデータ処理のプログラムが必要になる．

　本章では，PLCの増設ユニットの中で，一般的によく利用されているいくつかの高機能ユニットについて解説し，そのプログラミング方法について言及する．

8.1 アナログ制御ユニット

8.1.1 A/D変換ユニット・D/A変換ユニット

　アナログ制御ユニットはアナログ入力(A/D変換)機能とアナログ出力(D/A変換)機能の2種類のものがある．ここで，Aはアナログ(Analog)，Dはディジタル(Digital)の略である

　PLCはパソコンと同じように数値でデータ処理をしているので，電圧変化などのアナログ量を直接読み取ることはできない．そこで，アナログ量をディジタル値に変換してPLCが数値として読み込めるようにしたものがA/D変換ユニットである．逆に，PLC内部で作られたディジタル値をアナログ量として出力する機能をもつものがD/A変換ユニットである．

(1) A/D変換ユニット

　A/D変換ユニットのアナログ入力端子には通常0～5V，1～5Vなどの電圧か，0～20mA，4～20mAなどの電流を入力するようになっている．A/D変換ユニットは，その端子から入力したアナログ量を設定された分解能で均等に分割してディジタル値に変換する．そのディジタル値をPLCのデータメモリに取り込めば，その後は数値データとして扱うことができる．たとえば，分解能が8ビットの

変換であれば，8 ビットで表現できる数値が 10 進数で 0 ～ 255 までであるから，その最大値 255 を + 5 V，最小値 0 を 0 V に設定する．その設定で，A/D 変換ユニットからデータメモリに 255 という値が取り込まれたとすると入力したアナログ電圧は 5 V であったということがわかる．

(2) D/A 変換ユニット

D/A 変換ユニットはその逆で，PLC の CPU から D/A 変換ユニットへ書き込まれた数値をアナログ量に変換して DC 電圧または DC 電流として出力端子に出力するものである．たとえば 255 という数値をアナログ出力ユニットの出力データとして送信するとアナログ出力端子に + 5 V の電圧が出てくるということである．

A/D，D/A 変換ユニットでよく利用される DC 電圧，DC 電流を **表 8.1** に示す．分解能はユニットによって様々であるが，一般的には 8 ビット，12 ビット，16 ビットのものが主流である．8 ビットで 256 段階，12 ビットで 4096 段階，16 ビットで 65536 段階に分割できる．この分割数でアナログ入力の最大値を分割したものが最大分解能になるが実際には，扱いやすい分割数が利用されることが多い．PLC では，256，4000，6000，12000，16000，30000 などの分割数のものがよく使われている．

表 8.1 アナログ値と分解能

	よく利用されるアナログ値	分割数 4000 のときの 1 ビットあたりの分解能の例	分割数 16000 のときの 1 ビットあたりの分解能の例	備　　考
電圧入出力	DC 1 ～ 5 V	1.0 mV	0.25 mV	
	DC 0 ～ 5 V	1.25 mV	0.3125 mV	
	DC 0 ～ 10 V	2.5 mV	0.625 mV	
	DC-10 V ～ 10 V	1.25 mV	0.3125 mV	
電流入出力	4 ～ 20 mA	4 μA	1 μA	250 Ω の抵抗で DC 1 ～ 5 V，または DC 0 ～ 5 V になる
	0 ～ 20 mA	5 μA	1.25 μA	

図 8.1 は 0 ～ 5 V のアナログ電圧入力を 1/4000 の分解能をもった A/D 変換ユニットに入力する例である．表 8.1 から 1 ビット当りの分解能は 1.25 mV であることがわかる．A/D 変換ユニットの入力端子に測定するアナログ電圧を接続すると，その値が分解能にしたがって A/D 変換されて，データメモリに代入される．その取り込まれたデータメモリの値を参照すれば，元の測定データを知ることができる．

それでは，実際の PLC でどのように A/D 変換のプログラムを作ればよいのか見てゆくことにする．

図 8.1 アナログ入力ユニット

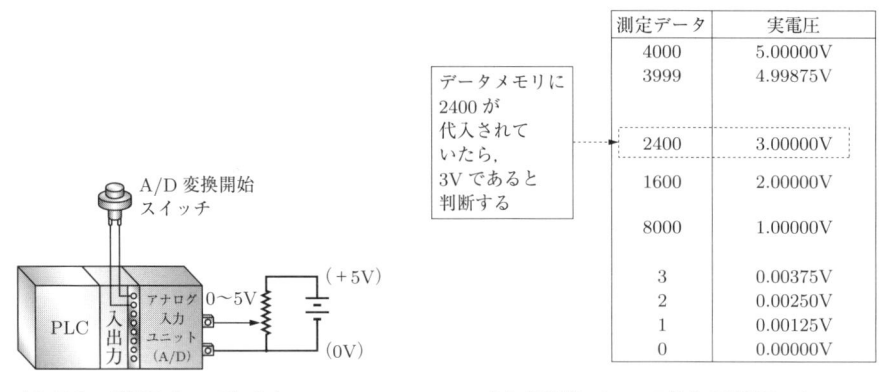

(a) アナログ電圧（0〜5V）入力ユニットの接続例

(b) 分解能 1/4000 の場合の測定データ

測定データ	実電圧
4000	5.00000V
3999	4.99875V
2400	3.00000V
1600	2.00000V
800	1.00000V
3	0.00375V
2	0.00250V
1	0.00125V
0	0.00000V

データメモリに 2400 が代入されていたら，3V であると判断する

(例 1) 三菱電機 Melsec シリーズの場合

三菱電機 Melsec Q シリーズの A/D 変換ユニットを使ったアナログデータの入力例を図 8.2 に示す．Melsec シリーズでは，高機能ユニットにパラメータを設定

A/D 変換ユニットのバファメモリ

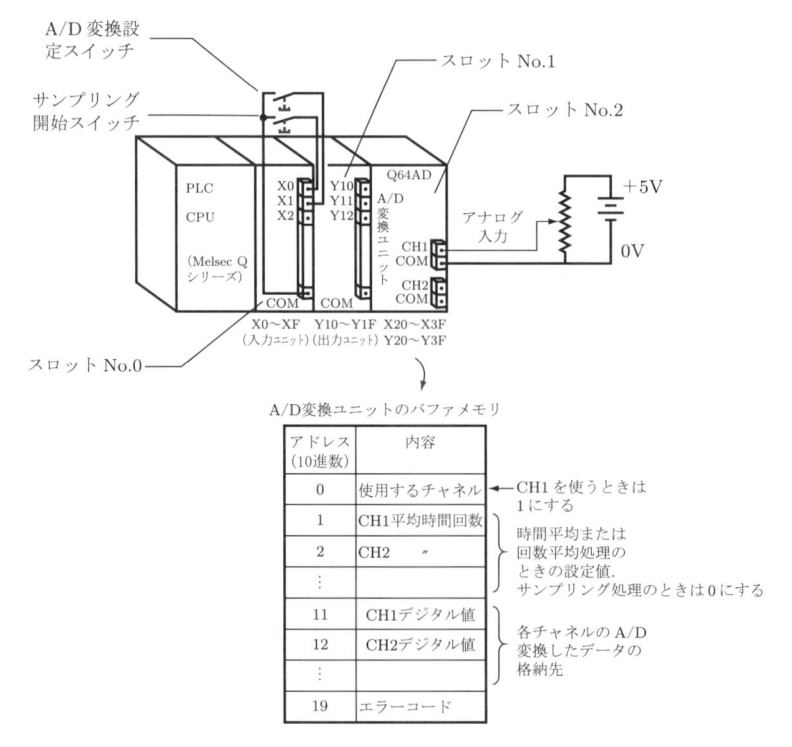

アドレス (10進数)	内容	
0	使用するチャネル	CH1 を使うときは 1 にする
1	CH1平均時間回数	時間平均または回数平均処理のときの設定値．サンプリング処理のときは 0 にする
2	CH2　〃	
⋮		
11	CH1デジタル値	各チャネルの A/D 変換したデータの格納先
12	CH2デジタル値	
⋮		
19	エラーコード	

図 8.2　Melsec Q シリーズの A/D 変換ユニットの構成例

したりデータを格納したりするバファメモリとよばれるメモリエリアがあり，高機能ユニットを使うにはこのバファメモリの必要個所にデータを設定しなくてはならない．

この例では，アナログ入力のCH.1を使ったA/D変換を行なっている．この機種では，バファメモリアドレスの0番に1を代入することでCH.1を利用する設定となる．次にA/D変換の設定をサンプリング処理にしておくと，常時A/D変換を行なって，格納データが逐次更新されるようになる．CH.1にサンプリング処理を設定するには，バファメモリアドレスの1番に0を設定する．

このように設定するとCH.1の変換データの現在値はバファメモリのアドレス11番に格納されるようになる．このバファメモリの値をFROM命令を使ってデータメモリに読み込めば，アナログ値が数値データとしてPLCのデータメモリに反映される．

サンプリングモードを使ってCH.1のA/D変換データを取り込むプログラムは図8.3のようになる．入力X0がONすると，バファメモリアドレス0番に1を代入してCH.1を利用する設定とし，さらにバファメモリアドレス1番に0を代入してこれをサンプリングモードで使用する設定にする．続いてX1がONするとA/D変換されたデータをFROM命令で読み込んで，データメモリD300に代入する．

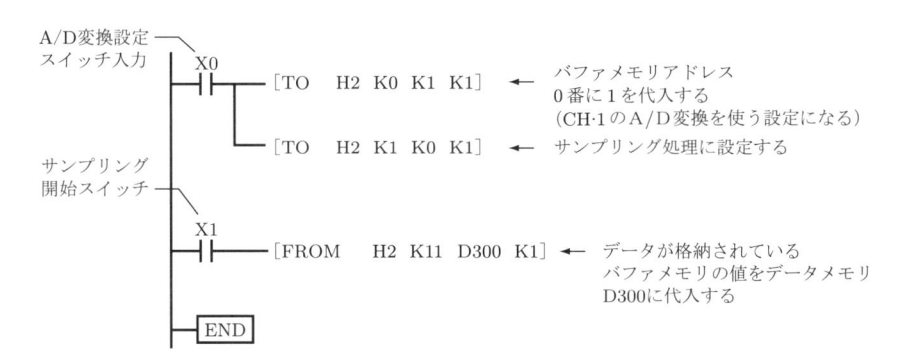

図8.3　A/D変換プログラム（Melsec Qシリーズの例）

図8.3で使用しているFROM命令とTO命令はバファメモリとの読み書きを実行するMelsecシリーズに特有の命令である．TO命令は高機能ユニットのバファメモリにデータを設定するときに使用する．また，バファメモリのデータを読み込むにはFROM命令を使用する．この二つの命令の書式を図8.4に示す．

立ち上がり1スキャンだけTOまたはFROM命令を実行するにはTOPまたはFROMP命令を使用する．Pはパルスのpと考えればよい．

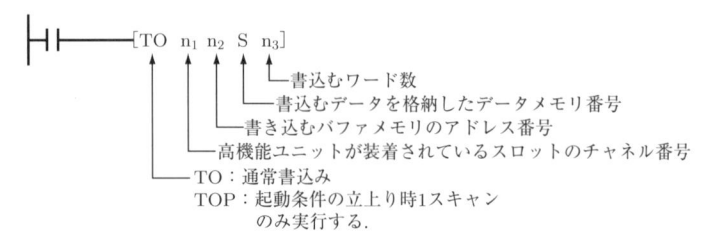

```
        ┌[TO  n₁ n₂ S n₃]
─┤├─────┤
         │  │  │ │ │ └─ 書込むワード数
         │  │  │ │ └─── 書込むデータを格納したデータメモリ番号
         │  │  │ └───── 書き込むバファメモリのアドレス番号
         │  │  └─────── 高機能ユニットが装着されているスロットのチャネル番号
         │  └────────── TO：通常書込み
         │              TOP：起動条件の立上り時1スキャン
         │                    のみ実行する．
```

（a）TO命令：指定したバファメモリのアドレスにデータを書込む

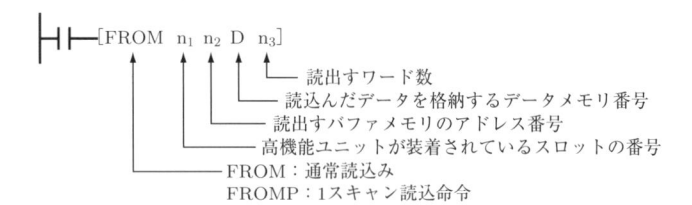

```
        ┌[FROM  n₁ n₂ D n₃]
─┤├─────┤
         │   │   │ │ │ └─ 読出すワード数
         │   │   │ │ └─── 読込んだデータを格納するデータメモリ番号
         │   │   │ └───── 読出すバファメモリのアドレス番号
         │   │   └─────── 高機能ユニットが装着されているスロットの番号
         │   └─────────── FROM：通常読込み
         │                FROMP：1スキャン読込命令
```

（b）FROM命令：指定したバファメモリのアドレスのデータを読込む

図 8.4　TO 命令と FROM 命令

　Melsec Q シリーズでは FROM/TO 命令のかわりに MOV 命令が使えるようになった．MOV 命令で高機能ユニットのバファメモリを指定するには U □ ¥G ■という書式を使う．□にはスロット番号を，■にはバファメモリ番号を記述する．スロット No.2 に装着された高機能ユニットのバファメモリ No.0 に 1 を書込むならば

　　　[MOV　K1　U2¥G0]

とする．また，同じユニットのバファメモリ No.11 のデータをデータメモリ D300 に代入するには

　　　[MOV　U2¥G11　D300]

とすればよい．

　データメモリに取り込まれた測定データは，通常 16 進数(BIN データ)で入力されているので，そのままではデータを読む人が電圧値として認識するのは難しい．そこで，入力したデータに 1 ビットあたりの分解能の値を乗じて，元の電圧値に戻し，さらに BCD 変換して 10 進数として読めるようにしておくとわかりやすい．BCD は Binary Coded Decimal の略で，2 進化 10 進数とよばれている．これは 2 進数の 0000 〜 1001 までの 4 桁で 0 〜 9 までの 10 進数の数字を表すようにしたものである．したがって，BCD 変換されたデータは，その 2 進数のデータを 4 桁ずつ区切ってそれぞれを 0 〜 9 の数値に変換してつなげることで十進数の数値データとして扱うことができる．

　図 8.5 は Melsec シリーズの PLC を使ってデータメモリ D300 に入力した値を，

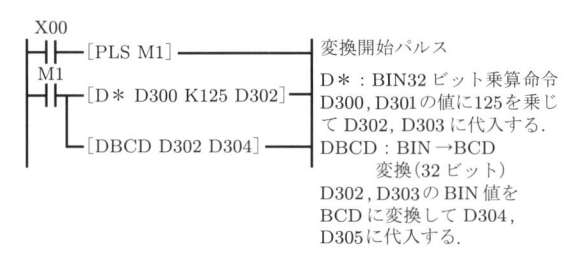

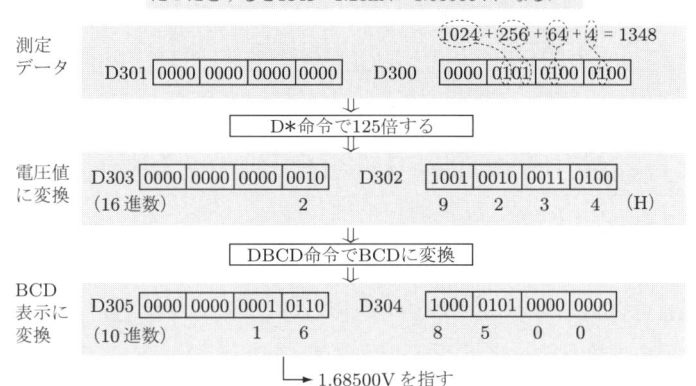

8.1 アナログ制御ユニット

```
    X00
────┤├──────[PLS M1]─────────    変換開始パルス
    M1
────┤├──────[D* D300 K125 D302]──  D*：BIN32ビット乗算命令
    │                              D300, D301の値に125を乗じ
    │                              てD302, D303に代入する.
    └───────[DBCD D302 D304]────   DBCD：BIN→BCD
                                        変換(32ビット)
                                   D302, D303のBIN値を
                                   BCDに変換してD304,
                                   D305に代入する.
```

データメモリは一つで16ビットのデータ長をもっているので，32ビット演算では二つのデータメモリを連続して使用する．この例の場合次のような演算になる．アナログ計測値D300の値が1348だったとすると1348×1.25mV=1.68500Vになる．

測定
データ   D301 |0000|0000|0000|0000| D300 |0000|0101|0100|0100|
                                              1024+256+64+4 = 1348
                        ⇓
              [D*命令で125倍する]
                        ⇓
電圧値   D303 |0000|0000|0000|0010| D302 |1001|0010|0011|0100|
に変換
(16進数)   2   9   2   3   4   (H)
                        ⇓
              [DBCD命令でBCDに変換]
                        ⇓
BCD   D305 |0000|0000|0001|0110| D304 |1000|0101|0000|0000|
表示に
変換
(10進数)   1   6   8   5   0   0
                        └──→ 1.68500Vを指す

図 8.5　三菱 Melsec シリーズの PLC による BCD 変換の例

BCD表示の電圧値に変換する例である．D300とD301に格納されている32ビットのデータに分解能の1.25(mV)を乗じて，電圧値にしたものをD302とD303のデータメモリに代入して，さらにこれをBCD変換したものをD304とD305に32ビットデータとして代入している．

たとえば，D300に入力されたデータが10進数で1348だったときに，この演算を行なうと同図下部のように，D305を上位4桁，D304を下位4桁とするBCD値で00168500という値が得られる．この値から，入力した電圧は1.68500Vであることがわかる．この例のように小数点位置はプログラム上では処理されないことも多い．

あるいは，BCD表示を2桁繰り上げると，D305に1685と入力され，下位4桁のD304が0000となるので，D305だけで4桁のミリボルト(mV)の値を示すことができるようになる．

(例 2) オムロン Sysmac C シリーズの場合

図 8.6 には，オムロン Sysmac C シリーズの PLC を使って上記と同じようにデー

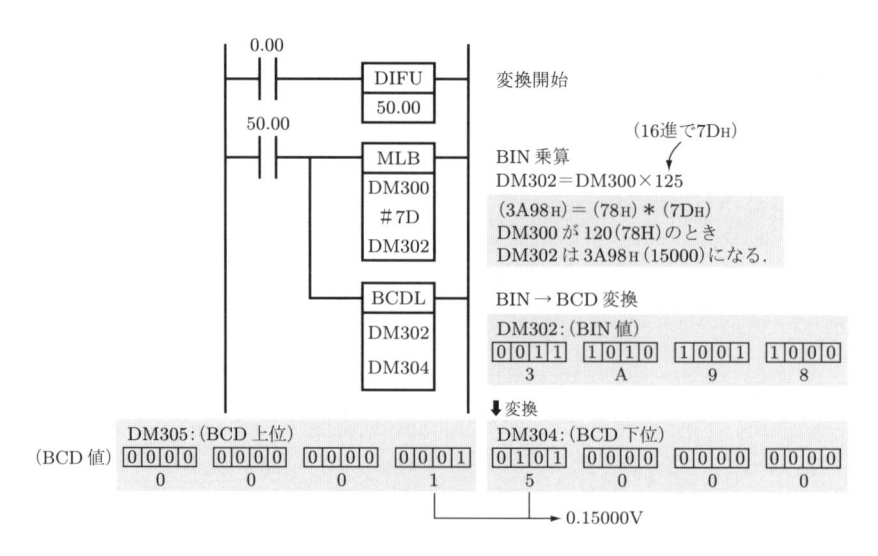

図8.6 オムロン Sysmac C シリーズの PLC による BCD 変換の例

タメモリに入っている BIN データを BCD 変換する例を示す．この例では，データメモリ DM300 に入力した A/D 変換データ 120 を BCD 値に変換して，0.15000 V という値が DM304（下位 4 桁）と DM305（上位 4 桁）に代入されている．

アナログ出力の場合は，この逆に出力データを出力用のデータメモリに書き込んで，出力電圧を制御することになる．たとえば，DC 0～5 V で分割数が 4000 の D/A 変換ユニットでは，D/A 出力用のデータメモリに 0～4000 までの値を書き込んでこの値を D/A 変換用のバファメモリに転送することによって 0～5 V の電圧が出力端子から出力されることになる．これらのデータメモリの場所や番号は PLC の機種によって異なるので注意する．

8.1.2 温度変換ユニット

温度変換ユニットは温度センサを直接接続できる A/D 変換ユニットである．温度センサには熱電対・白金抵抗体・サーミスタなどがあるが，これらの信号を入力するには専用のドライバ回路が必要になる．温度変換ユニットはこのドライバ回路を標準装備した A/D 変換ユニットで，温度計測に利用される．

8.1.3 温度調節ユニット

温度変換ユニットは温度入力を PLC に取り込むためのユニットであったが，たとえば温度調節のできる魔法瓶のように一定温度を保つヒーターを入り切りするような制御機能をもったユニットを温度調節ユニットとよんでいる．対象物を一定の温

度に保温するときに，その温度に達したらヒータを切るというような単純な制御だけでは安定した保温ができない．これは，容器の熱容量，雰囲気の熱特性，ヒータの加熱特性，外乱要因などが温度変化に影響を与えるためである．

　安定した制御を行うためには，最適なフィードバック設定をしないとよい結果が得られないが，フィードバックを PLC のプログラムを使った演算で行おうとするとかなり厄介である．そこでこのようなケースには温度調節ユニットを利用することがよくある．温度調節ユニットは，温度変換ユニットに PID フィードバック制御機能を付加したもので，入力は温度調節ユニットと同じ温度センサであるが，出力機能ももっていて，リレー出力，トランジスタ出力，アナログ電圧出力，アナログ電流出力などの形で PID 出力が得られるようになっている．これらの出力を使って制御できるヒータや冷房機器などを選んで温度調節に使用する．

8.1.4　PID 制御ユニット

　PID 制御ユニットは温度調節ユニットと同じように PID 制御出力を得られるユニットである．このユニットはタンクの水位制御，空気や水の流量制御，圧力制御などの PID 制御が必要なところに利用される．温度センサユニットを PID 制御ユニットに接続すると，温度調節ユニットになる．

　PID 制御は単なる ON/OFF 制御ではない．たとえば 400℃ まであがるヒータを使って，容器の中の水を 40℃ に保温する制御を考えてみよう．単なる ON/OFF 制御では，40℃ に達したらヒータを切って，39℃ に下がるとまた入れるという制御が考えられる．ところが，40℃ でヒータを切っても，容器は 40℃ よりも熱くなっているので，容器がさめるまで水の温度は上がり続ける．逆に 39℃ に下がったときにヒータの電源を入れたのでは，ヒータと容器が温まるまでの時間だけ温度は下がり続けることになる．つまり，ヒータの特性や容器と水の熱容量，あるいは，周囲温度などの外乱の影響でこのような振動現象が起こるのである．

　このような場合，容器を温めているときは 40℃ に達するかなり前からヒータそのものの温度が上がり過ぎないようにヒータの電源を入り切りするようにし，容器を冷やすときには，同様に温度が下がり過ぎないようにヒータを制御する必要がある．このような制御を自動で行なうようにした制御手法の一つが PID 制御である．

　なお，PID の P は比例制御で，I は積分制御，D は微分制御を意味する．一般に，比例制御（P）は制御の目標値と制御量の間に差が生じたときに修正動作を行い，積分制御（I）は時間が十分に経過したときの目標値と制御量の偏差（オフセット）を無くす役割がある．また，微分制御（D）は偏差の速度変化をフィードバックするため，たとえば温度のヒステリシスなど，偏差の振動的な挙動を抑えることができる．

8.2 位置制御ユニット

　位置制御ユニットは，パルス列で動作するステッピングモータやサーボモータなどの数値制御型アクチュエータに対して位置信号のパルス列を送る装置である．位置制御ユニットは位置決めユニットとかパルス制御ユニットとよばれることもある．

　位置制御ユニットは安定した速度制御を行なうために，正確な周期で高速にパルスを送り出さなくてはならないので，PLCのCPUがこれを行なっていたのでは負担が大きすぎる．そこで，位置制御ユニットの中には位置制御専用のパルス発振ユニットが装備されいる．

　位置制御ユニットはPLCの演算と独立して動作するため，パルス量や速度などのパラメータの設定を行なえば，あとはPLCのCPUからスタート・ストップなどの信号を送るだけで，正確な数値制御パルスが位置制御ユニットの出力端子から自動的に出力される．

　位置制御ユニットはPLCのCPUユニットに内蔵されているものと別ユニットになっているもので，制御の仕方が異なる場合がある．PLCのCPUユニットに位置決め機能がはじめから内蔵されているタイプでは，PLCのデータメモリの決められた場所に速度データなどを書き込み，そのデータを使って専用のパルス発振命令でパルスを出力するものが多い．たとえば，オムロン製のPLCであるCJ1シリーズの内蔵位置制御ユニットでは，PLCのプログラムに連続パルス出力のACC命令，原点復帰のORG命令，位置決めのPLS2命令などの位置制御ユニット専用のパルス発振命令を持っている．ACCという連続パルス発振命令では，速度データを設定したデータメモリエリアを参照して，加減速をもったパルス出力を出すことができる．図8.7にACC命令を使ったプログラム例を示す．

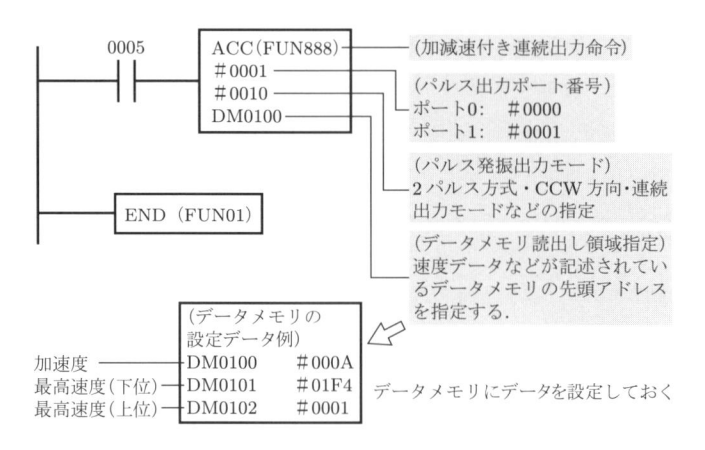

図 8.7　CPU内蔵位置決めユニットの制御プログラム例(オムロン CJ1 シリーズ)

8.2 位置制御ユニット

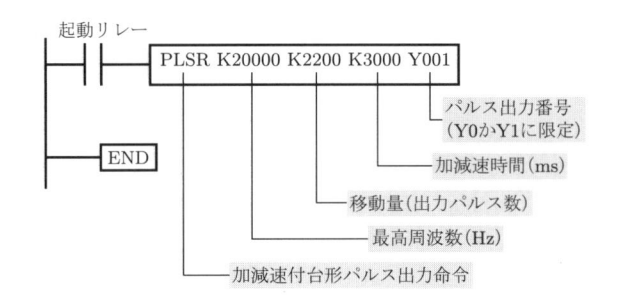

```
      起動リレー
  ──┤├──────┌─────────────────────────┐
               │ PLSR K20000 K2200 K3000 Y001 │
               └─────────────────────────┘
                                    │ │ │ └─ パルス出力番号
                                    │ │ │    （Y0かY1に限定）
                                    │ │ └─── 加減速時間（ms）
      ┌─────┐                       │ └───── 移動量（出力パルス数）
  ────│ END │                       └─────── 最高周波数（Hz）
      └─────┘
               加減速付台形パルス出力命令
```

図 8.8　CPU 内蔵位置決めユニットの制御プログラム例（三菱電機 FX シリーズ）

　三菱電機 FX シリーズの内蔵型の位置制御ユニットのパルス出力機能を持つ FX1n などの機種の PLC では，パルス列を出力するために，単純パルス出力命令の PLSY や，加減速付パルス出力命令 PLSR，相対位置決め DRVI，絶対位置決め DRVA 等の専用命令が用意されている．但し，機種によってパルス出力を持たないものもある．なお，パルス出力に使用できる出力端子の番号に制限があるので注意を要する．図 8.8 に加減速付パルス出力命令 PLSR のプログラム例を示す．

　高機能ユニットとして PLC のスロットに増設するようになっている位置制御ユニットでは，パラメータは位置制御ユニット内のメモリエリア（バファメモリとよばれる）に書き込むことになるので，PLC のデータメモリを直接使わずに間接的な形で設定することになる．Melsec シリーズではこのバファメモリへの書き込みは TO コマンドが使われ，バファメモリの読み出しには FROM コマンドが使われる．バファメモリは PLC のメモリと同じように一つのチャネルに 16 ビットのデータを持っていて，その複数のチャネルにそれぞれ機能が割り付けられている．

　また，オムロン SysmacC シリーズでは，書き込むバファメモリを PLC 本体のデータメモリに割り付けておいて，そのデータメモリにパラメータを書き込むようになっていることが多い．PLC の CPU から高機能ユニットのバファメモリにデータを直接書込む場合には IOWR コマンド，読込むには IORD コマンドがある．

　図 8.9 には位置制御ユニットの構成イメージを示す．

　このようなバファメモリを使ったプログラムは初心者には多少扱いにくい面があるが，最近ではパソコンを使ったコンフィグレータとよばれるアプリケーションソフトウェアが提供されるようになり，パソコン画面上で簡単に必要なパラメータ設定ができるようになってきた．位置制御ユニットに必要なパラメータとしては，初速度，最高速度，加減速時間，目標位置データ，制御モード（JOG，原点復帰，相対ピッチ移動，絶対位置移動などの選択）など様々な項目がある．これらのパラメータは 1 動作ごとに異なるデータを設定することが多いので，パラメータ設定の容易

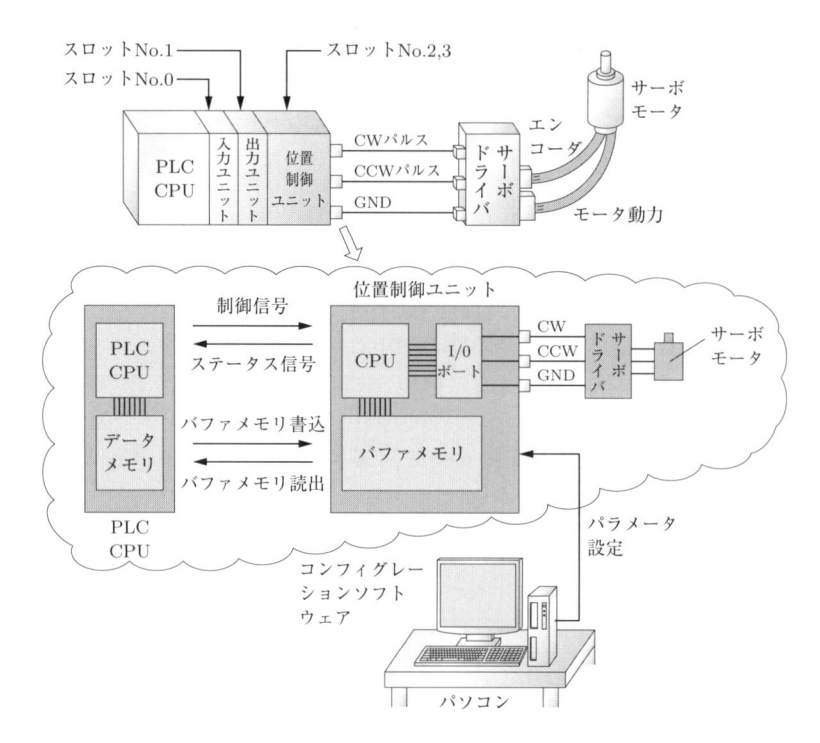

図 8.9 位置制御ユニットの構成イメージ

さは重要である．

　高機能ユニット型の位置制御ユニットは PLC のスロットに装着されているので，位置制御ユニットに割り付けられた出力リレーのコイルを PLC のラダープログラムで ON/OFF することによって制御指令を出すことになる．また，Busy や Ready 信号のような位置制御ユニットの状態を表す信号は，位置制御ユニットに割り付けられた入力接点を使ってラダープログラムに反映することができる．

　バファメモリを使った位置決めユニットの例として，Melsec Q シリーズの位置決めユニット QD75P2 を紹介する．QD75P2 は 2 軸の位置決めユニットで，ステッピングモータやパルス列入力のサーボモータを動作させるためのパルス列を出力できる．なお，Melsec Q シリーズでは高機能ユニットのことをインテリジェントユニットとよんでいる．

　この位置決めユニットのパラメータ設定が簡単にできるように，GX-Configulator-QP という位置決めパルスの設定を行うコンフィグレータが用意されている．コンフィグレータは信号のロジックの設定変更や位置データ，指令速度，加速減速レートなどを設定できる．図 8.10 にコンフィグレータの位置決めデータ

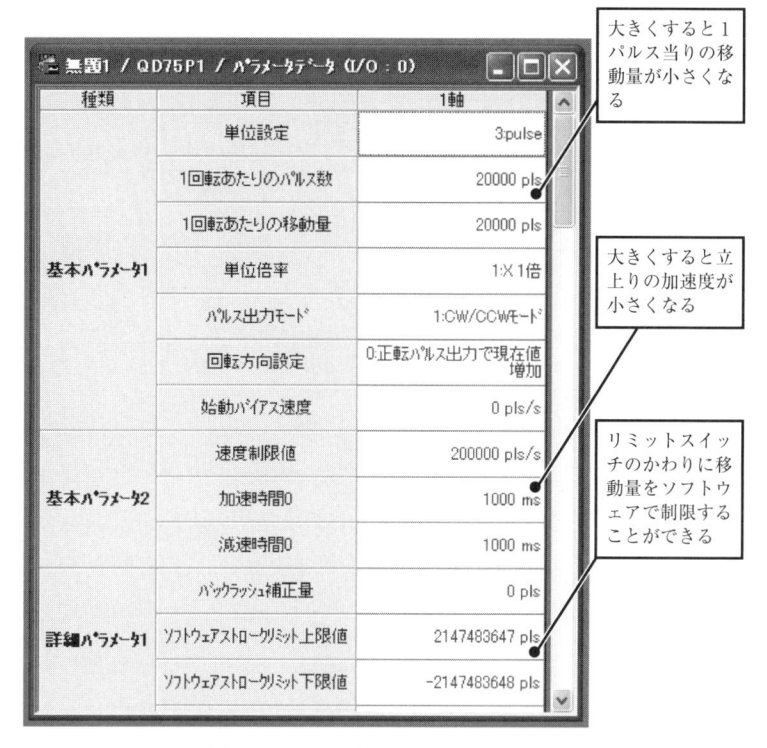

(a) パラメータ設定画面

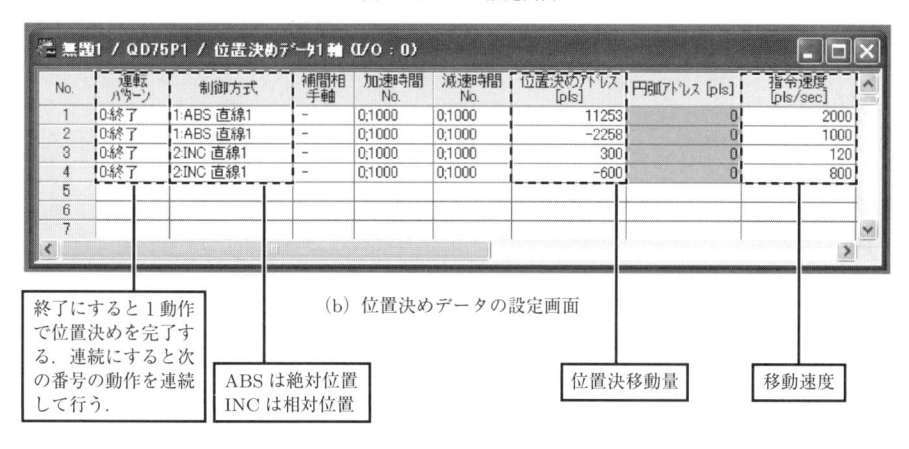

(b) 位置決めデータの設定画面

図 8.10 コンフィグレータを使った位置決めデータの例

設定画面例を示す．コンフィグレータで設定された位置決め No.1 のデータを使って位置決め運転を実行するプログラムは，たとえば図 8.11 のようになる．

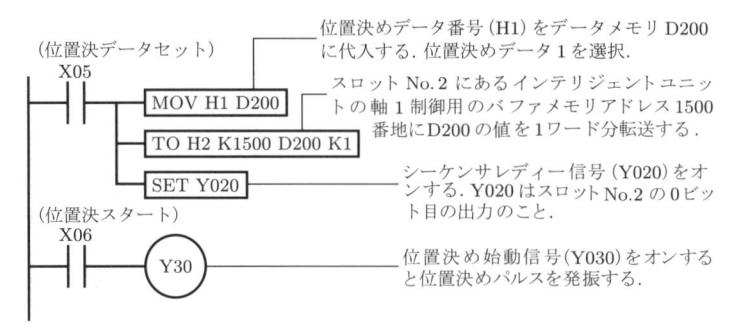

```
(位置決データセット)
    X05
─────┤├──────┬──── MOV H1 D200 ──────── 位置決めデータ番号(H1)をデータメモリD200
             │                          に代入する.位置決めデータ1を選択.
             ├──── TO H2 K1500 D200 K1 ─ スロットNo.2にあるインテリジェントユニッ
             │                          トの軸1制御用のバファメモリアドレス1500
             │                          番地にD200の値を1ワード分転送する.
             └──── SET Y020 ─────────── シーケンスレディー信号(Y020)をオン
                                        する.Y020はスロットNo.2の0ビッ
                                        ト目の出力のこと.
(位置決スタート)
    X06
─────┤├────────── ( Y30 ) ──────────── 位置決め始動信号(Y030)をオンする
                                        と位置決めパルスを発振する.
```

(a) TO命令を使ったバファメモリの設定方法
　　(位置決めデータNo.1で駆動するプログラムの例)

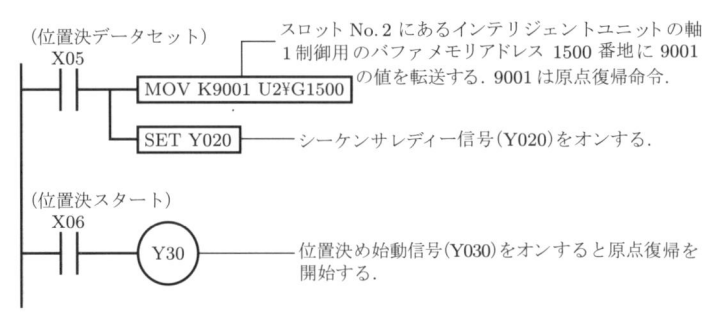

```
(位置決データセット)
    X05
─────┤├──────┬──── MOV K9001 U2¥G1500 ── スロットNo.2にあるインテリジェントユニットの軸
             │                           1制御用のバファメモリアドレス1500番地に9001
             │                           の値を転送する.9001は原点復帰命令.
             └──── SET Y020 ─────────── シーケンスレディー信号(Y020)をオンする.
(位置決スタート)
    X06
─────┤├────────── ( Y30 ) ──────────── 位置決め始動信号(Y030)をオンすると原点復帰を
                                        開始する.
```

(b) MOV命令を使ったバファメモリの設定方法
　　(原点復帰プログラムの例)

図8.11 位置決め出力を出すラダー図(Melsec Qシリーズの例)

8.3 通信ユニット

8.3.1 パソコンとのシリアル通信

　PLCにシリアル通信ユニットを装着すると,コンピュータとPLC間のデータのやり取りを行なったり,PLCと計測器などの外部機器との交信ができるようになる.とくに数値データの送受信では,RS232Cのようなシリアル通信が行なわれることが多い.図8.12の例は,データの送受信をするためにパソコンとPLCとをRS232Cシリアル通信ケーブルで接続したものである.

　シリアル通信は一つの回線のONとOFF(HighとLow)の信号を使って通信する方法で,パソコンからPLCにデータを送るときにはパソコンのSD(データ送信)端子からPLCのRD(データ受信)端子にON/OFFの信号が送られる.次に,PLCはこのオンオフの信号を受信するとそのパターンによって受け取ったデータを認識する.たとえば,データ長が7ビットのときに"S"という文字を送信すると,送信パターンは,ON-OFF-ON-OFF-OFF-ON-ONとなる.ONを1,OFFを0

8.3 通信ユニット

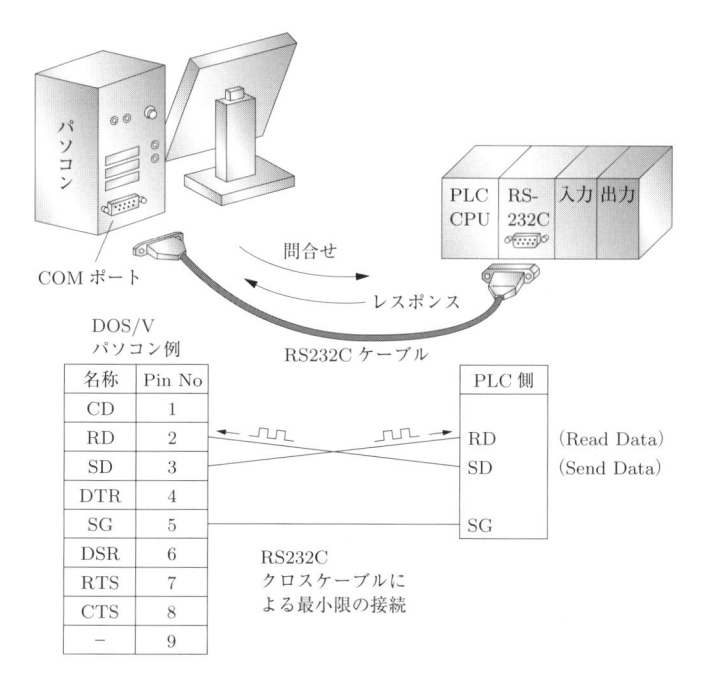

名称	Pin No
CD	1
RD	2
SD	3
DTR	4
SG	5
DSR	6
RTS	7
CTS	8
–	9

図 8.12　シリアルコミュニケーション(RS-232C)による通信接続例

とすると，101 0011 である．このパターンの上位 3 桁 101 は 16 進数の 5 で，下位 4 桁 0011 は 16 進数の 3 になるので，53(h) ということになる．これを図 8.13 の ASCII コードを使って文字に変換すると，上位桁が 5 で，下位桁が 3 の交点に当たるところに S という文字があることがわかる．したがって 101 0011 を受け取った PLC は "S" という文字を受け取ったと認識できるのである．

一般にシリアル通信では，ASCII コード(アスキーコード)による文字列を使った通信がよく利用されている．

一方，一連の文字列を受け取った PLC では，その文字列を並べて，PLC のもっている命令語形態に合致していればその処理を実行する．

たとえば，データメモリ D100 の内容を読み出すための命令が "RDM100" であったとする．この場合には，PLC がパソコンから "RDM100" という文字列を受け取ると，パソコンに対してデータメモリ D100 の内容を PLC の SD 端子から送信するといった具合になる．

パソコンで PLC と通信するには，このような命令語のフォーマットを使ってパソコンから命令を送り，そのレスポンスとして PLC からデータを受け取るという形をとることが多い．このように PLC の専用プロトコルを使って通信する方法を手順あり通信とよんでいる．

16進	0	1	2	3	4	5	6	7	8	9	A	B	C	D	E	F
0		DLE	SP	0	@	P	`	p				ー	タ	ミ		
1	SOH	DC1	!	1	A	Q	a	q			。	ア	チ	ム		
2	STX	DC2	"	2	B	R	b	r			「	イ	ツ	メ		
3	ETX	DC3	#	3	C	S	c	s			」	ウ	テ	モ		
4	EOT	DC4	$	4	D	T	d	t			、	エ	ト	ヤ		
5	ENQ	NAK	%	5	E	U	e	u			・	オ	ナ	ユ		
6	ACK	SYN	&	6	F	V	f	v			ヲ	カ	ニ	ヨ		
7	BEL	ETB	'	7	G	W	g	w			ア	キ	ヌ	ラ		
8	BS	CAN	(	8	H	X	h	x			イ	ク	ネ	リ		
9	HT	EM	)	9	I	Y	i	y			ウ	ケ	ノ	ル		
A	LF	SUB	*	:	J	Z	j	z			エ	コ	ハ	レ		
B	VT	ESC	+	;	K	[	k	{			オ	サ	ヒ	ロ		
C	FF	FS	,	<	L	\	l					ヤ	シ	フ	ワ		
D	CR	GS	-	=	M	]	m	}			ユ	ス	ヘ	ン		
E	SO	RS	.	>	N	^	n	~			ヨ	セ	ホ	゛		
F	SI	US	/	?	O	_	o	DEL			ッ	ソ	マ	゜		

上位桁5 ↓　[上位桁]
下位桁3 →
[下位桁]

7ビットASCIIコード
8ビットJISコード

図8.13　ASCIIコード

シリアル通信では，データを1ビットずつクロックに合わせて決められた時間間隔で送っていくので，送信側と受信側のクロックが正確に合致していなければならない．これを合わせるのがボーレートである．ボーレートは一秒当たりに送受信するビットの数で単位はbps(bit/sec)で規定される通信速度である．これによって1ビットあたりの送受信の時間間隔が決められる．さらに，データビット長(7ビットか8ビット)，スタートビット(通常1ビット)，ストップビット(1～2ビット)，パリティビットの有無などの通信設定を送信側と受信側で同じ値に合わせておく必要がある．

8.3.2　計測器とのシリアル通信

計測器や画像処理装置あるいはセンサ等のデータをシリアル通信ユニットを使ってPLCに取り込む場合には，PLCからデータ送信要求のコマンドを送り，相手からのレスポンスとして必要なデータを送り返してもらうという手順をとることが多い．PLCから計測器のもつ命令フォーマットに合わせた文字列を送信するような通信方法を無手順通信とよんでいる．

8.3 通信ユニット

　無手順通信でPLCから外部機器へ文字列を送信するには，PLCのシリアル通信ユニットの送信バッファを使う．PLCのプログラムで送信バッファに送信する文字列を書き込むと，あるタイミングで送信バッファから相手機器にその文字列が送信される．

　無手順通信の一つの例として，PLCを計測器と通信して，計測器のもつフォーマットにあわせた命令語を送ることを考えてみる．汎用の計測器は標準化が進んでいて，多くの計測器が次のコマンドをもっている．

計測器のもつ命令	意　味
＊IDN?	機種名の問い合わせ
＊RST?	機器の初期化
＊TRG?	トリガ入力の要求

　PLCからこの命令フォーマットをもつ計測器の機種名の問い合わせを行うには，文字列"＊""I""D""N""?"をPLCの送信バッファに書き込むようにすればよい．計測器がこの文字列を受け取ると，計測器からレスポンスが帰ってくる．計測器から送り出された応答の文字列は，PLCの受信バッファに一時的に格納されるので，これをPLCのプログラムで読み出せばよい．

　MelsecシリーズのRS232C通信ユニット（上位リンクユニットまたはシリアルコミュニケーションユニット）を使うと，ユニットのバッファメモリ上に送信データを格納するアドレスがあるので，TO命令を使ってそのバッファメモリに文字列を送ることになる．また，レスポンスを読み込むには，受信データが格納されるバッファメモリアドレスからFROM命令を使って読み出すようにする．

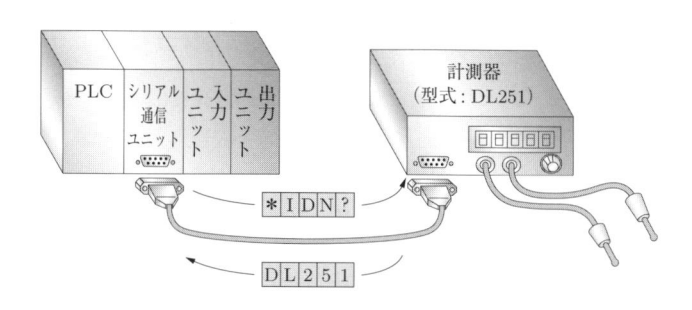

計測器のプロトコルに合わせてPLCから無手順で命令語（＊IDN?）を送信する．計測器からは型式（DL251）がレスポンスとしてPLCに返信される

図8.14　PLCと計測器のシリアル通信

Sysmac C シリーズの PLC では送信バッファに文字列を送る専用命令 TXD と受信バッファからデータを読み出す受信命令 RXD が用意されている．ただし，実際の命令フォーマットには，命令語の前後に開始コマンドや終了コマンドなどを付加しなければならないこともあるので注意する．図 8.14 には PLC と計測器のシリアル通信の接続例を示す．

8.3.3 パソコンとの通信ソフトウェア

パソコンと PLC の通信を行うには，パソコン側にもソフトウェアが必要になる．RS232C 通信やイーサネットの通信でデータを送受信するには，Windows マシンであれば，C 言語や Basic 言語などの開発言語を使って自作することも考えられる．

この場合，PLC の命令フォーマットに従った文字列をパソコンから PLC に送信して，PLC からのレスポンスを読み取る通信プログラムが必要になる．このような通信プログラムやアプリケーションを自作するのは手間がかかるが，ユーザにとっては最適なプログラムを作ることが可能となる．通信プログラムが苦手な場合は，パソコンと PLC を通信させるための通信モジュールが PLC メーカーから提供されている場合があるので，それを利用するとよい．たとえば，Melsec シリーズでは，「MX-Component」という商品名で，Sysmac シリーズでは「Compolet」という商品名で市販されているが，これらは単独で使用するものではなく，Visual Basic などの高級言語にコンポーネントとして組み込んで利用するものである．したがって Visual Basic などの言語を習得しないと使えない．

一方，自動的に PLC のデータをプログラムレスでパソコン上に表示することができるようにしたものもある．たとえば，Melsec シリーズでは，「MX-Sheet」という商品名で，また，Sysmac シリーズでは「代官山」という商品名で，Excel との自動通信が可能なソフトウェアが市販されている．いずれも通信経路はイーサネット，RS232C，PLC リンクによるネットワーク通信など複数の通信経路に対応している．ただし，これらのソフトウェアでは通常データを受け渡してから表示されるまでの速度が秒単位になっている．したがって，数秒おきとか何分おきといった間隔でデータを収集してその傾向をみるとか，一日の生産管理データを取り込むなどの用途に利用されることが多く，高速の処理には適していない場合もある．

8.3.4 Excel を使った PLC のデータ転送例

Melsec Q シリーズの PLC のデータを MX-Sheet を使って，表計算ソフトウェア Excel との通信をする具体例を紹介する．パソコンに MX-Sheet をインストールして Excel にリンクした後に Excel の画面を開くと，図 8.15(a)①のように Ex-

8.3 通信ユニット

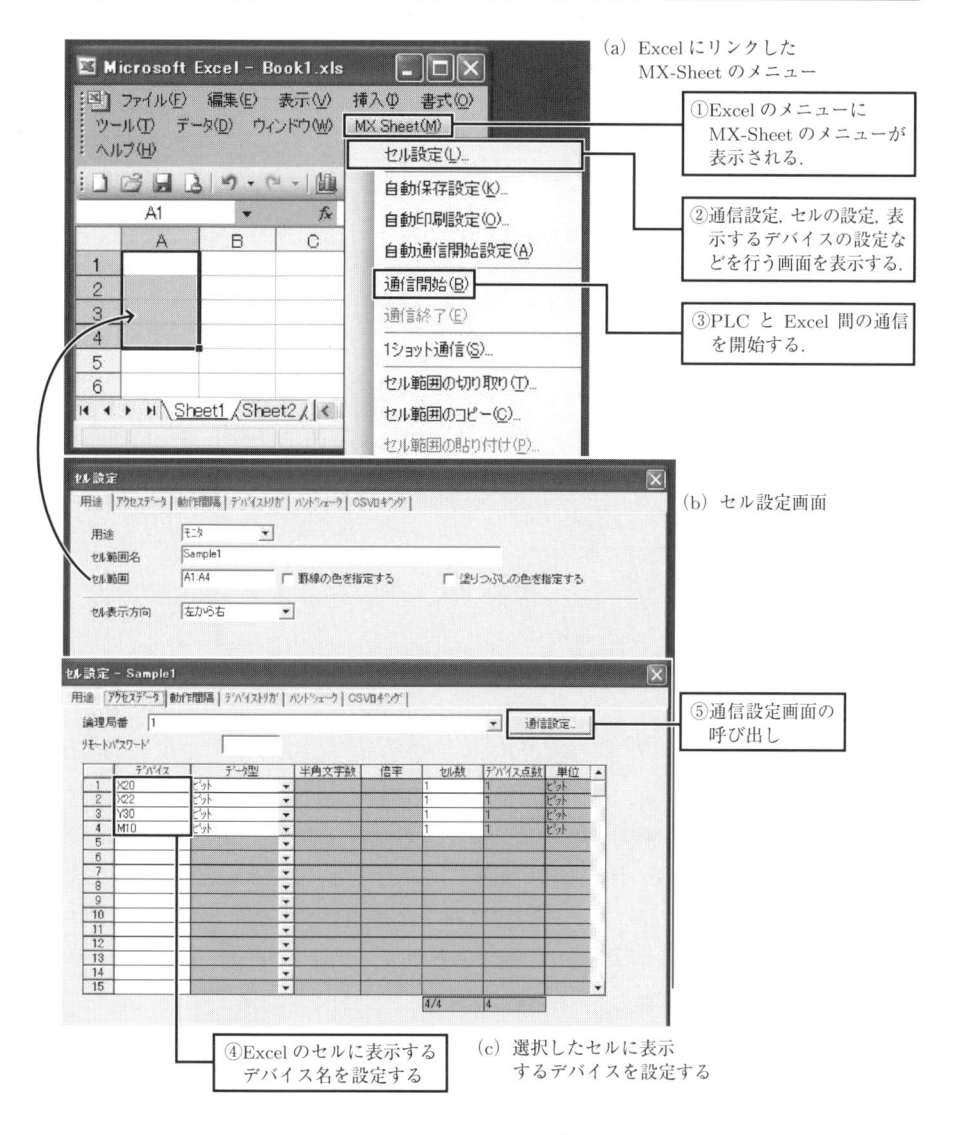

図 8.15　MX-Sheet の設定例

(a) Excel にリンクした MX-Sheet のメニュー
①Excel のメニューに MX-Sheet のメニューが表示される．
②通信設定，セルの設定，表示するデバイスの設定などを行う画面を表示する．
③PLC と Excel 間の通信を開始する．

(b) セル設定画面

(c) 選択したセルに表示するデバイスを設定する
④Excel のセルに表示するデバイス名を設定する
⑤通信設定画面の呼び出し

cel のメニューバーに MX-Sheet のメニューが追加される．PLC のデータを表示するセルを選択してから，このメニューのセル設定②を選択すると図 8.15(b) のようなセル設定画面が表示される．用途のタブでモニタや書込みを選択できるので，PLC のデータを監視するのであればモニタ，PLC のメモリの内容を Excel を使って変更するのであれば書込みを選択する．図 8.15(c) のアクセスデータのタブではセルに表示する PLC のデバイス名を④のように設定する．

（a）MX-Sheet の通信設定画面

ウィザードを使うと簡単に PLC との通信の設定ができる．

設定された通信データが表示される．

X20 が ON しているときに 1 となる

ここに各デバイスの状態が表示される

（b）A1〜A4 に X20, X22, Y30, M10 の値を表示する例

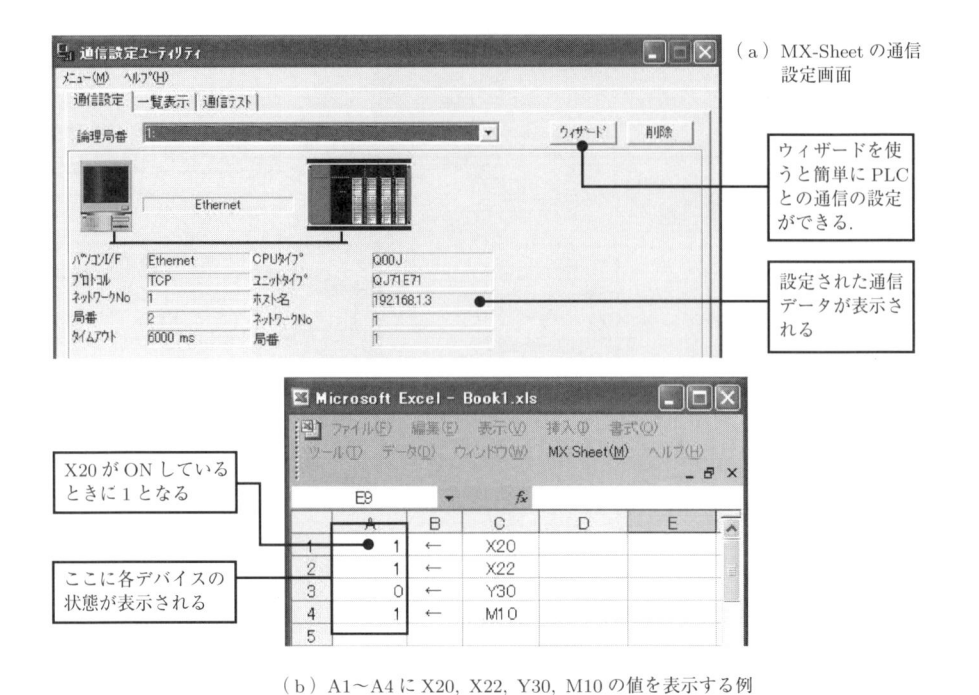

図 8.16　MX-Sheet を使った PLC のデータのモニタリング

⑤の通信設定のボタンで(d)の MX-Sheet の通信設定画面を呼び出せる．この画面で，パソコンと PLC の間の通信方法を選択できる．通信手段としては，RS-232C シリアル通信，イーサネット，USB，PLC ネットワークなどがある．図 8.15(a)③の MX-Sheet のメニューの通信開始をクリックすると，設定したデータに従って PLC と通信を開始し，PLC のデバイスのデータの読み書きを連続して行うようになる．

図 8.16(a)は PLC とパソコンの間の通信回線の設定画面で，ウィザードを使うと対話形式で簡単に設定できる．図 8.16(b)には，Excel の A1 〜 A4 のセルに X20, X22, Y30, M10 の値を表示した例を示す．

8.4　ネットワークユニット

PLC のネットワークには PLC リンク，オープンフィールドネットワーク，リモート I/O，イーサネットなどがあり，それぞれに異なるネットワーク用の高機能ユニットが必要になる．その代表的なものを紹介する．

8.4.1 PLCリンクユニット

　PLCリンクユニットはPLC間でデータを共有するための専用のネットワークで，各メーカーによって名称や仕様が異なっている．たとえば，MelsecシリーズのPLCではMelsecNetがあり，SysmacシリーズではSysmacLink，ControllerLinkなどがある．

　PLCリンクユニットは，PLCの内部のデータを複数のPLC間で共有するものである．このネットワークはPLCの専用ネットワークで高速でデータの受け渡しができる．共有できるデータは，入出力I/Oなどのビットデータとデータメモリなどのワードデータで，かなり大量のデータの共有も可能である．ControllerLinkまたはSysmacLinkでは2 Mbpsの通信速度で，2000ビットのI/Oと2000ワードのデータメモリの共有をしたときでも，約34 ms程度の速い通信サイクルが実現できる．MelsecNetHのような高速のものでは，25 Mbpsの通信も可能である．

　PLC間の通信には光ファイバや同軸ケーブル，あるいはツイストペアを使ったものなどがある．ネットワークの種類によっては複数のネットワーク間の接続やネットワークの階層構造をとることもできる．

　図8.17はPLCリンクを使ったネットワークのイメージ図である．この例では，MelsecNetおよび，ControllerLinkを使ったネットワークを想定している．

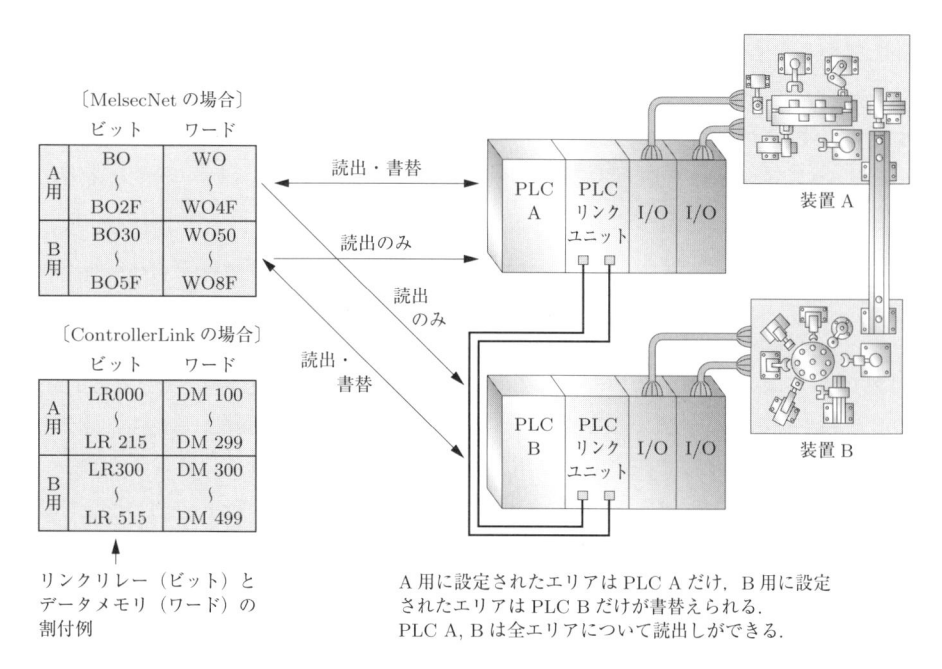

図8.17　PLCリンクによるネットワーク

8.4.2 オープンフィールドネットワーク

　オープンフィールドネットワークは，PLC本体から離れた場所にある機器の入出力をそのネットワーク専用のシリアル通信を使って管理するもので，規格化された仕様で通信が行なわれる．このシリアル通信はRS232Cやイーサネットのような汎用のシリアル通信とは異なる専用の通信方法をとっている．また，ネットワークに接続するプロトコルが公開されているのでいろいろなメーカーの製品に組み込まれて市場に供給されている．

　オープンフィールドネットワークは，PLCと接続する周辺機器の入出力を通信を使って管理するので，配線の工数が削減されるメリットがある．一方で，通信速度の遅れによる制御性への影響や通信異常のときの処理方法などを正しく設定しておかないとトラブルを起こす原因にもなりかねない．

　MelsecシリーズではCC-Linkという名称のオープンフィールドネットワークがある．SysmacシリーズではデバイスネットDeviceNetが利用できる．DeviceNetの通信速度は最高500 kbpsになっている．入出力256点程度のデータの転送の場合，通信サイクルは5 ms程度である．CC-Linkの場合，10 Mbpsの通信速度のときにリモート入出力2048点で約3.3 msの通信サイクルが得られる．一般にI/O点数が多くなると通信速度は遅くなる．

　多関節ロボットのように入出力点数の多いユニットにオープンフィールドネットワークのスレーブユニットを(子機)装着してPLCと接続すると，本来何十本もの線を配線しなくてはならないものが，PLCとロボット間の通信回線だけを接続すればよいようになる．そうするとロボット側の配線は非常停止やプログラム用のスイッチ程度に限定されるので配線工数は圧倒的に少なくなる．

　図 8.18 はSysmacシリーズのデバイスネットのオープンフィールドネットワークを構成したイメージ図である．

　図 8.19 にはCC-Linkを使って離れた場所におかれたリモートデバイスを制御する例を示す．この例では，PLCにCC-Linkのホストユニットを置き，二つのデバイス局を通信ケーブルでリンクしている．このようなリモートデバイスを使った制御では，I/Oのリンクとデータメモリのリンクの両方の設定ができる．CC-Linkのリモート局の1局あたりに割り付けられるリモート入出力点数は32点で，データリンクは，読み出し用，書き込み用ともに4ワードずつが割り付けられる．

　CC-Linkはオープンフィールドネットワークであるが，リモートI/Oとして高速に遠隔のI/Oをスキャンするモードももっている．

　図 8.20 にMelsec QシリーズのCC-Linkのマスタユニット(QJ61BT11N)と一つのリモートI/Oユニット(AJ65SBTB1-16DT2)の簡単な設定例を示す．このリモートI/Oユニットは入力8点，出力8点をもち，割付は，入力が0〜7でこれ

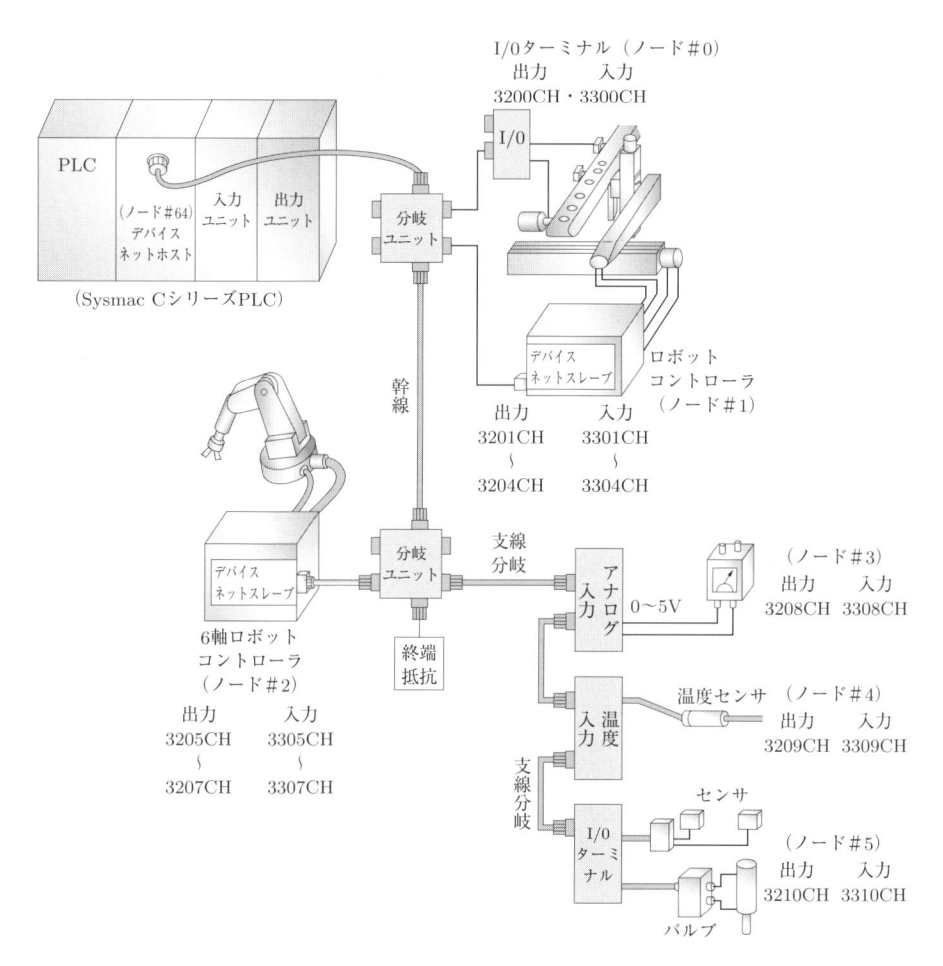

図8.18 オープンフィールドネットワーク構成例(デバイスネット)

に続いて出力に 8～F までの番号が割り振られている．この CC-Link のリモート I/O ユニットをホストに接続してリモート入出力を行うときの実際の設定例を紹介する．

まず，ハードウェアの設定と配線を行う．図 8.20 のように CC-Link のマスタユニットとリモート I/O の DA，DB，DG をツイストペアケーブルで接続し，ネットワークの両端に終端抵抗をつける．そして，全 CC-Link ユニットの伝送速度を MODE 設定スイッチで同じ値に合わせておく．使用できる伝送速度は，156 kbps（モード 0），625 kbps（モード 1），2.5 Mbps（モード 2），5 Mbps（モード 3），10 Mbps（モード 4）の 5 種類である．ボーレートを上げれば通信速度は速くなるが安定性は悪くなるので通信異常などが起きたときにはボーレートを下げるようにする．

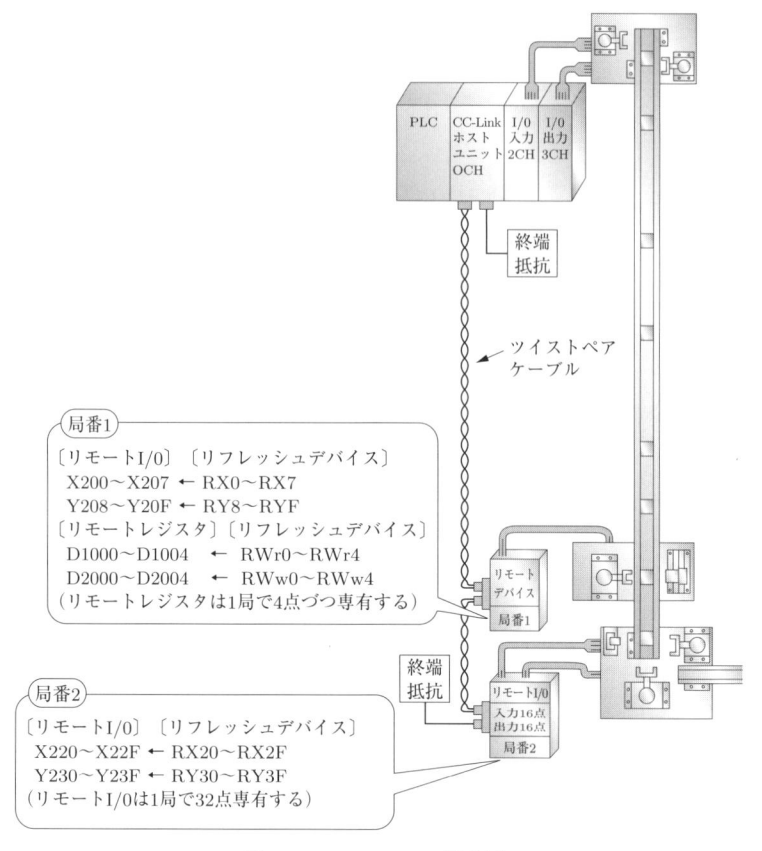

第 8 章　PLC の高機能を利用する

```
           ┌─────┬─────┬─────┬─────┐
           │ PLC │CC-Link│ I/O │ I/O │
           │     │ホスト │入力 │出力 │
           │     │ユニット│2CH │3CH │
           │     │ 0CH │     │     │
           └─────┴─────┴─────┴─────┘
                      │
                    終端
                    抵抗

                    ツイストペア
                    ケーブル
```

〔局番1〕
〔リモートI/O〕〔リフレッシュデバイス〕
　X200〜X207　←　RX0〜RX7
　Y208〜Y20F　←　RY8〜RYF
〔リモートレジスタ〕〔リフレッシュデバイス〕
　D1000〜D1004　←　RWr0〜RWr4
　D2000〜D2004　←　RWw0〜RWw4
（リモートレジスタは1局で4点づつ専有する）

終端抵抗

〔局番2〕
〔リモートI/O〕〔リフレッシュデバイス〕
　X220〜X22F　←　RX20〜RX2F
　Y230〜Y23F　←　RY30〜RY3F
（リモートI/Oは1局で32点専有する）

図 8.19　CC-Link の概念図

　マスタユニットの局番は 0 とする．リモート I/O の局番は若い順に 1, 2, 3 と順番に割り振るが，複数局を占有するユニットがあるときには，その次にくるユニットは占有された局数を飛ばして設定しなければならない．今回はリモート I/O は 1 台だけなので，局番を 1 とする．

　ハードウェアの設定が終わったら，PLC プログラミングソフトウェアの GX-Developer を立ち上げて，PLC 側でネットワークパラメータを設定する．**図 8.21** は GX-Developer のネットワークパラメータから CC-Link を選んで設定画面を表示したものである．先頭 I/O No. には CC-Link マスタユニットが装着されている PLC のスロット番号を記述する．スロット番号とは CC-Link ユニットに割り当てられた装着スロットの先頭番号のことである．スロット 0 ならば 0000，スロット 2 ならば 0020 とする．総接続台数は，マスタユニットを除くリモート I/O ユニットの総数で，1 台ならば 1 とする．最大は 64 台である．

8.4 ネットワークユニット

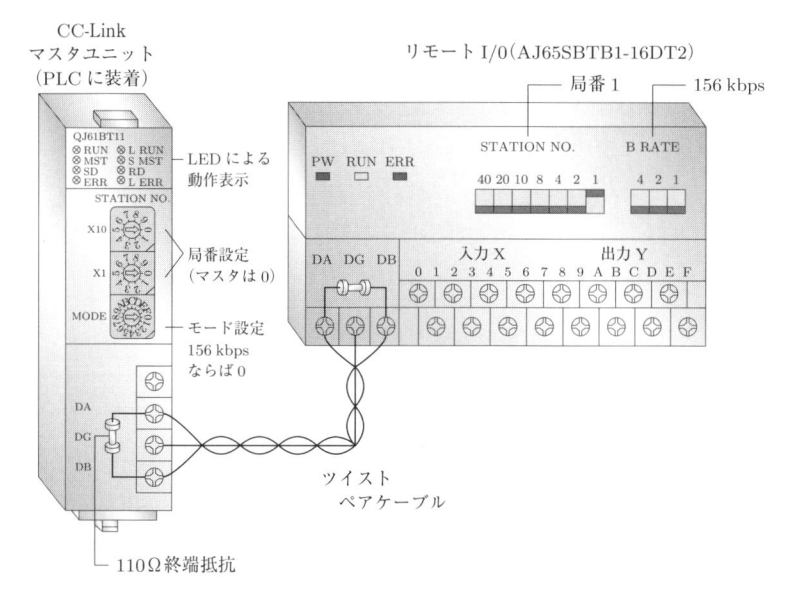

図 8.20 CC-Link の接続例

　リモート入力リフレッシュデバイスには，リモート I/O の入力ユニットの端子番号を割り付ける入力リレーの先頭番号を記述する．リモート出力リフレッシュデバイスは同様にリモート I/O の出力リレーの先頭番号を割り付ける．リモート I/O の入出力は，仮想的にいったんリモート入出力リレー RX, RY に入出力信号が保持されるが，RX, RY は直接 PLC のシーケンスプログラムでは読み書きができないのでこれを割り付けるリレーをリフレッシュデバイスとして登録する．この割付によって，シーケンスプログラム上では RX, RY は使わずに割り付けられたデバイス番号をリモート I/O の入出力リレー番号として利用できる．図 8.21 では RX, RY のリフレッシュデバイスをそれぞれ X200, Y200 としているので，このリモート I/O の入力は X200 〜 X207，出力は Y208 〜 Y20F になる．装着したリモート I/O ユニットは入力 8 点，出力 8 点をもち，割付は，入力が 0 〜 7 でこれに続いて出力が 8 〜 F までの番号が割り振られている．

　そこで図 8.21 のように設定すると，リモート I/O の入出力は**図 8.22** のようなプログラムで読み書きができるようになる．

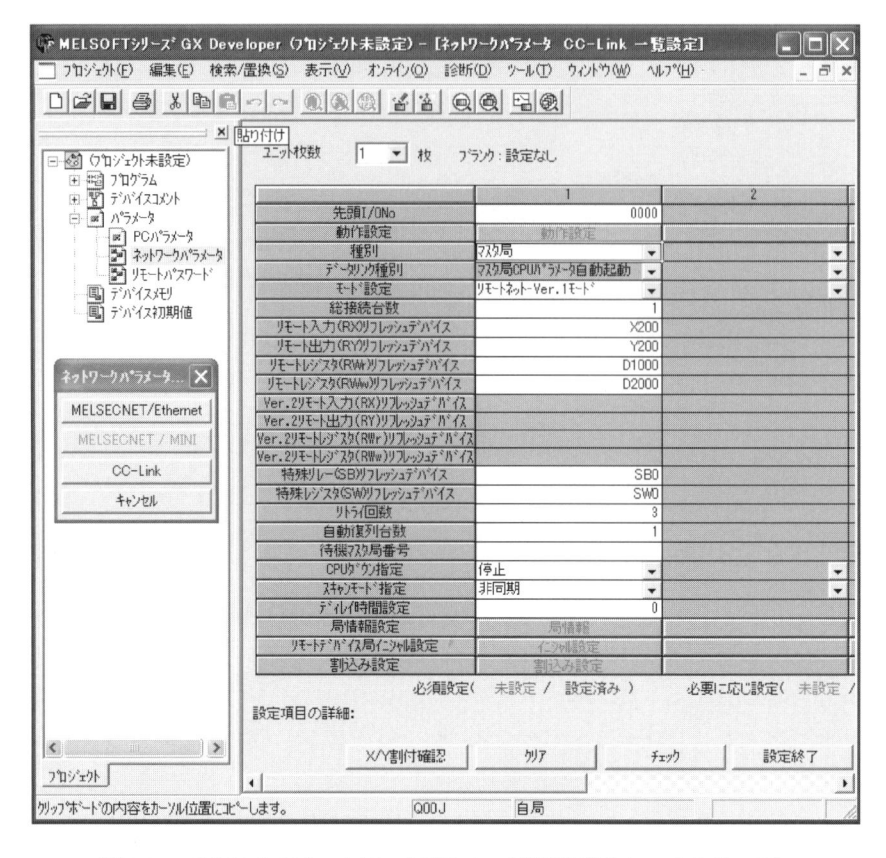

第 8 章　PLC の高機能を利用する

図 8.21　CC-Link のネットワークパラメータ設定例（Melsec Q シリーズ）

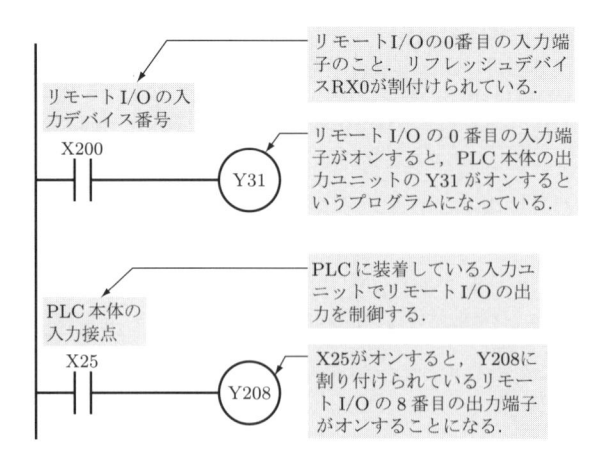

図 8.22　CC-Link によるリモート I/O のプログラム例

8.4.3 リモートI/O

リモートI/Oは，通信を使ってPLC本体から離れたところにある入出力ユニットとのオンオフ信号のやり取りができるようにしたものである．リモートI/Oユニットを装置の適当な場所にいくつか配置して，センサやバルブの信号線を配線すれば，PLC本体に装着したリモートI/OのホストユニットとリモートI/Oユニットは通信線で接続するだけで信号の受け渡しができるようになるので，省配線が可能になる．

オープンフィールドネットワークではデバイスとのデータリンクもできるようになっていたが，リモートI/Oではリレーのオンオフ信号に限られている．8.4.2項のCC-Linkの例のようにオープンフィールドネットワークでもリモートI/Oを構成することはできるが，通常のリモートI/Oはそれよりも安価で簡易に遠隔の入出力を制御できるようになっている．

図8.23には，オムロン製のリモートI/OであるCompoBus/Sを利用したネットワークの構成例を示す．この場合は，基本的にデータリンク機能はもっていないが，I/Oの16点を1ワードとして扱えば，限られた範囲ではあるが，16ビットのデータを受け渡すことができる．

オムロン Compo Bus/s
・最大500m
・通信サイクル1ms以下（256点）

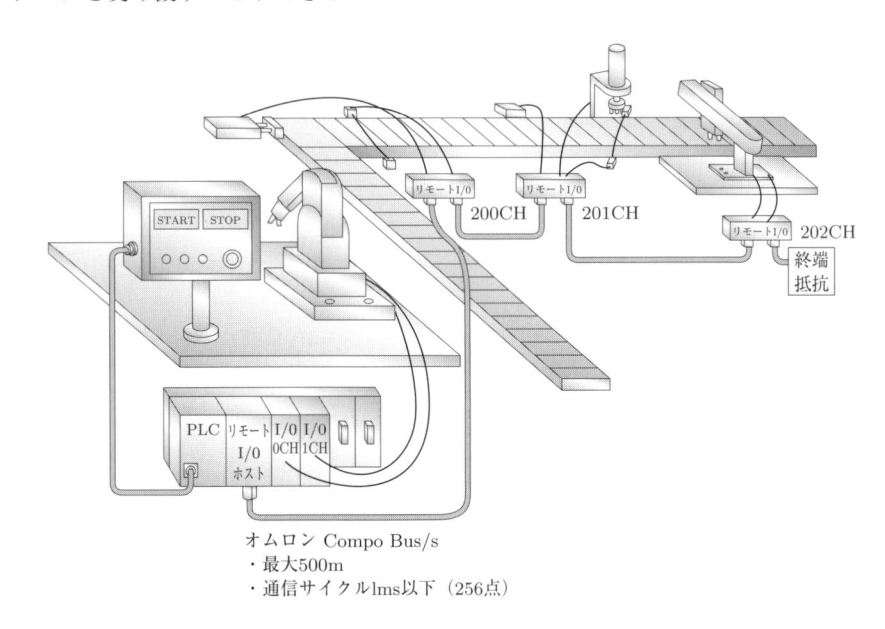

図8.23 リモートI/Oの例(オムロン CompoBus/S)

8.5 WEBサーバ

WEBサーバユニットはPLCにWEB機能をもたせることで，インターネット

エクスプローラのようなパソコンのWEBブラウザを使って遠隔からPLCを監視したり制御したりすることに利用される．たとえばWEB画面にスイッチを登録しておくと，それをインターネットブラウザを使ってパソコン上の画面でクリックしたときにPLCのI/Oを制御することができるようになるのである．また，生産数量やカウンタの現在値などを複数のパソコンでモニタすることもできる．

ただし，WEBを使った通信なので，インターネットブラウザ上の画面の更新に時間がかかったり，データ転送速度がばらついたりするので高速の処理が求められるところでは利用しにくい面がある．

図 **8.24** はWEBサーバを使ったWEB制御画面の例である．「スタート」と書いてあるのがスイッチで，WEBブラウザの画面上でクリックすることができる．半円形の絵はランプ出力であり，入出力の状態によって色を変化させることができる．WEBサーバのプログラムはホームページを作るときと同じように，HTMLタグを使ってプログラミングする．

図 8.24 の画面を表示するプログラムの一部を図 **8.25** に示す．このプログラムでは，サンマイクロシステムのJavaアプレットを利用している．

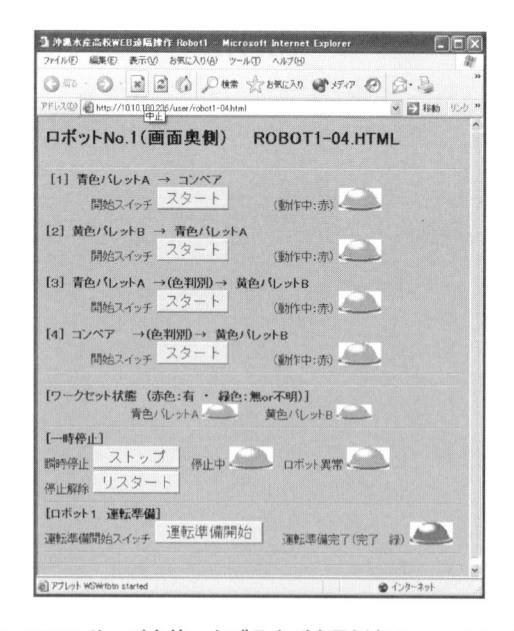

図 8.24　WEBサーバを使ったブラウザ表示例（Melsec QJ71WS96）

8.5 WEB サーバ

```
<HTML>
<HEAD>
<TITLE>
WEB遠隔操作 Robot1
</TITLE>
</HEAD>
<BODY BGCOLOR=Skyblue>
<H2><B>ロボットNo.1（画面奥側）ROBOT1-04.HTML</B></H2>
<HR>
<applet code="WSCom.class" codebase="/PARTS/" width="0" height="0">
<param name="INTERVAL" value="2">
</applet>
<B>[1] 青色パレットA　→　コンベア</B> <br>
　　開始スイッチ
<applet code="WSWrtbtn.class" codebase="/PARTS/" width="100" height="30">
<param name="TAGNO" value="1"><param name="ELMNO" value="1">
<param name="CAPTION" value="スタート">
<param name="DATA" value="1">
<param name="CONFIRM" value="0">
</applet>
　　（動作中：赤）
<applet code="WSPictur.class" codebase="/PARTS/" width="60" height="30">
<param name="TAGNO" value="1"><param name="ELMNO" value="11">
<param name="RANGENO" value="2">
<param name="LOW1" value="0">
<param name="HIGH1" value="0">
<param name="PICTURE1" value="green..JPG">
<param name="LOW2" value="1">
<param name="HIGH2" value="1">
<param name="PICTURE2" value="RED.JPG">
<param name="APLCOLOR" value="Gray">
</applet>
<BR>
<BR>
<B>[2]　黄色パレットB　→　青色パレットA</B> <br>
　　開始スイッチ
<applet code="WSWrtbtn.class" codebase="/PARTS/" width="100" height="30">
```

図 8.25　WEB サーバを使った HTML プログラム例（Melsec QJ71WS96）

8.6 イーサネット通信

イーサネットは，いまやコンピュータネットワークでは汎用性のある通信方法としてスタンダードになっているといってもよいだろう．ここではPLCをイーサネットを使ってローカルエリアネットワークにつないでパソコンと通信を行う方法を解説する．

8.6.1 PLCによるイーサネット通信方法

PLCの世界でも，イーサネットを使った通信が普通に行われるようになってきた．PLCでイーサネットを利用する場合には，イーサネット専用のユニットをスロットに装着して利用するのが一般的である．

図8.26にPLCのイーサネットユニットとパソコンを同じローカルエリアネットワーク（LAN）に接続した例を示す．PLCのイーサネット通信でも一般のコンピュータのイーサネットと同様に，TCP/IPを使ったものがよく利用されている．PLCでは，PLCの本体に高機能ユニットであるイーサネットユニットを装着すると，TCP/IPを使った通信を行うことができるようになる．

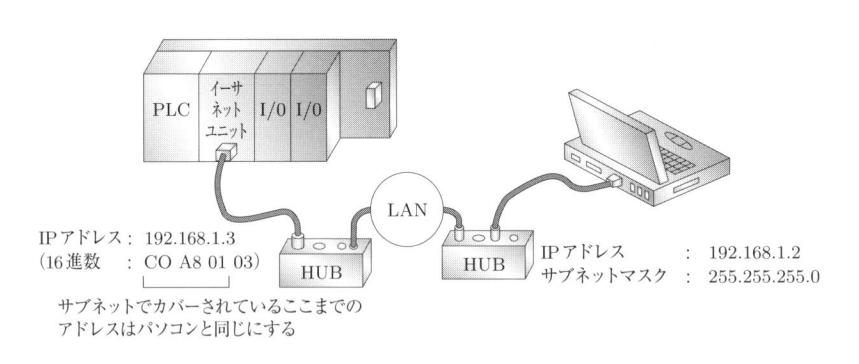

図8.26 イーサネットユニットの接続例

TCP/IPのIPはInternet Protocolの略で，IPアドレスを割り当ててルーティングの機能を実行させるものである．IPアドレスは32ビットで構成される．パソコンでは，この32ビットを8ビットずつに区切ってその区切りごとに0から255までの10進数で表記し，ドット(.)をはさんで連結して192.168.128.100のように表現している．

一方，PLCでは10進数の認識が苦手なのでIPアドレスの一区切りの8ビットを0～255の代わりに0～FFまでの16進数で表現する．たとえば，IPアドレス192.168.1.3をPLCに設定するには，16進数に変換して，C0 A8 01 03という数

8.6 イーサネット通信

値を使用する．これをイーサネットユニットの IP アドレス設定用のバファメモリに格納する．

表 8.2　PLC のイーサネットユニットによる TCP/IP の接続の手順

手順	内容
1	PLC のイーサネットユニットのイーサネットコネクタを HUB に接続する．
2	接続する相手機器を同じネットワーク上に接続する．サブネットマスク（255.255.255.0 など）を接続したネットワークに合わせて設定する．
3	イーサネット接続のプロトコルとして TCP/IP を選択する．
4	PLC に装着したイーサネットユニットに IP アドレスとソケット通信で使用するポート番号を設定する．
5	必要に応じて接続先の IP アドレスとポート番号を調べて PLC のイーサネットユニットに登録する．
6	PLC のイーサネットユニットのポートを開く条件の設定とポートの初期化を行う．
7	PLC のイーサネットユニットのイニシャル処理とオープン処理，クローズ処理を行うシーケンスプログラムを書き込んで PLC を RUN し，イーサネットユニットのパラメータを設定し，通信手順をつくる．実際に PLC のイーサネットポートを開いて，相手機器からの接続待ち（Listen）状態にする．
8	相手機器から PLC が開いているポートを指定して接続要求（Connection Request）を出してもらう．
9	接続要求を受け取ったら接続要求受付（Acceptance）の応答を返す．さらに Acceptance を受け取った側から確認応答が返送されると通信が確立する．
10	それ以降は TCP/IP プロトコルに従ったフォーマットを使ってデータの交信ができるようになる．通信設定が正常に行われると，ここで設定した論理局番を使用して Visual Studio などのパソコンのプログラムで通信ができるようになる．

TCP/IP の TCP は Transmission Control Protocol の略称で，通信する相手機器との間のポート間での接続を確立して通信を行なう方法を意味している．イーサネットユニットには他と重複しない一つの IP アドレスが割り付けられるが，この IP アドレスは複数のイーサネットポートを持っている．このイーサネットポートを論理的に開いて相手機器と通信を行うのである．このような通信をソケット通信とよんでいる．

たとえば，図 8.26 のような簡単なネットワークを想定して，PLC 側をホストとしてパソコンと接続するには，次のようにする．まず，PLC のイーサネットポートを開く．そしてパソコンからその PLC のポートに対して接続要求を出して PLC からの確認応答を待ち，応答が得られたら接続を確立する．

したがって，TCP では接続が確立した時点では，発信元のポート番号と宛先のポート番号がわかっていることになる．TCP を使ってデータを送るときには，デー

タはこの二つのポート番号といっしょに送信される．一方，IPでは発信元のIPアドレスと宛先のIPアドレスが記述されるので，TCPとIPを使うことによってデータを送受信するIPアドレスとポート番号が指定されるということになる．

さらにTCP/IPではデータの送受信をするたびにデータの欠落をチェックして再送応答などを行う仕組みになっている．これに対し，UDP/IP接続では，TCP/IPのようなハンドシェイクを確立しておらず，データはいわば送りっぱなしになるので，データ送受信の確実性が保証されない．ただし，UDP/IPではプロトコルがシンプルなので高速通信が可能である．PLCのデータを速い周期で読み出してモニタするような場合にはUDP/IPが採用されることもある．

PLCをホスト側にしたときにパソコンとTCP/IPを使ったイントラネットのソケット通信を行う手順は表8.2のようになる．

従来は，PLCのイーサネットユニットに関するこれらの設定はPLCのラダー図（シーケンスプログラム）を使って記述していたが，最近のPLCではコンフィグレータやラダーサポートソフトなどを使って値を設定したり通信方法を選択するだけでイーサネットユニットの通信設定ができるようにもなってきた．

8.6.2 MelsecQシリーズのイーサネットユニットの簡易設定

Melsec QシリーズのPLCプログラミングソフトウェアGX-Developerを使って，イーサネットユニット（QJ71E71）の初期データを簡易的に設定する具体例を紹介する．

GX-Developerの図8.27の画面で，左欄のウィンドウで，「パラメータ」→「ネットワークパラメータ」→「MELSECNET/Ethernet」をクリックしてネットワークパラメータの設定画面をよび出して，ユニット1の各項目の値を設定する．シーケンスプログラムで設定するときには8ポートまでのコネクションの設定ができるが，GX-Developerで行なう設定では，一つのコネクションしか設定できないので注意する．

ネットワーク設定の具体的な設定例を表8.3に示す．このようなデータをGX-Developerで設定する．

イーサネットユニットの動作設定は，ネットワークパラメータ設定画面で，ユニット1の「動作設定」ボタンをクリックして，図8.28の画面を呼び出して行う．動作設定の設定項目の例は表8.4のようにする．

イニシャル設定の画面の設定項目については，とくに変更する必要が無ければ，図8.29のように，タイマ設定値はデフォルトと同じにしておく．

図8.30にはイーサネットユニットをオープンするときのデータを設定する．表8.5にその設定値の例を示す．

8.6 イーサネット通信

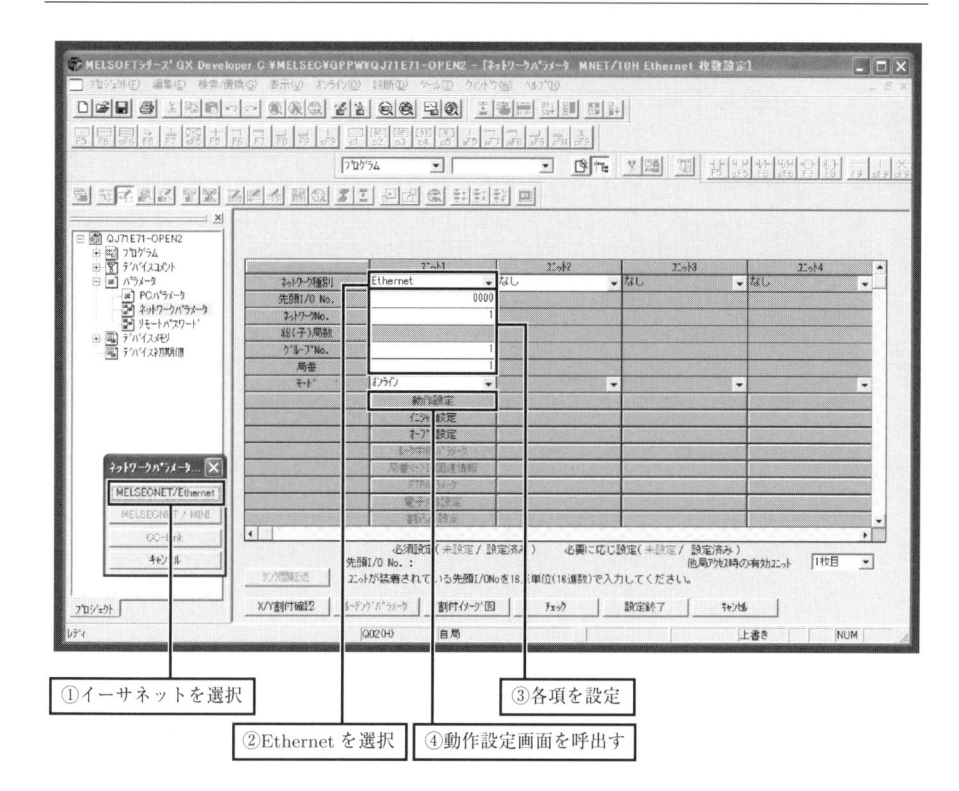

①イーサネットを選択
②Ethernet を選択
③各項を設定
④動作設定画面を呼出す

図 8.27 ネットワークパラメータの設定

表 8.3 ネットワーク設定の設定値の例

番号	内　　容	設　定　値
1	ネットワーク割付	Ethernet
2	先頭 I/O No.	0（イーサネットユニットの番号）
3	ネットワーク No.	1
4	総子局数	設定不要
5	グループ No.	1
6	局番	1
7	モード	オンライン
8	動作設定	図 8.28 詳細画面による
9	イニシャル設定	図 8.29 詳細画面による
10	オープン設定	図 8.30 詳細画面による

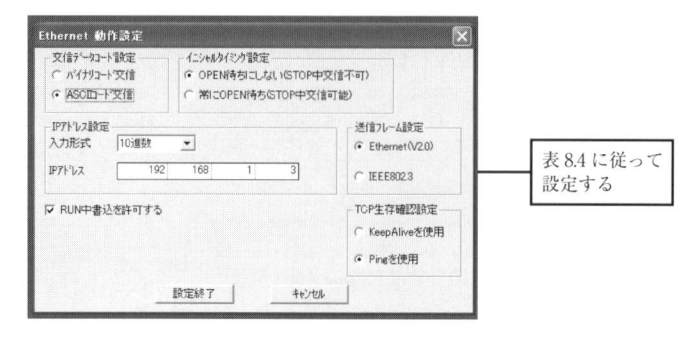

第 8 章　PLC の高機能を利用する

図 8.28　イーサネット動作設定

表 8.4　動作設定の設定値の例

番号	内　　容	設　定　値
1	交信データコード設定	ASCII コード交信
2	イニシャルタイミング設定	OPEN 待ちにしない（または常に OPEN 待ち）
	「OPEN 待ちにしない」設定では，交信手順がシーケンスプログラムをつかうので PLC が RUN 中のみ交信ができる．「常に OPEN 待ち」に設定すると，シーケンスプログラムなしで交信ができるので，PLC が STOP 状態でも交信でる．ただし「常に OPEN 待ち」は 1 ポートのみ使用する場合にだけ有効である．	
3	IP アドレス設定	192.168.1.3 などを設定（10 進数）
4	RUN 中書込許可する	チェック（✓点）をつける
5	TCP 生存確認設定	Ping を使用を選択

図 8.29　イニシャル設定

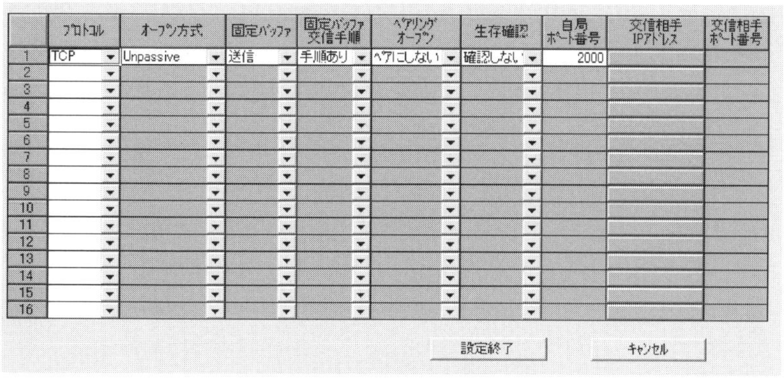

図 8.30　オープン設定

表 8.5　オープン設定の設定値の例

番号	内容	設定値
1	プロトコル	TCP
2	オープン方式	Unpassive
3	固定バッファ	送信
4	固定バッファ交信手順	手順あり
5	ペアリングオープン	ペアにしない
6	生存確認	確認しない
7	自局ポート番号	2000（16進数）

8.6.3　Melsec Q シリーズ PLC イーサネット通信コマンド

　GX-Developer による PLC の簡易通信設定が完了して，PLC を RUN（運転）モードにすると PLC は指定したイーサネットポートを開いて，相手機器からの接続待ち（Listen）状態になる．そこでパソコンなどの相手機器から PLC が開いているポートを指定して接続要求（Connection Request）を出してもらう．この接続要求のコマンドは Visual Studio などのアプリケーションソフトではイーサネットの制御コマンドとして標準で装備している．たとえば Visual Studio.NET では，TcpClient クラスの Connect メソッドを実行すると接続要求を出すことができる．

　接続が確立したら，パソコンから PLC がもっている通信コマンドの書式（コマンドフォーマット）に合わせた文字列を作って PLC に送信する．PLC がこの文字列を受け取ると，その文字列を解読して，決められた手順に従って作業を実行し，応答（レスポンス）の文字列を返信することができる．ちなみに Visual Studio.NET で文字列を PLC に送信するには NetworkStream クラスの Write メソッドを使う．

(1) パソコンから PLC への送信コマンドフォーマット

PLC がもっている通信コマンドの書式をコマンドフォーマットとよんでいる．MelsecQ シリーズのイーサネットユニット QJ71E71 のコマンドフォーマットのうち，PLC のデバイスを監視するためのコマンドは **表 8.6** のようになっている．イーサネット通信で PLC のデータをパソコンなどの周辺機器でモニタする場合にはこのコマンドフォーマットに従って文字列を作り，イーサネット経由 PLC に送るようにすればよい．このコマンドフォーマットの A ～ H の各項目に設定する値を **表 8.7** に示す．

表 8.6　QJ71E71 のコマンドフォーマット

設定番号	A	B	C	D	E	F	G	H
内容	サブヘッダ	PC番号	監視タイマ（250msベース）	デバイス名	デバイスの先頭アドレス 8桁の16進数	デバイス数	終了コード	（出力データ）
設定データ例	0 0	F F	0 0 0 A	5 8 2 0 5 9 2 0 4 D 2 0 4 4 2 0	…	0 0 0 0 〜 F F		

表 8.7　コマンドフォーマットの設定値一覧（表 8.6 の各部の説明）（その 1）

設定番号	内容	設定データ
A	サブヘッダ（16 進数）	ビット単位　一括読出し：00 ビット単位　一括書込み：02 ワード単位　一括読出し：01 ワード単位　一括書込み：03
B	PC 番号（16 進数） （PC 番号を 16 進数で表したときのコードを記述する．）	自局の場合：FF
C	監視タイマ（250 ms ベース） （16 進数） （コマンド送信後のレスポンスまでの待ち時間の指定．）	2500 ms の場合：000A
D	デバイス名	入力リレー　　　　X：5820 出力リレー　　　　Y：5920 内部リレー　　　　M：4D20 タイマ接点　　　　TS：5453 カウンタ接点　　　CS：4353 データレジスタ　　D：4420 タイマ現在値　　　TN：544E カウンタ現在値　　CN：434E

8.6 イーサネット通信

表 8.7 コマンドフォーマットの設定値一覧（表 8.6 の各部の説明）（その 2）

設定番号	内容	設定データ
E	デバイスの先頭アドレス（16 進数）デバイスの先頭アドレスは，デバイスの 0000 番から数えて何番目のアドレスを先頭とするかを設定する．16 進数の 8 桁で指定する．	［ビット単位の場合］ 0 番目のリレーを設定する場合　：0000 0000 10 番目のリレーを設定する場合　：0000 000A 100 番目のリレーを設定する場合　：0000 0064 255 番目のリレーを設定する場合　：0000 00FF ［ワード単位の場合］ 0 番目のチャネルを設定する場合　：0000 0000 1 番目のチャネルを設定する場合　：0000 0010 2 番目のチャネルを設定する場合　：0000 0020 3 番目のチャネルを設定する場合　：0000 0030
F	デバイス数（16 進数）読み書きを行うデバイス数を指定する．ビット単位の場合デバイス点数は偶数で指定する．	1 点の場合　：01（ビット単位の場合は使えない） 2 点の場合　：02 10 点の場合　：0A 255 点の場合：FF（ビット単位の場合は使えない）
G	終了コード	終了コードは 00 に設定する．：00
H	出力データ	［ビット単位の書込みの場合］ ON を 1，OFF を 0 として指定デバイス数分 0，1 を書込む． 4 ビットの ON, OFF, ON, ON の場合：1011 ［ワード単位書込みの場合］ 16 点分のオンオフデータを 2 桁の 16 進数で書込む． 16 ビット全部オフの場合　　：0000 1 ビット目だけオンする場合　：0001 16 ビット全部オンの場合　　：FFFF

(2) PLC からのレスポンスのフォーマット

　PLC がパソコンなどの外部機器から上記のコマンドフォーマットを受け取ると，応答（レスポンス）が外部機器に返される．たとえば PLC がパソコンからコマンドを受け取ると，PLC は PLC の応答のフォーマットに従った文字列を送り返すので，これをパソコンで受け取れば，実行結果を確認することができる．QJ71E71 の応答のフォーマットは**表 8.8** の例のようになる．

　読み込みデータは左から，デバイス番号の若い順番に並んでいる．終了コードが 00 以外は異常終了の意味になる．Visual Studio.NET を使ってパソコンに送り返された応答を読み出すには NetworkStream クラスの Read メソッドを使う．

表 8.8　コマンドに対するレスポンスのフォーマット

サブヘッダ	終了コード	読込みデータ
80	0000	00 11 ...

8.6.4 Sysmac CS1 イーサネットユニットの設定

もう一つの具体例として，Sysmac CS1 に装着したイーサネットユニットを使った通信の設定方法について記述する．取り扱った機器の仕様の一覧は**表 8.9** の通りである．

表 8.9　Sysmac CS1 イーサネット通信機器の例

PLC	CSIH-CPU63-V1
イーサネットユニット形式	ETN11
PLC プログラミングソフトウェア	CX-Programmer
通信手順	TCP/IP

(1) イーサネットユニットの IP アドレスの設定

表 8.9 の機器を使ってイーサネット通信をするにはまず，CSIH-CPU の拡張スロットにイーサネットユニット ETN11 を装着する．パソコンにインストールした PLC プログラミングソフトウェア CX-Programmer を立ち上げて，イーサネットユニットの I/O テーブルを作成する．ETN11 ユニットについているロータリースイッチでユニット番号 0 に設定すると，このユニットに割り当てられるリレーエリアは，1500CH ～ 1524CH になる．また，DM エリアとして D30000 ～ D30099 が割り当てられる．複数のユニットがある場合には，ユニット番号が 1 繰り上がるごとに，それぞれ，25CH，D100 をプラスしたエリアが割り当てられる．

IP アドレスは**図 8.31** のイーサネットユニット裏面の SW1 ～ SW8 で設定する．SW1 が最上位で SW8 が最下位を表す．たとえば IP アドレスが 192.168.1.9 なら 16 進数で，192 = C0，168 = A8，1 = 01，9 = 09 なので，SW1 = "C"，SW2 = "0"，SW3 = "A"，SW4 = "8"，SW5 = "0"，SW6 = "1"，SW7 = "0"，SW8 = "9"

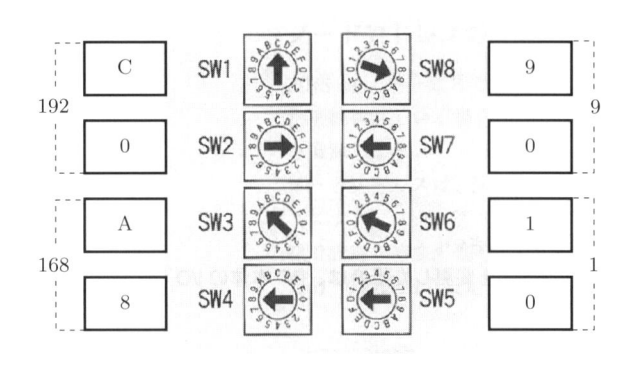

図 8.31　IP アドレスの設定スイッチ

とする．PLC ユニットで，ノード番号に合わせて IP アドレスを自動設定するために，IP アドレスの最終桁はノード番号と同じ値にしておく．ノードアドレスもロータリースイッチで設定する．

たとえば，SW1 〜 SW8 の設定で IP アドレスを C0A80109 に設定し，ノードアドレスを "09" に設定すると，IP アドレスが "192.168.1.9" に設定される．PLC のイーサネットユニット ETN-11 最終桁は 0 〜 126（16 進数では 00 〜 7E）までの値にする．

(2) 重要なリレーとデータメモリの機能

イーサネットユニット ETN11 と通信をするには，通信に必要なソケットのオープン命令やハンドシェイクの処理などのラダープログラムを記述しなくてはならない．このためには，ETN11 に割り振られたリレーとデータメモリの番号と機能を理解している必要がある．そのうちの重要なものについての抜粋を紹介する．

① TCP ソケットステータス

TCP ソケット No.1 を使う場合のリレーアドレスとその機能は**表 8.10** のようになる．このリレーは ETN11 の状態を使って通信用のためのラダープログラムを記述するときに必要になる．この I/O アドレスのチャネルは 1509CH になっているが，これはユニット番号 0 のときの TCP ソケット No.1 の I/O アドレスに相当する．ユニット番号 0 の TCP ソケット No.2 のときには 1510CH になる．

表 8.10　TCP ソケット No. 1 のフラグに使われているリレー番号と機能

(I/O アドレス)	(機　　能)
1509.01	TCP オープン処理中 ON フラグ
1509.02	TCP 受信処理中 ON フラグ
1509.03	TCP 送信処理中 ON フラグ（送信要求受付時 ON）
1509.04	TCP クローズ処理中 ON フラグ
1509.14	CMND 命令によるソケット結果確認エリア異常 ON フラグ
1509.15	TCP オープン済み ON フラグ （オープン処理完了後 ON・クローズ処理完了後 OFF）

② TCP ソケットサービス要求

ETN11 がユニット番号 0 に設定されているときの TCP ソケット No.1 の TCP ソケット通信にかかわる要求リレーのアドレスと機能を**表 8.11** に示す．TCP ソケット No.1 では I/O アドレスが 1519.01 〜 1519.05 になっているが，ソケット No.2 の場合は 1519.08 〜 1519.12 が，ソケット No.3 の場合は 1520.01 〜 1520.05 が割り当てられている．

表 8.11　TCP ソケット No. 1 の要求スイッチのリレー番号と機能

(I/O アドレス)	(機　能)
1519.01	TCP オープン Passive 要求スイッチ（立ち上がりで TCP オープン実行）
1519.02	TCP オープン Active 要求スイッチ（立ち上がりで TCP オープン実行）
1519.03	送信要求スイッチ（立ち上がりで送信実行）
1519.04	受信要求スイッチ（立ち上がりで受信実行）
1519.05	クローズ要求スイッチ（立ち上がりでクローズ実行）

③重要なデータメモリエリア

　ソケット通信を行うにあたって設定が必要になるパラメータを設定するデータメモリのエリアは表 8.12 のようになっている．この表はユニット No.0 のときのソケット No.1 のデータメモリのエリアで D30018 ～ D30027 になっている．ソケット No.2 の場合には，これが D30028 ～ D30037 となる．

表 8.12　TCP ソケット No. 1 のデータメモリ

(DM アドレス)	(機　能)	(設定データ)
D30018	TCP ソケット No.	0001 ～ 0008 Hex （オープンする PLC のソケット番号）
D30019	自 TCP ポート No.	0000 ～ FFFF Hex （実際は 9600 を除く 1024 ～ 65535． 例：1024 なら 400 Hex とする）
D30020・21	相手 IP アドレス	0 にすると相手を特定しない． 特定する場合 00000001 ～ FFFFFFFF Hex （0.0.0.1 ～ 255.255.255.255 に相当）
D30022	相手 TCP ポート No.	0 にすると相手を特定しない． 特定する場合 0001 ～ FFFF Hex （パソコンのソケット No.1 ～ 65535 に相当）
D30023	送信受信バイト数	0000 ～ 07C0 Hex （0 ～ 1984 バイト）
D30024・25	送信・受信データアドレス	DM は 16 進数で 82 とし，CIO は B0 とする．（下二桁は 00 とする） D30024　D30025 例：DM0100 のとき 82 00 64 00 例：DM2000 のとき 82 07 D0 00 例：CIO300ch のとき　B0 01 2C 00
D30026	タイムアウト値	16 進数で 0000，0001 ～ FFFF （0: 無制限，0.1 ～ 6553.5 秒に相当）
D30027	終了コード	

8.6 イーサネット通信

(3) イーサネットユニットのシステム設定

CX-Programmer のエクスプローラボックスで，図 8.32 のように「I/O テーブル」をダブルクリックして，イーサネットユニットのスロットを右クリックし，「ユニット設定」の項目を開くと，図 8.33 の画面が表示される．この設定画面を使って次のように設定する．

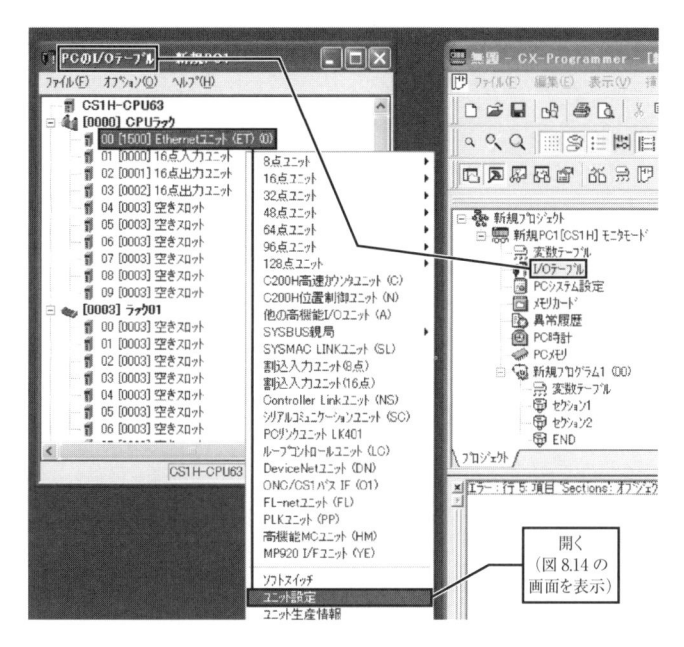

図 8.32　CX-Programmer によるイーサネットユニットの設定

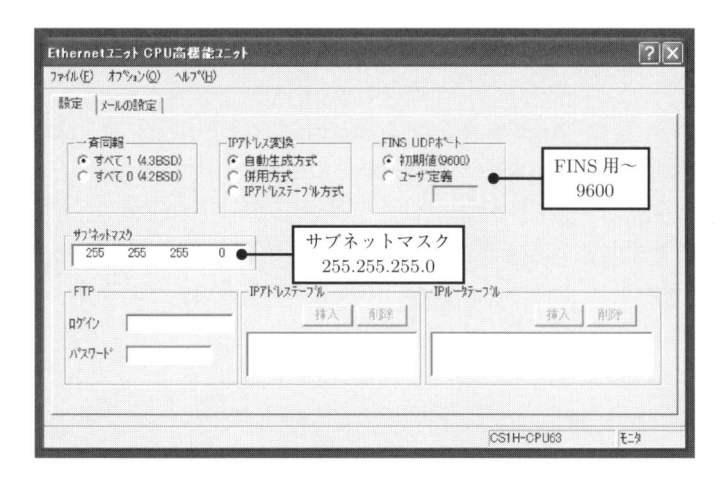

図 8.33　イーサネットユニットの設定画面

> IP アドレス変換方式：自動生成方式
> サブネットマスク：255.255.255.0

その他はデフォルトのままにして，この設定をパソコンから PLC に送信する．

(4) PLC のソケットのオープン処理

　PLC のイーサネットポート (No.1 ～ No.8) をサーバとしてオープンするには Passive (受動的) オープンとする．PLC のソケットをクライアントとしてオープンするには Active (能動的) オープンにする．ソケット通信において，パソコンからのコマンドで PLC のモニタや制御をするときには，PLC がサーバ，パソコンがクライアントになるので，ETN11 を装着している PLC 側を Passive オープンにする．具体的な設定例として，イーサネットユニット番号 0，TCP ソケット No.1，TCP ポート No.4096 を使ってソケットをオープンするには表 8.13 のようにデータメモリにデータを記述することになる．

表 8.13　データメモリアドレスと設定データ

データメモリアドレス	設定データ	設定内容
D30018	#0001	TCP ソケット No. 1
D30019	#1000	自 TCP ポート No. 4096
D30020・21	#0000 0000	相手 IP アドレスを特定しない
D30022	#0000	相手 TCP ポート No を特定しない
D30023	#0000	送信受信バイト数 0 バイト
D30024・25	#0000 0000	送信・受信データアドレス無し
D30026	#0000	タイムアウト無し
D30027	#0000	終了コード

　次にサーバとして，Passive オープンするには，TCP オープン Passive 要求スイッチ 1519.01 番のリレーを 1 スキャン ON する．

　その後，たとえば Visual Studio.NET の，TcpClient クラスの Connect メソッドを実行して接続要求を出すなどして，このポートに対して接続すると，1519.01 がオープン完了時に OFF になり 1509.15 がオープン処理完了後 ON，クローズ処理完了後 OFF になる．

　このリレーを使って PLC のポートを開くには図 8.34 のようなシーケンスプログラムが考えられる．

(5) イーサネットポートのクローズ処理

　PLC が Passive オープンしているときには，パソコンからのコネクションをク

図 8.34　CS1 イーサネットユニット ETN11 のポートオープン

ローズしてから PLC のソケットをクローズする．PLC の通信しているソケットを指定して TCP クローズ処理を行うには，次のようなシーケンスプログラムが必要である．

具体的な設定例として，イーサネットユニット番号 0 の TCP ソケット No.1 のソケットをクローズするには，TCP ソケット No. を指定するデータメモリアドレス D30018 に #0001 のデータを記述しておく．そして，クローズ処理を実行するには，1519.05 番のリレーを 1 スキャン ON する．その後，クローズが処理完了すると，1509.15 のリレーが OFF になる．

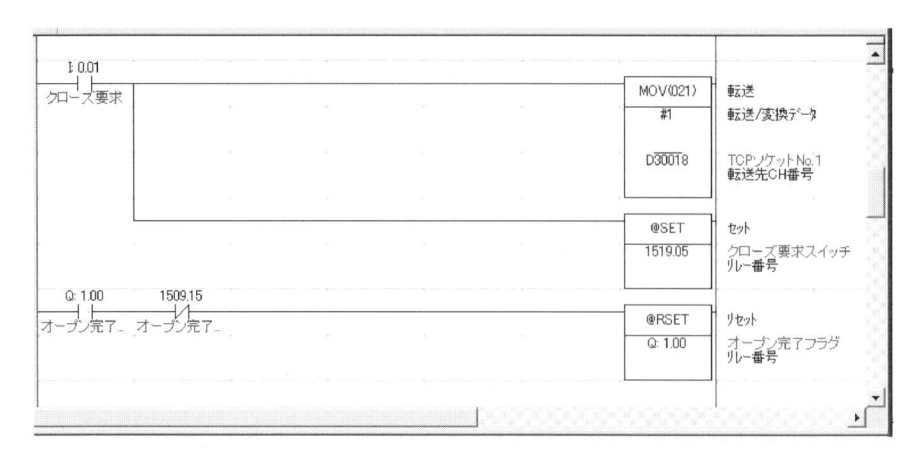

図 8.35　CS1 クローズ処理プログラム

このシーケンスプログラム例は，図 8.35 のようになる．
(6) PLC からデータを送信するプログラム
　PLC からパソコンなどのネットワーク上の機器へデータを送信するには，ラダープログラムが必要になる．まず，D30018 に送信する PLC の TCP ソケット番号を格納する．
　たとえばソケット No.1 なら，
　　　[MOV #0001 D30018]
とする．次に，転送データのバイト数を D30023 に格納する．2 バイト送信するなら，
　　　[MOV #0002 D30023]
とする．さらに，送信するデータが格納されている先頭チャネルを D30024，D30025 に代入する．
　　　[MOV # ●●○○ D30024]
　　　[MOV # ＊＊ 0 0 D30025]
とする．
　　●●には I/O メモリのアドレス指定番号を記述する．CIO のアドレス指定は B0 で，データメモリのアドレス指定は 82 とする．○○＊＊には先頭アドレスを記述する．
　たとえば，D0100 なら，データメモリを示す 82 に続いて，100 を表す 16 進数の 0064 をつなげて，最後は 00 をつける．したがって，
　　　[MOV #8200 D30024]
　　　[MOV #6400 D30025]
となる．最後の 2 桁はビットの指定に使われるので，チャネル指定の場合は 00 と

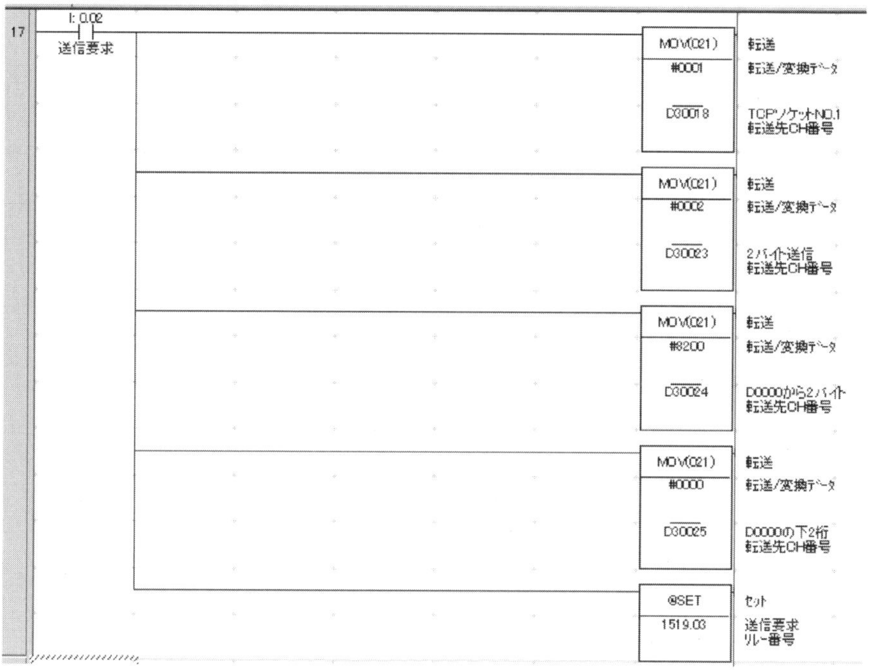

図 8.36 D0000 から 2 バイト分のデータを送信するプログラム

する．送信はリレー 1519.03 を下記のように @SET コマンドを使って 1 スキャン ON することで実行できる．すなわち，

　　［@SET 1519.03］

のようにする．図 8.36 には D0000 から 2 バイト分のデータを送信するプログラムの例を示す．

(7) イーサネット経由受信したデータを PLC に取り込む

　PLC がパソコンなどのネットワーク上の機器から送信されてきたデータを受け取るには受信プログラムが必要になる．PLC の受信要求スイッチは 1519.04 になっていて，これを 1 スキャン ON すると，受信待ち状態になる．このときの PLC プログラムの例を図 8.37 に示す．このプログラムでは，まず，受信要求 0.03 をオンして受信待ちをする．

　その後，パソコンからデータが送信されると，2 バイト分受け取って D0000 に格納される．パソコンからのデータが "51" ならば，ASCII 変換されて，#3531 が D0000 に格納される．受信長が 2 バイトのときは，一回の読取で 2 文字ずつ受信する．たとえば，パソコンから "123456" という 6 バイト分のデータが送信されたとすると，読み取り要求スイッチを ON するたびに，1 回目は "12" を受信し，2 回

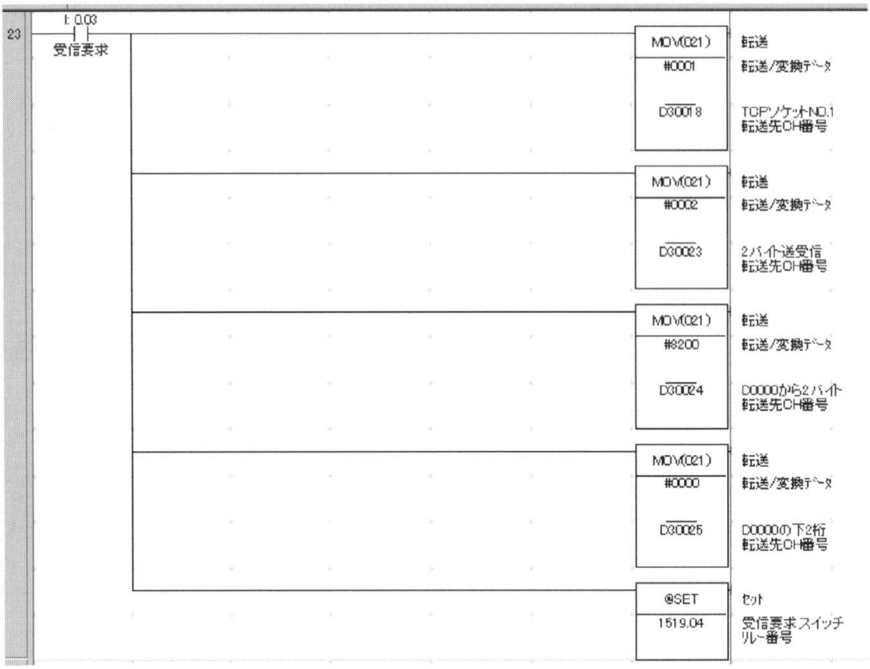

図 8.37　CS1 のデータ受信ラダー図

目は "34"，3 回目は "56" を受信する．

　なお，ここまでの PLC のラダープログラムを使って実際に ETN11 を使った通信を行うには，図 8.34，図 8.35，図 8.36，図 8.37 を続けて 1 連の PLC のプログラムとして記述して実行すればよい．

> **8 章のポイント**
>
> - PLC に高機能ユニットを増設すると高度な機能を追加できる．
> - 高度な機能の中にはアナログ入出力，温度制御，PID 制御，位置制御，シリアル通信，イーサネット，PLC ネットワーク，Web サーバなどさまざまなものがある．
> - これらの高機能ユニットを使うにはユニットの設定とプログラムの記述の仕方を理解しなければならない．また，データメモリの使い方をマスターすることも重要である．

参考文献

[1] 岩井善太,石飛光章,川崎義則:制御工学,朝倉書店,1999
[2] 松尾哲夫,野田敦彦,松野義之,日野満司,柴原秀樹:わかりやすい機械工学(第2版),森北出版,2006
[3] 大浜庄司:絵ときシーケンス制御活用自由自在,オーム社,2002
[4] 飯高成男,沢間照一:絵とき電気機器,オーム社,1986
[5] 舟橋宏明/監修:メカトロニクス概論1,実教出版,1999
[6] 中西康二,吉本久泰:だれにもわかるメカトロの空・油圧・PC制御読本,オーム社,1993
[7] 吉本久泰:やさしいプログラマブルコントローラ制御,東京電機大学出版局,1989
[8] 吉本久泰:12週間でマスターPCシーケンス制御,東京電機大学出版局,2000
[9] 熊谷英樹:ゼロからはじめるシーケンス制御,日刊工業新聞社,2001
[10] 熊谷英樹:必携シーケンス制御プログラム定石集,日刊工業新聞社,2003

さくいん

[欧文索引]

A/D 変換　170
A/D 変換ユニット　170
AC モータ　53
AJ65SBTB1-16DT2　190
ANB 命令　103
AND 回路　40, 107
AND 結合　163
AND 命令　103
ANI 命令　103
ASCII コード　183
a 接点　33
BCD 変換　174, 175
b 接点　33
CC-Link　190
Compolet　186
Connection Request　203
Connect メソッド　203
Controller Link　189
c 接点　33
D/A 変換ユニット　170
DC モータ　55
DeviceNet　190
DIO ボード　17
ETN11　206
Excel との通信　186
FROM 命令　173
HTML　196
I/O 割付　138
IN 絞り　45
IORD　179
IOWR　179
IP アドレス　198
JISC0301　33
JISC0617　33
LDI 命令　102
LD 命令　102

Listen　203
MelsecNet　189
MelsecNetH　189
MX-Component　186
MX-Sheet　186
NC 接点　33
NetworkStream クラス　203
NO 接点　33
ORB 命令　104
ORI 命令　103
OR 回路　40, 107
OR 結合　163
OUT 絞り　46
OUT 命令　101
PIC　21
PID 制御ユニット　177
PLC 制御　6, 19
PLC データリンク　143, 156
PLC の安定性　15
PLC の配線　14
PLC 本体　66
PLC リンクユニット　189
QD75P2　180
QJ61BT11N　190
QJ71E71　199
Read メソッド　205
RS232C　182
RXD　186
SFC　116
SysmacLink　189
TCP/IP　200
TcpClient クラス　203
TO 命令　173
TXD　186
UDP/IP　198
Visual Studio.NET　203
WEB サーバユニット　195
Write メソッド　203

さくいん

[和文索引]

■ あ 行

アーク　90
アナログ出力　170, 177
アナログ制御ユニット　170
アナログ入力　170, 172
イーサネット　157, 198
イーサネットポート　199
異常履歴　150
位置制御ユニット　178
インダクションモータ　55
インタフェース回路　88
インターロック　60
エキゾーストセンタ型　49
応用命令　98
押しボタンスイッチ　33
オフディレイタイマ　110
オープンフィールドネットワーク　188
オンオフ制御　5
オンディレイタイマ　109
温度調節ユニット　176
温度変換ユニット　176

■ か 行

カウンタ　110
可達性　165
活性　165
稼働時間　150
基本命令　98, 99
局番　143
空気圧縮機　43
空気圧シリンダ　43
空気圧調整ユニット　43
クローズドセンタ型　48
計測器と通信　184
計測データ管理　149
5ポート2位置ダブルソレノイドバルブ　48
コマンドフォーマット　203
コントロール　2
コンピュータ制御　19

■ さ 行

サージキラー　81
サージ電圧　90
サージ電流　81
サンプリング処理　173
3ポート2位置シングルソレノイドバルブ　47
残留電圧　73
時系列的な動作　162
シーケンス制御　4
シーケンス命令　101
自己保持　38
自己保持回路　39, 108
システムメモリ　65
自動制御　2
自動リセット　121
周期性　165
出力　2
出力制御部　119
出力ユニット　66
出力リレー　79
手動制御　2
順序制御　4
順序制御回路　116
常開接点　33
ジョギング　46
シリアル通信ユニット　154, 182
シンクタイプ　71, 72, 82
シングルソレノイドバルブ　44
数量管理　150
スキャン　106
スキャンタイム　106
スティックスリップ現象　46
ステッピングモータ　56
スナバ回路　92
スパーク　91
スピードコントローラ　45
制御　2
制御機器の選定　26
制御対象　2
制御量　2
生産終了表示　151
製品番号管理　149
積分制御　177

さくいん

セット優先回路　43, 108
操作子　33
操作パネル　146
操作量　2
速度制御弁　45
ソケット通信　200
ソースタイプ　73, 74, 84
ソリッドステートリレー　79
ソレノイドバルブ　43

■た 行

ダイオード　92
代官山　186
タイマ　109
タイマコイル　109
タイマ接点　109
タイマリレー　109
タイムチャート　50
ダイレクト方式　107
タッチパネル　146, 153
脱調　56
ダブルソレノイド　48
単動シリンダ　45
直列接続　163
通信モジュール　186
ツェナーダイオード　92
ツェナー電圧　92
ディジタル入出力ボード　17
停電保持リレー　15
手順あり通信　183
データメモリ　65
デバイスネット　189
電源外付型　71
電源内蔵型　72
電磁弁　43
電磁リレー　9, 33
動作順序制御部　119
突入電流　96
トライアック出力タイプ　79, 84
トランジスタ出力タイプ　79, 81
トルクモータ　55
ドレン弁　43

■な 行

二位置制御　5
ニーモニック　11, 97, 101
入力　2
入力ユニット　66, 70
入力リレー　70
ネットワークボード　157
ネットワークユニット　144
ノードアドレス　143
ノード番号　207

■は 行

白熱電球　96
パソコン　97
バックアップ電池　15
バファメモリ　173, 179
バリスタ　92
パルス出力機能　178
パルスモータ　56
パルス列　179
反射反応的な動作制御　158
汎用の計測器　185
ピストンロッド　43
ヒータ　96
ピック＆プレイス　131
微分制御　177
開ループ系　5
比例制御　177
フィードバック制御　3
フィルタ　43
フォトカプラ　72
復動シリンダ　43
ブラシレス DC モータ　56
プラスコモン　72, 84
不良品判定　149
ブレーク接点　33
プログラミングコンソール　97
プログラムのデバッグ　139
プログラムメモリ　65
フローチャート　116
分解能　171
閉ループ系　4
並列処理　100

さくいん

並列処理　164
保護回路　81, 89, 90, 91
ホット電流　97

■ま　行
マイクロコンピュータ制御　20
マイナスコモン　74, 82
マルチタスク　107
無接点入力機器(直流三線式)　73
無接点入力機器(直流二線式)　73
無手順通信　184
メーク接点　33
メータアウト　46
メータアウト回路　47
メータイン　45
メータイン回路　46
メモリ番号の割付　138
モメンタリ型　33
漏れ電流　73, 89, 95

■や　行
有接点入力機器(極性有り)　72

有接点入力機器(極性無し)　72
4ポート2位置シングルソレノイドバルブ　44

■ら　行
ラダー図　11, 68, 101
リセット優先回路　40, 108
リターンスプリング　44
リバーシブルモータ　55
リフレッシュ方式　105
リミットスイッチ　33
リモートI/O　141, 193
リレー　33
リレーシーケンス図　36
リレー制御　5, 18
リレー接点出力タイプ　79, 80
リレーの構造　9
リンクデータメモリ　144
リンクリレー　144

■わ　行
ワンチップマイコン制御　21

著者略歴

日野　満司（ひの・みつし）
- 1982 年　熊本大学工学部機械工学科卒業
- 1984 年　熊本大学大学院工学研究科修士課程修了（機械工学専攻）
- 1984 年　三菱重工業株式会社 勤務
- 1986 年　熊本大学助手（機械工学科）
- 1989 年　北九州工業高等専門学校講師（機械工学科）
- 1990 年　北九州工業高等専門学校講師（制御情報工学科）
- 1993 年　工学博士（熊本大学）
- 1994 年　熊本大学講師（機械工学科）
- 1997 年　熊本県立技術短期大学校助教授（産業機械科）
- 2007 年　熊本県立技術短期大学校教授（機械制御技術科）
- 2013 年　熊本県立技術短期大学校教授（機械システム技術科）
- 　　　　　現在に至る
- 著書　『わかりやすい機械工学（第 2 版）』（森北出版）
  『振動工学の講義と演習』（日新出版）
  『基礎からの自動制御と実装テクニック』（技術評論社）など

熊谷　英樹（くまがい・ひでき）
- 1981 年　慶応義塾大学工学部電気工学科卒業
- 1983 年　慶応義塾大学大学院電気工学専攻修了
  　　　　　住友商事株式会社 電子電機本部
- 1988 年　株式会社新興技術研究所 技術本部
- 2009 年　株式会社新興技術研究所 取締役開発部長
  　　　　　新興テクノ株式会社 代表取締役社長
  　　　　　職業能力開発総合大学校 非常勤講師
  　　　　　メカトロニクス技術認定試験（自動化推進協会）委員
- 現　在　株式会社新興技術研究所 専務取締役
  　　　　　日本教育企画株式会社 代表取締役
  　　　　　神奈川大学 非常勤講師
  　　　　　職業能力開発総合大学校 非常勤講師
  　　　　　山梨産業技術短期大学校 非常勤講師
- 著書　『ゼロからはじめるシーケンス制御』（日刊工業新聞社）
  『必携　シーケンス制御プログラム定石集』（日刊工業新聞社）
  など，多数

シーケンス制御を活用したシステムづくり入門　Ⓒ日野・熊谷　2006

2006 年 11 月 30 日　第 1 版第 1 刷発行　　【本書の無断転載を禁ず】
2018 年 8 月 30 日　第 1 版第 7 刷発行

著　　者　日野満司・熊谷英樹
発 行 者　森北博巳
発 行 所　森北出版株式会社
　　　　　東京都千代田区富士見 1-4-11（〒 102-0071）
　　　　　電話 03-3265-8341／FAX 03-3264-8709
　　　　　http://www.morikita.co.jp/
　　　　　日本書籍出版協会・自然科学書協会　会員
　　　　　JCOPY ＜（社）出版者著作権管理機構　委託出版物＞

落丁・乱丁本はお取替えいたします　　印刷／双文社印刷・製本／協栄製本

Printed in Japan／ISBN 978-4-627-91871-9

MEMO